식품
위생학

Food Hygienics

머리말

오늘날 우리나라는 급속한 경제성장과 맞물려 주5일제 도입, 핵가족화, 여성의 사회진출 증가 등으로 인해 현대인들의 식생활이 HMR(Home Meal Replacement), Fastfood, Delivery Food 등 급속히 변화됨에 따라 비만 및 각종 성인병 등이 사회적 문제로 떠오르고 있다. 이와 더불어 식품위생에 관련된 문제가 대중매체에 중요한 이슈로 대두되고, 인터넷과 SNS 등의 온라인시스템을 통해 식품위생에 관한 문제들이 대중들에게 많은 충격을 주고 있다.

식품위생은 외식산업 경영상의 문제와 더 나아가 사람들의 건강과 생명에 직결되어있는 매우 중요한 문제이다. 이처럼 중요한 식품위생을 위해 식품가공업자 및 정부, 외식업자 등의 절실한 노력이 필요할 때이다.

본서는 총 10개의 챕터와 3개의 부록으로 구성하였다. 1장에서는 식품위생에 대한 전반적인 이해와 식품위생 행정으로 구성했고, 2장에서는 식품의 가장 중요한 요소 중 하나인 식품의 안정성을 우리나라와 선진국 사례를 중심으로 살펴보았고, 3장에서는 식품 속에 있는 세균과 미생물을 자세히 살펴보았고, 4장에서는 식품에서 발생하는 식중독을 중점적으로 살펴보았으며, 5장에서는 식품의 안전을 위한 살균 및 멸균을 6장에서는 식품의 부패와 보존, 7장 8장에서는 식품을 다루는 주방의 위생과 개인의 위생관리를 9장 10장에서는 HACCP과 식품위생법과 관련법규를 주요 내용으로 다루었다. 부록에서는 식품의 첨가물과 위생사시험문제 요약본과 국민영양관리법 및 시행령, 시행규칙을 제시하였다.

식품위생에 관한 전반적인 구성과 내용은 오랜 실무 경력과 식품 및 외식을 전공하는 학생을 가르치며 얻은 지식을 핵심적으로 다뤘고 전공인과 일반인 모두 지침서가 되어 주길 바라며 집필하였다.

저자는 '식품위생학' 출판으로 인해 우리나라 식품위생의 수준이 많이 향상되어 건강한 삶을 영위하는 대한민국이 되기를 바라며 마지막으로 책을 출간하는데 많은 도움을 주신 한올출판사 대표님을 비롯한 모든 임직원 분들께 감사의 인사를 드리며, 끝으로 본서에 대한 내용의 설명이나 문의사항은 ss09544@hanmail.net로 해주시면 상세하게 답변해 드릴 것을 약속한다.

2015년 12월

첫 눈이 오는 어느 늦은 밤

저자 일동

차 례
Contents

FOOD
HYGIENE

FOOD
HYGIENE

Chapter 01 식품 위생

Chapter 01 식품 위생

식생활은 생명과 건강의 유지와 증진을 위해 가장 중요한 요소이며, 이는 기후, 풍토, 습관 등을 요인으로 하는 지역특성과 기호성, 경제성 등의 개인특성을 반영하여 형성된다. 식품의 제조, 가공, 보존 등 식품공업 기술의 발달은 풍요롭고 편리한 식생활 문화를 발전시켜 왔으나 한편으로는 식품첨가물, 용기, 포장재, 농약, 항생물질, 환경오염물질 등 화학물질의 안전성 문제가 인간의 생명과 건강을 위협하는 새로운 요소들로 대두되어 음식을 통한 위해 발생의 요인을 증가시키고 있다. 최근 우리나라 국민의 식생활 수준이 매우 선진화되었음에도 불구하고 식품의 안전성에 대해서는 아직도 많은 부분이 후진국형의 낙후성을 보이고 있다. 식생활의 다양화, 대량 생산 및 조리, 교류 증가, 신속화 등의 원인으로 식중독의 원인은 다양화되고 발생이 때와 장소를 가리지 않으며 식중독 사건 또한 대형화를 나타내어 인명이 위협받고 있다. 또한 최근의 국내 경제 성장과 산업화로 인하여 환경 오염에 따른 식품의 안전성에 대한 불안은 오히려 예전보다 더 심화된 것으로 느껴진다. 환경오염이란 우리나라 환경정책 기본법에 의하면 "사업활동, 기타 사람의 활동에 의해 발생되는 대기오염, 수질오염, 토양오염, 방사능오염, 소음·진동, 악취 등으로서 사람의 건강이나 환경에 피해를 주는 상태"를 말한다.

환경오염은 이처럼 인간의 정당한 사회적 행위에 수반되어 일어나는 현상이지만, 그 피해가 광범위하고 연속적으로 누적되어 일어나며, 불특정다수에게 영향을 미칠 뿐 아니라 원인도 다양화되어 인과관계가 명확하지 않게 되는 경우가 많다는 특성 때문에 대단히 심각한 당면과제로 대두되고 있다.

1 식품위생의 개념

식품위생의 개념에 대하여 알아보면 식품위생의 법률적 정의는 모든 음식을 말하며 다만, 의약으로 섭취하는 것은 예외로 하는 것을 말한다. 그러므로 식품위생은 식품, 첨가물, 기구 및 용기와 포장을 대상으로 하는 음식물에 관한 위생을 말한다.

1955년 세계보건기구 환경위생전문위원회에서 정의한 바에 의하면 "식품위생이란 식품 그 자체 뿐만 아니라 식품의 생육·생산·제조·유통·소비까지 일관된 전 과정을 위생적으로 확보하여 최종적으로 사람에게 섭취될 때까지 모든 단계에서 식품의 안전성, 건전성 및 완전 무결성을 확보하기 위한 모든 수단을 뜻한다."라고 되어 있다.

이런 식품위생의 중요성에 대하여 살펴보면 식생활의 급격한 변화는 식품위생상 새로운 문제를 야기하고 각종 화학공업의 발달과 인구의 도시집중화로 인한 환경오염이 식량자원을 오염시키는 등 여러 가지 문제가 대두되었다. 식품을 통하여 인간의 건강을 저해하거나 생명을 위협하는 요소로는 병원미생물(전염병), 식중독원인균, 기생충 등에 의한 오염과 함께 폐수, 농약, 방사능 오염 등이 있다. 이와 같이 건강장해에도 경구전염병이나 식중독과 같은 급성의 질병만이 아니라 장기간의 음식 섭취에 의한 만성의 건강장해가 문제가 되므로 사후수습 대책과 사전에 철저한 관리를 통한 예방을 게을리 해서는 안될 것이다. 근래 보건 3대악이란 부정식품, 부정의료, 부정의약품을 말하는데 부정식품의 유통이 없도록 관리하는 문제는 오늘날 더욱 중요성이 강조되고 있다.

2 환경오염에 대한 식품오염

1) 식품위생과 생물농축

자연계에서 물질의 흐름은 식물연쇄를 통해 안정한 동적 평형 상태 하에서 이루어진다. 최초 단계에서의 환경오염 물질의 농도는 특별한 경우를 제외하고는 생체에 영향을 미치지 못하는 정도의 극미량인 것이 보통이다. 그러나 화학물질 중의 어떤 것은 체내에서 배설되지 않고 특정한 세포나 조직에 축적된다. 이러한 현상을 생물농축이라고 한다. 화학물질 중에는 세포내에 들어가면 배설되지 않고 특정한 세포나 조직에 친화성을 나타내어 축적되는 성질을 가진다. 세계 2차대전 후 혁명적인 살충제로서 등장했던 DDT나 BHC, 목적은 다르지만 이들과 유사한 PCB들의 유기염소계 화합물은 체내 지방조직에 강한 친화성을 가지고 있어서 일단 섭취되면 조직에 침착, 축적되어 쉽게 배설되지 않는다. 한편 오염물질은 자연 중에서 분해, 합성 등도 일부 일어나며, 보다 안정한 유해물질로서 식용 동·식물에 이행하여 농축되는 것으로 여겨진다. 지구상의 한정된 대기·물·토양이 유해물질에 의하여 오염되는 것은 생태계의 균형을 파괴하는 한편 식물연쇄에 의하여 생물농축이 거듭되면서 사람이 먹는 식품에는 더욱 농축된 유해물질이 포함되게 되며, 이로 인한 유해작용이 우려되고 있다.

2) 공장 폐수에 기인한 식품오염

공장 폐수는 식품공장 등에 의해서 생성되는 유기성 폐수와 화학공장, 금속공장, 도금공장 등에 의한 무기성 폐수로 나눌 수 있다. 유기성 폐수는 생화학적 산소 요구량(BOD)이 높은 동시에 부유 물질이 많아 미생물의 생육 조건에 적당하므로 이들에 의한 용수의 2차적 오염의 가능성이 큰 반면 무기성 폐수는 화학적인 유해·유독 물질이 많아 어패류나 원예작물 등에 직접적인 피해를 주고 있다. 그 예로 일본에서 유기 수은에 의한 미나마타병이 발생하여 많은 사람이 사망한 경우가 있었다.

(1) 유기 수은(Mercury)

공장폐수로 인하여 식품에 오염 중독된 대표적인 사례는 수은 중독이다. 수은에 의한 중독 사고는 일본에서 acetaldehyde 합성에 사용한 메틸수은 화합물이 공장폐수 중에 함유 배출되어 플랑크톤을 통하여 어패류에 축적되고, 이러한 어패류를 사람이 섭취하였을 경우 유기수은이 인체 내에 축적되어 미나마타병이 생기게 된다. 이 병명은 일본의 미나마타시에서 수은중독이 발생하였으므로 그 이름에서 유래되었다. 그 중독 증상은 사람의 경우 손의 지각이상, 언어장애, 보행곤란, 중심성 시야협착 등의 상태를 나타내고 사망한다.

(2) 카드뮴(Cadmium)

카드뮴에 의한 중독으로는 일본에서 발생한 이타이이타이병이 가장 대표적인 병이다. 카드뮴 도금 및 합금 제조공장과 아연제련 공장 등에서 배출되는 카드뮴은 하천에 폐수와 같이 침입하여 하류일대의 농경지, 농작물 특히 쌀에 흡수되어 사람이 섭취할 경우 카드뮴의 만성축적중독을 일으킨다. 일본에서 병인 물질을 연구한 결과 하천 유역에서 다량의 카드뮴이 발견되어 이 병의 원인으로 인정되었다. 이타이이타이병은 40세 이상의 농촌 여성 특히 다산부(多産婦)에 많이 나타난 질환으로서 심한 요통이 주증상이며 수은중독과 비슷한 보행곤란 등이 있고 골연화증이 나타난다.

3) 중금속에 의한 식품오염(수질오염, 토양오염과 관련)

식품 오염 문제에서 자주 언급되는 문제가 중금속 오염 문제일 것이다. 중금속은 식품오염뿐 아니라 수질, 대기 오염 등 다양한 경로로 우리 체내로 들어오는데, 그 중에는 철과 같이 필수 금속인 것도 있으며, 필수 금속이라 하더라도 과량에서는 위해성이 있다. 수은, 납, 카드뮴 등은 생물에서 전혀 필요성이 밝혀져 있지 않고, 오히려 유해할 뿐이며 자체 독성뿐 아니라 축적성도 있어 먹이 연쇄를 따라 크게 농축된다. 중금속에 오염된 물을 농업용수로 사용할 경우 중금속이 농작물 속에 잔류되며, 이와 같은 농작물을 사람이 먹을 경우 중금속이 인체에 축적될 수가 있다. 중금속이 인체에 축적될 경우 각종 질병에 시달리게 되는 데, 이런 증상은 쉽게 치료할 수가 없다.

식품의 중금속 오염은 식품의 수확, 수집, 가공, 포장 과정에서 우발적으로 일어나기도 하지만, 그것보다 더 문제가 되는 것은 오염된 물과 토양에서 또는 대기 오염이 심한 지역에서 재배하는 농작물에서 일어난다. 또한 오염된 수역이나 해역에서 어획하거나 양식한 수산물의 오염도 우려된다. 유기 물질과 다른 특징은 생물이나 인체 내에서 대사되지 않고 금속이온이나 간단한 유기 금속 화합물로서 생태계를 순환하고 때로는 어떤 생물에 농축된다는 사실이다.

(1) 구리 화합물(Copper compounds)

구리제품을 이용하여 조리할 경우 음식물 중 녹청이 혼입되거나 지방산 구리가 생겨서 중독을 일으킨다. 구리염을 내복함으로 인한 급성중독은 구강의 작열감이 있고, 구강 점막은 녹색을 나타내며, 타액분비 증가, 오심, 구토, 위의 동통, 복통, 혈액이 섞인 설사, 다음은 두통, 현기증, 경련 등의 신경증상을 유발시켜 사망에 이르는 경우도 있다.

(2) 주석(Tin)

식품 중에서 주석의 함량이 많은 식품은 통조림 식품이다. 특히 통조림 주스의 경우가 주석에 용출되기 쉽다. 주석의 유기염, 예로서 알킬화 주석 화합물은 수용성이며, 인체에 흡수되기 쉽다. 일본에서는 통조림 중의 주석의 용출 허용량을 150ppm 이하로 규제하고 있으며 주요증상으로는 구토, 설사, 복통을 일으킨다.

(3) 납 화합물(Lead compounds)

우리들이 사용하는 식품중에도 포함된 납화합물의 농도는 곡물에서 $26144\mu g/kg$, 야채류에서 $1130\mu g/kg$, 어패류에서 $71900\mu g/kg$ 정도인 것이 보고되고 있다. 때때로 상수도용 납관에서 음료수 중으로 납이 용출되어 중독을 일으키는 경우나, 농약 중의 납이 식품 중으로 이행하여 중독을 일으키거나, 도자기용의 그림에서 납을 포함한 화합물이 사용되고 있어 이러한 경우 충분히 고온처리된 도자기에서는 용출의 염려는 없으나, 굽는 온도가 낮은 경우에는 납이 식품 중으로 용출할 염려가 있다고 한다. 납화합물 급성중독의 경우에는 구토, 위통, 하리, 소갈, 두통, 지각이상, 경련, 마비, 심장쇠약, 혼수, 허탈을 일으키지만, 사망하는 경우는 좀처럼 없다. 만성중독시 초기에는 식욕부진, 두통, 치육(齒肉)의 납 무늬를 볼 수 있으며, 더욱 진행되어 팔, 다리, 관절 등의 동통, 사지의 신근마비를 일으킨다.

🍚 표 1-1 식품위생법에 의한 식품 중의 납의 규제량

식품	규제량 (mg/kg 이하)	식품	규제량 (mg/kg 이하)
어패류	2.0	탄산음료	0.3
통조림류	0.3	혼합음료	0.3
과채류 음료	0.3	인삼음료	0.3

우리 나라의 수질 환경 보전법에서는 농경지 등의 오염 방지와 농수산물 재배 등을 규정하고, 농수산물의 재배 등을 제한하거나 생산된 농수산물을 수거, 폐기할 수 있도록 규정하고 있다. 또한 사료에도 비소, 불소, 크롬, 납, 수은 등의 허용 기준을 설정하여 그 이상으로 함유하는 사료를 유해 사료로 규정하고 있다.

WHO/FAO의 합동 식품 규격 위원회에서는 8종의 금속류에 대한 섭취 허용량과 이들의 식품 중의 허용치를 정하여 권고하고 있다.

우리나라의 식품 공전에서는 식품 성분에 대한 규격 및 기준에서 중금속을 규제하고 있다. 즉 "중금속에 대한 규격이 따로 정하여지지 않은 식품은 중금속의 시험방법에 따라 시험할 때 10mg/kg을 초과하여서는 아니 된다. 다만, 그 식품에 원래부터 함유되어 있는 중금속의 양은 제외한다."라고 정의하고 있다.

🍚 표 1-2 농수산물 재배 등을 제한할 수 있는 오염 기준

구분	특정 수질 유해물질의 종류	오염 기준
농산물(논)	카드뮴 및 그 화합물	생산된 현미 중 1mg/kg
	동 및 그 화합물	토양 중 125mg/kg
	비소 및 그 화합물	토양 중 15mg/kg
수산물	수은	0.005mg/L 이상
	동	0.01mg/L 이상
	아연	0.1mg/L 이상
	6가 크롬	0.05mg/L 이상
	시안 화합물	0.1mg/L 이상

🍲 표 1-3 WHO/FAO의 금속류의 식품 중의 허용량과 섭취 허용량

금속	식품 중의 허용량(mg/kg, 식품)	섭취 허용량(mg/kg, 체중)
비소	1.0	2/일
구리	0.1-50	0.05-0.5/일
주석	150-250	20/일
아연	5.0	0.3-1.0/일
철	1.5-50	0.8/일
카드뮴	미정	0.0067-0.0083/주
납	0.1-2.0	0.05/주
수은	미정	총 수은 0.005/주 메틸수은 0.0033/주

🍲 표 1-4 한국의 식품별 중금속 규격

식품	중금속	함량
모든 식품	납	2.0mg/kg 이하
콩나물	수은	0.7mg/kg 이하
		0.1mg/kg 이하
청량음료	납	0.3mg/kg 이하
	카드뮴	0.1mg/kg 이하
	주석	150mg/kg 이하
소주, 고량주	구리	3.0mg/kg 이하
고체식품, 조미식품	비소	1.5ppm
액체식품		0.5ppm

4) 농약에 의한 식품오염(토양오염과 관련)

인구증가에 따른 식량증산정책은 전 세계적으로 대단히 많은 양의 농약을 사용하게 되었고, 그에 따른 독성이나 잔류성이 최근에 크게 부각되면서 직접·간접적으로 환경을 오염시켜 농약공해라는 말까지 나오고 있는 실정이다.

정상적인 사용법에 따라 사용하는 경우라도 상당 기간 농작물에 부착 혹은 침투하여 그대로 또는 대사물이나 분해산물로서 미량이기는 하지만 잔류하게 된다.

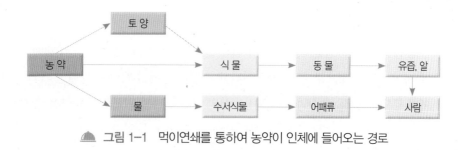

🍚 그림 1-1 먹이연쇄를 통하여 농약이 인체에 들어오는 경로

(1) 농약에 의한 중독

농업용 살균, 살충, 살서, 제초제로서 독성이 강한 물질이 사용된다. 이들 농약은 농작물에 대한 병충해의 내성이 높아져 가는 것에 대비해서 더욱 독성과 잔류성, 침투성이 강하고 선택성이 없는 농약으로 발전하고 있어 식품위생상 중요한 문제가 되고 있다. 일반적으로 농약은 살포 후에 일정한 기간 동안 농작물의 표면에 부착되어 있거나 식물의 내부조직에 흡수되어 분해되지 않고 남아 있을 때가 있다. 농경지에 살포된 농약은 농작물을 오염 시키는 것 외에 공기 중에 부유하거나 농경지의 흐르는 물과 함께 하천, 해양에 유입 오염되어 해산물, 가축 등을 오염시켜 광범위한 식품오염을 유발할 가능성이 있다. 대부분의 농약들은 유기화합물이기 때문에 무기화합물보다 인체 조직에 더 용이하게 흡수·축적되는 반면, 그 분해속도나 체외로 배설되는 속도가 느리므로 체내에서 독성을 제거하는 것은 매우 어렵다. 또 식품에 잔류되는 농약의 양이 적은 경우라 하더라도 인체에서의 축적효과를 고려할 때는 그 잔류농약에 대한 피해를 무시할 수가 없다. 그러므로 각 나라는 식품에 농약의 잔류 최대허용량을 정해두고 있다.

🍚 표 1-5 인체 장애와 농약의 분류

장애의 형태	농약의 종류
급성중독	유기인제, 유기염소제, 강독성 carbamate제, para coat 등
피부염, 알레르기를 포함한 피부장애	유기염소제, 유기수은제, 유기주석, thiocarbamate제, 유기살균제, dichlortrazine 등
결막염	훈증제, brustcysine 등
만성중독성	유기인제, 유기염소제, 수은, 납, PCB 등
축적독	β-BHC, dieldrin, heptacher 등의 유기염소제, 수은, 주석, 납, 비소 등

(2) 왜 농약을 쓰는가?

농산물 등의 손실을 최소화하기 위해서이다. 농약이 없다면 작물의 재배, 저장기간 동안에 ⅓이 손실될 것으로 추정된다. 이러한 손실을 줄여 수확량을 늘리면 가격의 안정에도 기여할 뿐만 아니라, 수송과정과 시장에서의 변질을 막기 위해서도 농약은 중요한 역할을 한다. 농약은 식품을 병·해충으로부터 안전하게 만들 수 있다. 향진균제는 곰팡이를 억제한다. 곰팡이는 독성이 강하고 암을 일으키는 물질을 생성한다. 특히, 아플라톡신(aflatoxin)은 사람에게 암을 유발하는 가장 강력한 발암물질이다.

발아 억제제는 저장 감자의 손실을 막는 외에도 감자를 안전하게 한다. 감자가 발아할 때는 글라이코알칼로이드(glycoalkaloid)라는 독소를 다량 생성한다. 이 중 솔라닌(solanine)과 샤코니(chaconie)라는 물질은 감자에 소량으로 존재하나 발아가 시작되면 아주 높은 농도로 축적된다.

가정에서 사용되는 농약은 질병의 매개체가 되는 파리나 바퀴, 창고에 저장된 식품을 오염시키는 쥐를 박멸하는 데도 사용한다.

(3) 농약의 식품오염방지

농산물의 오염방지법으로는 농산물에 잔류하는 농약의 양을 제한하는 잔류허용량(tolerance)을 설정하는 방법과 농약의 최종 사용일에서 부터 수확까지의 사용제한기간을 설정하는 방법이 있다. 잔류허용량이란 농산물 중에 함유된 농약의 양이 일생동안 그 농산물을 섭취하여도 전혀 해가 없는 수준을 법으로 규제한 것이며, 1일 섭취허용량, 국민평균체중, 해당 농약이 사용된 식품의 1일 섭취량에 의해 산출된다. 잔류허용량 설정법은 각 나라마다 식생활습관, 체중, 기타 여건이 다르기 때문에 국가별로 실정에 맞게 설정해야 하며, 검체에 잔존하는 농약의 정량이 곤란한 경우가 많아서 문제이다.

수확 전 사용제한기간 설정법은 농약의 잔류가 사용횟수와 제제형태에 따라서도 다르게 나타나므로 농약별로 사용방법과 살포횟수 및 수확 전 사용 시기를 각 작물별로 정하여 고시하는 것으로 수확된 농산물 중 농약 잔류량이 허용기준을 초과하지 않게 하기 위함이다.

우리나라는 정부에서 농약의 안전사용기준을 설정하여 고시하고 농산물의 잔류허용기준을 마련하여 시행하고 있다.

5) 오·폐수에 의한 식품오염

물은 인체에 절대 필요한 물질이고 식품의 조리, 가공, 제조 등에서 필수적으로 사용되지만 모든 환경오염물질의 집합장소이기도 하여 오염되기 쉬운 속성도 가지고 있다.

생활하수, 산업폐수, 광산폐수, 축산폐수 등의 오·폐수는 이미 오염물질이 물에 용해되었거나 현탁 상태에 있는 물로서 이들은 바다, 하천, 호수 수역으로 유입되어 광범위한 수질오염을 일으킨다. 먹이와 호흡의 양면과 직접 관계가 있는 수서생물이 그 종류나 수에서 압도적이라는 점에서 수질오염이 생물에 끼치는 영향은 매우 크다.

(1) 수질오염의 발생원

① 생활하수

일반가정에서 배출하는 가정오수, 분뇨, 세탁폐수 등과 상업시설 및 공공기관에서 배출하는 폐수를 말한다. 생활하수는 세제류를 제외하면 대부분이 천연 유기성 물질이다.

② 산업폐수

산업의 다양화와 대규모화로 인하여 중금속을 비롯한 PCB, 농약, 폐유 등 고농도의 난분해성 유기물질이 배출되는 것이 특징이다. 피혁폐수, 금속폐수, 섬유폐수, 펄프폐수, 채광·채석폐수 등이 주로 문제가 된다.

③ 축산폐수

축산폐수는 도시하수 중의 분뇨와 같이 유기물질 함량이 매우 높으므로 처리에 어려움이 많다. 우리나라의 경우 최근에 가축의 대규모 사육이 늘고 있으며 또한 대부분의 축산시설물이 상수원 근처에 위치하여 문제가 되고 있다.

④ 광산폐수

광산으로 인하여 발생하는 산성폐액, 중금속 등은 하천 및 해수를 오염시키고 어패류와 농업에도 피해를 줄 뿐아니라 상수원을 오염시키기도 한다.

우리나라는 최근에 폐광이 급속도로 증가하고 있으므로, 폐광 후 적절한 사후조치로 주변환경의 오염을 막아야 한다.

6) 방사능 물질에 의한 식품오염

현재 우리나라에서 소비하는 식량의 35%(중량비)를 외국의 수입식품에 의존하고 있는 실정이다. 칼로리에 있어서는 50%나 의존하고 있는 현실이기 때문에 수입식품의 우리나라 식생활에 대한 비중이 대단히 크다. 이 점에 있어서 수입식품의 방사성물질에 의한 오염지역의 정도가 조사되어야 한다. 그러한 맥락에서 몇몇 국가의 고농도오염지역으로부터 수입식품을 중심으로 검사가 개시되었고, 앞으로도 신중한 대처가 필요한 부분이다.

(1) 방사성 강하물에 의한 오염

방사성물질에 식품의 오염은 핵폭발에 의하여 대기중에 방출되는 '죽음의 재'라고 불리우는 핵분열생성물이 대류권이나 성층권으로 확산된 후 지구상에 각지로 운반되어 장기간에 걸쳐 방사성 강하물로서 지표 또는 수면에 떨어져 동·식물을 직접 오염시키거나 혹은 토양이나 물을 거쳐 간접적으로 오염시킴으로써 이루어진다.

(2) 온배수 중의 오염물질

원자력발전소는 보일러관 냉각 때 대량의 바닷물을 사용하기 때문에 더워진 물, 즉 온수가 바다로 배출되어 열오염을 일으키며, 수산생물의 방사능물질에 의한 오염을 일으킬 가능성이 있다.

(3) 방사성물질의 식품오염경로

① 음료수

음료수에는 빗물·수돗물·우물물이 있는데, 가장 문제가 되는 것은 빗물이다. 빗물은 방사성 강하물이 지표에 떨어질 때 가장 오염을 받기 쉬우므로 빗물을 음료수로 사용해서는 안된다.

② 식물체

농작물·야채 등의 식물체에 있어서는 방사성 강하물이 뿌리에 의한 토양에서 흡수, 표면에의 부착 또는 직접흡수에 의해 오염된다. 야채의 경우는 주로 강우에 의해 오염된다. 그러나 잘 세척하면 거의 제거되어 위해가 감소된다.

③ 수산물

방사성 강하물이나 원자력 발전시설에서 방류되는 방사성 핵종은 수중에서 어패류나 해조류의 표면에 직접 흡수되거나 아가미나 먹이를 통해 섭취된다. 이 경우 가장 문제가 되는 것은 생물농축으로서 생물이나 방사성 핵종에 따라 다르지만, 농축계수가 수천~수만배에 이르는 경우도 있다. 대개 수산물은 식물체에서보다 오염도가 낮다.

④ 축산물

축산물의 오염은 가축을 통한 2차적인 것으로 가축의 오염과 가장 밀접한 것은 사료와 음료수이다. 가장 문제가 되는 핵종은 I-131(Iodine-131)로서 이는 반감기가 짧으나 방사성 강하물에 직접 오염된 사료를 섭취할 경우 쉽게 흡수되고, 바로 우유 중에 검출되므로 우유를 그대로 마실 때는 문제가 된다. 그 밖에 식육·알 등도 문제가 되지만, 크게 염려할 바는 못 되는 것으로 알려져 있다.

(4) 방사능에 의한 오염식품의 인체에 대한 작용

방사성물질에 오염된 식품을 섭취하게 되면, 방사성 물질은 핵종 고유의 성질에 따라 흡수·침착·배설되는데, 이 과정에서 방사선을 방출하여 여러 장해를 일으킨다. 또한 생체에 흡수되기 쉬운 것일수록, 생체기관의 감수성이 클수록, 반감기가 길수록, 혈액에서 특정조직으로 옮겨져서 침착되는 시간이 짧을수록 인체에 주는 영향이 크다. 특히 문제가 되는 핵종은 반감기가 긴 Cs-137(30년), Sr-90(28년)을 들 수 있다. 다량의 Cs-137은 식품과 함께 체내로 들어가면 주로 근육이나 생식선 등에 분포하여 장해를 준다. Sr-90은 Ca와 대단히 유사한 성질을 가지고 있기 때문에 장관에서 흡수되어서 뼈에 침착하여 골수의 증혈기능을 장해한다.

방사선의 인체에 대한 장애는 오염된 식품의 경우 만성적 장해가 대부분이며, 방사성물질은 신체의 조직에 침착되는 성질이 있으므로 친화성과 침착부위에 따라 장해부위가 다르다.

7) 항생물질에 의한 식품오염

식생활의 서구화와 더불어 최근에는 육류, 우유를 위시하여 수산물의 수요가 급증하고 있다. 가축의 사육이나 수산물의 양식과정에는 생산성을 향상시킬 목적으로 배합사료의 사용이 늘고 있다.

그러나 배합사료에는 질병치료나 발육촉진을 목적으로 항생물질, 합성항균제 및 합성호르몬제가 첨가되고 있어, 이들이 식육, 우유 또는 수산물에 잔류하여 식품을 통해 인체에 이행될 가능성이 있다. 뿐만 아니라 농작물 병해 방제나 동물용 의약품으로 사용되는 항생물질의 잔류문제도 관심의 대상이 되고 있다.

(1) 식품 중 항생물질의 잔류

식품위생법상 식품은 항생물질, 합성항균제 및 합성호르몬제를 함유해서는 안되도록 되어 있다. 그러나 식육, 어류 및 갑각류에는 사료 등에 의한 이들 물질의 잔류가 불가피하므로 잔류허용기준을 정하여 규제하고 있다.

어류 및 갑각류의 양식과정에 먹이로 사용되는 배합사료에도 항생물질이 첨가되어 문제점으로 제기됨에 따라 우리나라에서는 어류 및 바닷가재에 대하여 옥시테트라사이클린(oxytracycline)의 잔류기준을 정하여 규제하고 있다.

(2) 잔류의 문제점과 대책

잔류의 문제점으로는 급·만성 독성, 내성균의 출현, 균교대증, allergy의 발현 등이 지적되고 있다. 소비자들에게 폭로 가능성이 가장 높은 것은 동물사료 중 항생물질이고, 그 다음이 동물의약품이라 할 수 있다. 80% 이상의 동물이 항생물질 등이 첨가된 사료로 사육되고 있다. 그 사용량이 많을 뿐만 아니라 사용빈도도 높다. 어떤 경로로 식품에 유입되든, 동물성 식품에 잔류하는 정도의 낮은 수준일 경우에 급성독성은 별로 문제가 되지 않으나 만성독성에서는 건강에 절박한 위험성을 가져올 수도 있다.

특히 동물약품 중에는 만성독성에서 가장 문제가 되는 발암성을 유발시키는 것들도 있다. 또 사료첨가용 성장호르몬인 디에틸스틸베스트로(diethylstilbestro)는 사람에게 최기형성(催畸形性, teratogenicity)과 발암성이 증명되어 금지되었다.

우리나라는 1980년에 들어와서 축산식품 중 항생물질과 합성항균제가 잔류하여 안전성 문제가 제기됨에 따라 앞서 언급한 대로 잔류허용기준을 설정하게 되었다.

현재의 여건에서는 항생물질의 사용은 피할 수 없는 일이어서 식품에서 불검출을 기대할 수는 없다. 다만 잔류기준을 초과하지 않도록 안전사용기준인 휴약기간을 지키도록 지도하고, 도살장, 식품처리장, 어시장을 중심으로 잔류를 monitor할 수 있는 감시체계를 갖추어 나아감과 동시에 정확한 잔류량 측정을 위한 검출·정량법을 확립하여 보급할 필요가 있다.

8) 기타 유해물질에 의한 오염

(1) PCB 오염(polychlorinated biphenyls, polychlorobiphenyl)

PCB는 폴리염화비페닐(polychlorinated biphenyl)이란 화합물질로써 염소함유 제품이며, 가전제품, 도료, 인쇄, 잉크, 합성수지, 합성고무, 접착제, 합성섬유 등의 유연제로 널리 사용하고 있다. 이는 자연상태에서 분해되지 않고 물보다 무거워 아래쪽에 쌓인다. 많은 학자들의 오염 실태 연구에 의하면 PCB 생산공장의 폐수 속에는 염소함유물이 있어 농업용수로 사용할 경우 농작물, 젖소, 닭 등을 통하거나 어패류, 조류 등을 통하여 먹이연쇄 과정을 거쳐 사람에게 들어와 축적되거나, 다양한 PCB 제품을 폐기할 경우 폐기물로부터 토양, 하천, 공기 등으로 염소 함유물이 오염되고, 먹이연쇄 과정을 거쳐 사람 몸에 들어오는데 특히 물고기를 통해 사람 몸에 들어오는 경우가 가장 많다.

인체에 들어온 PCB는 물에 녹지 않으며 소변으로 배설되지 않고 뇌, 심장, 폐, 신장, 간, 갑상선, 피부, 피하지방 등 조직속에 축적되고, 전신 중독증세로서 구토, 황달, 부종, 복통, 혼수상태 등에 빠지고 심하면 사망한다.

PCB에 의한 대표적인 식품오염사건은 1968년 일본에서 발생한 유증(미강유 중독)사건이며, 1979년 대만에서도 일본에서와 유사한 사건이 있었다. 유증사건을 계기로 PCB에 의한 환경오염 연구가 활발히 추진되었고, 사회적인 관심도 높아져서 1971년 로마 환경오염회의와 1975년 인간환경회의에서도 PCB를 의제로 삼았었다.

PCB는 특유의 안정성 때문에 환경시료, 인체 그리고 먹이연쇄 중에도 아직 다량 잔류하고 있다. 선진국의 환경오염실태를 보면, 물, 대기 및 토양 뿐만 아니라 동·식물성 식품 등에서도 높은 농도의 PCB오염이 보고되었으며, 사람이나 모유속에서도 검출되고 있다.

예방 대책으로는 가전제품, 도시폐기물을 함부로 버리지 않도록 엄격히 관리해야 하며 식품속에 PCB함량을 철저히 측정하여 유통되지 않도록 하고, 더러운 물에 사는 어패류는 절대로 먹지 말아야 한다.

(2) 다이옥신(dioxin)

현재 환경 쪽으로 가장 우려되는 다이옥신 유입경로는 일반폐기물과 특정폐기물의 소각, 그리고 폐기물의 무단투기이다. 다이옥신이 환경오염물로서 중요시 되는 이유는 독성이 강력하고 만성적인 영향이 큰 점, 환경시료에서 미량의 다이옥신 분석이 어려운 점, 환경에서의 잔류성이 큰 점, 독특한 화학적 성질 때문에 생물농축계수가 지나치게 큰 점 등을 꼽을 수 있다.

사람에게 가장 대표적인 증상은 염소여드름(chloracne)인데 단순 폭로 후에는 몇 달 내에 그 증상이 없어진다. 그밖에 피로와 쇠약, 말초신경계 이상, 간 손상이 몇 년간 지속된다.

우리나라에서는 아직까지 다이옥신에 대한 오염사건은 발생하지 않았지만 일반 및 특정폐기물의 소각과정에서 발생할 수 있어 주의가 요망된다. 또한 환경 중에 미량이라도 다이옥신류가 없다고 단정할 수 없는 실정이므로 이로 인해 식품이 오염되고 최후에는 먹이연쇄를 통하여 사람이 피해를 입을 가능성도 충분히 있다.

3 식품위생행정

우리 나라의 식품위생행정은 1945년 해방이전 일제시대에는 단속을 위주로 경찰행정기구에서 담당하였으며, 당시의 법규도 『음식물기타물품취급에관한법률(일본 법률 제15호, 1900. 2. 24)』, 『위생상유해음식물및유해물품취급규칙(조선총독부 총령 제133호, 1911. 11월)』 등 일제의 규정을 가지고 식품위생행정을 수행하였다. 그러다가 해방이후 미군정을 거쳐 정부가 수립됨에 따라 일반 보건행정 기구로 그 업무가 이관된 후에도 계속 일제시대 또는 미군정시의 규정을 근거로 하여 식품위생행정을 집행하여 오다가 5.16후 구(舊)법정리의 일환으로 비로소 통일된 단일법률체제의 『식품위생법』이 1962. 1. 20일 법률 제1007호로 제정·공포되고, 『동법시행령』이 1962. 6. 12일 대통령령으로 제정·공포되었고, 『동법시행규칙』이 1962. 10. 10일 보건사회부령으로 제정·공포됨으로서 명실상부한 식품위생행정으로 발전하는 시발점이 되었다.

그 후 식품위생법은 1차개정(법률 제1921호, 1967. 3. 30) 이후, 2차(법률 제2532호, 1973. 2. 16), 3차(법률 제2701호, 1974. 12. 21), 4차(법률 제2971호, 1976. 12. 31) 및 5차개정(법률 제3334호, 1980. 12. 31)을 거쳐 1986. 5. 10일 법률 제3823호로 전문 개정을 하였다. 그 후에도 7차(법률 제4071호, 1988. 12. 31), 8차(법률 제4432호, 1991. 12. 14), 9차개정(법률 제5099호, 1995. 12. 29), 10차개정(법률 제6154호, 2000. 1. 12)을 거쳐, 현재 총 13장 제80조문으로 법체계가 완비되어 식품위생행정 수행의 기본법으로 자리 잡고 있다.

그간 식품에 대한 관리는 일원화 되지 못하고 시대와 상황에 따라 여러 형태로 관리되어 오다가 식품의 다원화관리로 인한 정부기능의 중복 등 성장 발전 저해요인으로 대두되어 1985년부터 보건복지부에서 총괄 관리하게 되었다. 그러나 1998. 6월부터 식품 중에서 축산가공식품은 농림부에서 관장하게 되어 식품의 관리체계가 다시 다원화 되었다.

1) 식품위생법의 주요내용

(1) 식품 등 취급 시 원칙

식품, 식품첨가물, 기구, 용기·포장(이하 "식품등"이라 함)을 위생적으로 다루어야 한다(제3조).

(2) 비위생적인 식품 등의 배제

비위생적인 식품이나 식품첨가물의 판매·수여를 금지하며, 또한 판매를 목적으로 채취·제조·수입·가공·사용·조리·저장·진열하는 등의 행위도 금지한다(제4조). 병육 등과 유해 기구 등의 판매나 사용을 금지한다(제5조, 제8조).

(3) 화학적 합성품의 사용금지와 지정

지정하지 않은 화학적 합성품인 식품첨가물을 식품에 사용하는 것을 금지하며(제6조), 식품첨가물의 기준 및 규격을 정하고(제7조) 식품첨가물공전에 수록한다(제12조).

(4) 식품 등의 기준·규격의 제정과 위반품의 배제

판매용인 식품 및 식품첨가물(제7조), 기구·용기·포장(제9조) 각각의 성분규격, 제조 등의 기준을 정하고 식품공전 및 식품첨가물공전(제12조)에 수록·보급하고 있으며, 이러한 기준 및 규격에 적합하지 않는 것은 제조·사용·판매·수입 등을 금지한다(제7조, 제9조).

(5) 표시기준 제정 및 위반표시등의 금지

판매를 목적으로 하는 식품등의 표시기준을 고시할 수 있으며, 표시기준에 부적합한 것의 판매 또는 이용을 금지하고(제10조), 허위표시나 과대광고 또는 의약품과 혼동 표시등을 하지 못한다(제11조).

(6) 제품검사 및 자가품질검사

건강보조식품은 식품위생검사기관(제18조)에 의한 제품검사를 받아야 한다(제13조). 제품검사에 합격한 것은 합격표시를 하고(제14조), 불합격 또는 합격표시가 없는 제품검사 대상품목의 판매, 진열, 사용 등을 금지한다(제15조). 또한 '식품등'의 제조·가공공장은 생산 품목에 대한 기준 및 규격을 자체 검사하는 자가품질검사 의무가 있다(제19조).

(7) 수입식품 관리

위해식품, 병육, 비위생적인 것, 기준·규격에 맞지 않는 것 등은 수입금지하며(제4조, 제5조, 제6조, 제8조), 식품 등을 수입하는 자는 수입신고를 하여야 한다(제16조).

(8) 식품위생감시

식품의약품안전청과 지방자치단체에 식품위생감시원(제20조)을 두고, 식품위생감시원은 출입·검사·수거 등을 통하여 각종 영업시설 등에 대한 감시와 지도를 한다(제17조). 아울러 명예식품위생감시원을 두어 식품위생 계몽이나 지도를 할 수 있다(제20조의 2).

(9) 영업 등의 관리

① 영업의 허가 등

식품 등에 대한 영업을 하고자 하는 자는 영업의 종류에 따라 적합한 시설을 갖추고(제21조) 허가를 받거나 신고를 하여야 하며(제22조, 제69조), 경우에 따라 시설을 일정기간 내에 갖출 것을 전제로 조건부영업허가를 할 수 있다(제23조). 허가관청은 필요에 따라 영업허가 등의 제한 및 영업의 제한을 할 수 있다(제24조, 제30조). 또한 영업의 승계조건을 규정하고 있다(제25조).

② 건강진단 및 위생교육

영업자 및 종업원은 건강진단을 받아야 하며(제26조), 업소의 영업자·종업원과 식품위생책임관리자는 위생교육을 받아야 한다(제27조).

③ 영업자 준수사항 등

영업자 중 식품 및 식품첨가물을 제조·가공하는 영업자는 품질관리 및 생산실적보고를 하여야 하며(제29조), 영업자는 영업의 위생관리 등을 위하여 업종별로 정해진 영업자준수사항을 지켜야 한다(제31조). 식품접객영업자는 정해진 경우 이외에는 이용자를 제한하지 못한다(제33조). 또한 영업자는 식품 등의 자진회수(제31조의 2) 및 위해요소중점 관리기준(제32조의 2)을 실시할 수 있으며, 업소의 위생관리 향상을 위하여 위생등급을 정할 수 있다(제32조).

(10) 행정제재

식품위생법령 및 관련 규정을 준수하지 아니한 경우 각종 행정제재를 가할 수 있다. 행정제재는 시정명령(제55조), 폐기처분 등(제56조), 공표(제56조의 2), 시설의 개수명령 등(제57조), 허가의 취소 등(제58조), 품목의 제조정지 등(제59조), 영업허가 등의 취소요청(제60조), 폐쇄조치 등(제62조), 면허취소(제63조)가 있으며, 이러한 행정제재효과는 승계(제61조)시킬 수 있다. 또한 영업정지, 품목류 또는 품목제조정지처분을 갈음하는 과징금(제65조)을 징수할 수 있다. 그리고 행정처분 중 영업허가취소 등의 행정처분을 시행하기 전에 처분대상자의 의견을 듣는 청문을 하여야 한다(제64조).

(11) 벌 칙

식품위생법에서 규정하는 준수사항 중 국민보건에 악영향을 끼칠 수 있는 위반사항을 정하고, 이를 위반한 자에 대하여 징역 또는 벌금형을 처할 수 있도록 벌칙을 규정하고 있다(제74~77조). 이와 함께 과태료(제78조, 제80조)와 양벌규정(제79조)이 있다.

(12) 기 타

조리사 및 영양사(제36~41조), 식품위생심의위원회(제42조, 제43조), 식품위생단체(제44~54조), 국고보조(제66조), 식중독 조사보고와 사체해부(제67조, 제68조), 식품진흥 기금(제71조), 위임 및 수수료(제72조, 제73조)가 있다.

2) 식품위생관리 수칙

(1) 유통기한 특별관리

유통기한이 표시된 모든 식자재는 유통기한(2일 단축운영)과 선입 선출(FIFO)을 철저히 준수한다. 기존 제품자체의 유통기한 표시 외에 별도표시를 추가적으로 실시한다(라벨부착 또는 별도 마크 등 / 라벨 인쇄).

(2) 식품보관

① 변질(악취, 곰팡이 등)식품 및 냉장·냉동 식품이 실온방치 절대금지

② 음식 내 이물질 여부 및 캔 제품(통조림류)의 개봉 후 용기 변경할 것

③ 전처리 및 조리된 음식의 커버링을 철저히 할 것

④ 개인 임의로 판단치 말고, 각 제품별로 부착된 식품표시사항에 준하여 식품을 보관할 것

⑤ 검수가 끝난 식자재는 곧바로 전처리과정을 거치도록 하되, 온도관리를 요하는 것은 전처리하기 전까지 냉장·냉동 보관한다.

⑥ 냉동육류 등은 냉동실에 보관하는 것이 원칙이지만, 해동을 위해 주방내 실온에 보관할 경우에는 반드시 '해동중' 표시(푯말)를 해야 한다.

⑦ 김치류 등은 냉장고에 보관하는 것이 원칙이지만, 맛의 숙성을 위해 주방내 실온에 보관할 경우에는 반드시 '숙성중' 표시(푯말)를 해야 한다.

⑧ 식품을 외부포장지 그대로 보관할 경우 흐르는 물에 씻은 후 냉동, 냉장보관 한다.

⑨ Box 포장된 채로 냉장, 냉동고에 보관하지 않도록 한다.

3) 배식 작업수칙

① 위생장갑, 청결한 도구(집게, 대형 숟가락, 국자 등)를 사용하며, 절대로 맨손으로 음식을 담는 일이 없도록 한다.

② 조리 완료 후 상온보관 시 2시간 이내에 배식을 완료한다.

③ 배식 시간 동안 음식에 맞는 적정한 온도가 유지되도록 한다.

④ 조리장에서 떨어진 곳에서 배식을 하는 경우는 운반 중에 온도가 보온·보냉 기준 온도에 맞게 잘 유지되어야 한다.

⑤ 배식용 운반기구(운반용 카드, 승강기) 등에 의한 오염이 되지 않도록 카트 등은 사용 후 바로 세척 소독하여 관리하며, 운반용 승강기는 1일 1회 이상 내 부를 청소하여 쾌적한 환경이 되도록 한다.

⑥ 배식대는 배식전·후에 철저히 세척 소독하며, 배식에 사용하는 기구는 별도의 배식용 전용기구를 사용하며 세척 소독하여 건조된 것을 사용한다.

⑦ 식기, 수저, 컵 등은 세척 후 열풍건조기 또는 별도의 보관함에 보관 후 사용하며, 외부에 비치할 경우에는 별도의 덮개를 사용하여 배식전까지 보관한다.

⑧ 배식 후 남은 잔반 및 잔식은 반드시 폐기한다.

4) 배식용 음식 보관

① 보온고(60℃ 유지), 보냉고(4~5℃) 유지할 것

② 배식 시 위생장갑 착용할 것

5) 튀김기름의 재사용 조건

① 튀김에 사용하는 기름은 1회 사용함이 원칙이나, 재사용시는 채소류 등 비린내가 안나는 것부터 튀기고, 육류, 생선 등의 순서로 사용한다.

② 교체시기가 된 기름은 연기, 거품이 많이 발생하고 점성도 강하며, 탄내, 누린내 등의 냄새가 많이 발생한다.

③ 튀김에 사용한 기름을 재사용하고자 할 때에는 신속히 여과하여 찌꺼기, 부유물 및 침전물 등을 제거한 후 식혀서 보관한다.

식품위생관리를 위한 주방관리

① 조리 전과 화장실을 다녀 온 뒤에는 반드시 손을 씻는다. 손의 식중독균은 물로 씻은 뒤에도 남아 있는 경우가 대부분이기 때문에 키친타월이나 소독한 수건으로 물기를 닦아 내면 안전한 수준까지 균을 제거할 수 있다.

② 행주는 하루 1회 100℃에서 10분 이상 삶든지 전자레인지에 8분 이상 가열하거나 락스에 30분 이상 담가 둬야 살균효과가 있다.

③ 젖은 행주는 6시간 뒤 대부분의 균들이 증식을 시작하고 12시간 뒤에는 100만배 이상 늘어나는 등 세균 번식의 온상이므로 사용하지 말아야 한다.

④ 사용한 행주는 깨끗한 물로 세척한 후 반드시 건조해서 사용해야 하며 행주 대신 세균 제거력이 높은 키친타월을 사용하는 것이 바람직하다.

⑤ 행주를 여러 차례 반복해서 사용하는 경우 행주의 유해미생물이 여러 주방기구로 전달될 수 있기 때문에 더 자주 세척, 소독해야 한다.

⑥ 주방 수건은 마른 상태로 관리해야 하며 최소한 주당 1회 살균해야 한다.

⑦ 식기의 위생 관리를 위해 물기는 마른 행주나 키친타월로 제거해야 한다.

⑧ 자주 세척하지 않는 수저통 밑이나 건조대 바닥은 물이 고이지 않게 관리해야 한다.

⑨ 육류에 기생하는 식중독균이 채소나 조리된 음식에 들어가지 않도록 칼과 도마는 육류용과 채소용으로 구분해 사용하는 것이 바람직하다.

⑩ 싱크대나 식기건조대 주변은 키친타월이나 마른 행주로 닦아 주어야 한다.

FOOD
HYGIENE

FOOD
HYGIENE

Chapter
02 식품의 안전성

세계화와 더불어 우리 농업에 불어닥친 가장 큰 변화인 농업의 개방은 수입농산물과 경쟁하고 개방화된 시장에서 소비자의 요구를 만족시키기 위해 농산물의 고품질화와 안전성 제고 방향으로 가야할 필요성을 가져왔다. 경제성장에 따른 소득수준의 향상과 여성의 사회참여 확대 등 인구사회구조의 변화에 따라 식품소비구조가 양극화·간편화·다양화 방향으로 급격히 변화하고 있고 소비자들이 보다 많은 선택을 할 수 있다는 긍정적인 측면과 더불어 유해요인과 안전성문제 등으로 인한 소비활동의 불안전성이라는 부정적인 측면을 부각시키고 있다. 이에 따라 소비자들의 식품관리에 대한 요구가 급격히 증대되고 있으며, 소비자들의 선호에 부합하는 품질의 식품개발과 국내농산물에 대한 소비자 신뢰의 회복 및 적극적인 수요 개발이 필요하므로 소비자들이 원하는 먹거리를 위한 농업 및 식품정책의 전환이 요구된다.

1 식품 위해요인의 증가

1989년의 우지(牛脂)라면 파동이후 연이어 보도되는 유해식품논쟁에 반응하여 식품의 안전성(food safety)에 대한 관심이 고조되었다. 특히 지난 1996년 초에 발생한 화학간장파동에 이어 발생한 고름우유 파동, 발암해초무침, 불량 식용 돈지 유통, 쓰레기 만두, 급식 파동 등 일련의 식품오염사건들은 우리나라 식품의 안전한 관리를 전면 재검토하는 계기가 되었고 미국의 FDA(Food and Drug Administration)를 모형으로 하여 불량식품과 약품의 감시기관으로서 의 기능을 하는 식품의약품 안전청의 발족을 가져왔다. 그러나 1997년에도 병원성 대장균 0-157:H7균과 식중독을 일으킬 수 있는 리스테리아균이 미국에서 수입한 쇠고기에 검출되 어 국민의 안전식품 공급에 다시 한번 혼란이 가중되었다. 지난 이명박 정부 이후 광우병 위 험이 있는 미국 쇠고기 수입이 전면 개방되어 식품의 안전성 문제는 이제 국내적 차원을 넘 어서 국제적인 중요 관심사로 등장하고 있다. 그간 농업성장의 원천은 가축사육의 규모화 및 집단화 그리고 소비지에 인접한 지역에서의 밀집사육 등을 통한 효율성에 근간을 두어 왔다. 이러한 경향은 선진 농업국에서도 마찬가지이지만, 특히 사료비 절감을 위해 우리와 는 달리 동물성사료의 급여에 치중한 바 있다.

년 도	제 목	년 도	제 목
1966	롱갈리트 사건	1988	중금속 오염실태
1969	인공감미료 cyclamate사건	1988	수출용 돼지고기의 설파메터진 검출
1971	횟가루 두부사건	1989	포장재료 안전성
1972	환막식초 유해론 사건	1989	수입식품 및 사료 오염
1973	수박 식중독 사건	1989	수입쇠기름 유해성 파동
1975	합성주정 안전성 논쟁	1990	수도수 오염 시비
1977	포장지 형광증백제 검출	1991	대구 수도수 페놀 오염
1977	재래 된장중 aflatoxin검출	1995	고름우유논쟁
1978	담양 고씨 수은중독 논쟁	1996	화학간장의 발암물질 파동
1978	번데기 식중독 사건	1996	영국산 쇠고기 광우병 파동
1979	수입 고춧가루 폐기	1997	미국산 쇠고기 병원성 대장균 O-157발견
1981	식용유 산가 파동	1999	벨기에산 돼지고기 다이옥신 오염 파동
1981	콩나물 수은오염 규제	1999	미국산 손애플밸리社 소시지 회수사건
1981	일본에서 수출 땅콩 반품	1999	호주산 쇠고기 농약 검출사건
1985	화학간장, 고춧가루 파동	1999	중국산 납꽃게 파동
1986	MSG 안전성 논의	2000	국내 구제역 발생
1986,88	콩나물 농약사건	2000	유전자 변형식품(GMO) 유해성 여부논란

(자료: 식품의 안전성 연구, 이서래, 1993·식품오염에 대한 신문 검색)

이러한 농업성장 패턴은 1999년의 우리나라의 구제역 발생과 2001년에는 영국에서 시발된 구제역의 범세계적인 확산을 불러왔고, 특히 광우병 공포 해소는 인류적 과제로 등장하게 되었다.

　　중세시대에는 식당에서 상한 햄을 먹은 후 토하거나 메스꺼움으로 고통을 당하는 사람은 그 자리에 있었던 손님에 국한되었고, 수십만의 목숨을 빼앗아간 페스트와 같은 무서운 재난도 유럽에 국한되었지만, 오늘날의 오염원은 매우 다양하고 전파속도도 빨라지고 있다. 이로써 역사상 처음으로 식생활의 새로운 위험은 우리 모두를 위협하게 되었다.

② 소비자인식의 변화

우리나라 소비자들은 건강에 대한 관심은 대단히 높다. 한 조사결과 응답자들 중 40% 이상이 살아가는데 가장 중요한 관심사로 자신의 건강을 꼽았다. 반면에 경제적인 풍족을 가장 중요한 항목으로 생각하는 사람들은 응답자의 10%에 불과 하였다. 전통적으로 음식은 건강을 증진시키고 장수하는 데 필수적이라고 생각하였다. 그리하여 종래의 섭생(攝生)에 관한 권장사항은 칼로리, 단백질, 비타민, 철분 등의 음식을 충분히 섭취하는 것이었다. 그러나 근래에는 음식물 섭취와 만성적인 질환과의 연관성에 더 중점을 두고 있다. 또한 생활수준의 향상, 삶의 질이 향상됨에 따라 건강에 대한 관심이 고조되고, 식품안전 확보에 대한 사회적 요구는 점점 강해지고 있다. 경제의 발전, 가족 구성의 간소화 및 여성사회참여확대에 따른 사회변화에 의해 외식기회의 증가, 단체급식의 확대 및 완전 조리식품의 이용 증가 등 식생활 패턴이 변화하고 있다.

식품소비패턴의 변화는 사실 개별적으로 인과관계를 갖기보다는 식품경제가 발달함에 따라 점차 유기적으로 연계되어 있고 복잡한 경제적 가치의 흐름체계를 이루는 것이 선진국의 경험이다. 이러한 식품경제의 가치 흐름체계를 총칭한 것이 푸드시스템(food system)이다. 식품소비패턴의 변화는 생산된 농산물이 가정에서 조리되던 시대 즉 농산물은 곧 식품이었던 식품경제체제를 식품공업, 식품유통업 및 외식산업 등의 식품산업에 의해 주도되는 식품경제로 전환시켰다. 전통적인 식품경제에서는 농업생산자로부터 생산되는 농산물을 주부들이 가정에서 직접 가공하여 소비자의 식탁에 올리는 과정이 투명한 시대였다. 식품소비의 고급화 및 간편화 경향은 농산물 생산자와 최종 소비자간의 식품공급을 담당하는 주체인 주부들의 상대적 역할 비중을 감소시키고, 반면에 식품경제(식품공업, 유통업과 외식산업) 주체들의 역할이 증대시켰다. 따라서 식품의 안전성 문제는 단순히 농장생산수준에서의 안전 농산물만으로 확보되지 못하고, 식품의 흐름체계 즉 처리, 가공, 유통 및 최종소비 단계에서 종사하는 경제주체들의 위생 및 안전성 관리가 관건이 된다.

🍲 표 2-1 농산물 유통개선을 위한 건의사항

농산물 안전성 강화	40.8 %
가격안정	16.8 %
수입산 표기 및 검사강화	14.1 %
체계적 유통경로 확립	9.0 %
국산제품 유통활성	6.9 %
기타	12.3 %

🍲 표 2-2 소비패턴 분석

농산물 구입시 원산지 표시 확인 여부
반드시 확인함 52.9%, 주로 확인함 39.4%, 가끔 확인함 6.1%
농산물 구입시 불만인 불공정 행위
수입산의 원산지 조작 35.7%, 국산의 산지조작 25.8%
농산물 구입시 애로사항
유해성분 미표시 43.4%, 선별등급불량 31.6%
장류 구입시 고려사항
안전성 29.4%, 원료의 원산지 25.2%, 제조회사 24.8%
참기름 구입시 고려사항
원산지 39.1%, 안전성 26.9%, 제조회사 13.1%

3 식품의 안전성 관리제도

여러 변화로 인하여 식품안전성의 문제는 해를 거듭할수록 그 중요성은 높아만 가고 있다. 이를 위하여 우리나라뿐만 아니라 세계적으로 식품안전성을 위하여 다양한 제도를 시행하고 있다.

1) 위해요소중점관리제도(HACCP)

(1) 개 요

안전하고 건전하며 양질의 식품을 생산하기 위하여 고안된 위해요소중점관리제도(Hazard Analysis Critical Control Point : HACCP)는 식품의 원재료 생산단계에서 제조·가공·보존·유통단계를 거쳐 최종소비자의 손에 들어갈 때까지 각 단계에서 발생할 우려가 있는 미생물에 의한 식품위험에 대하여 조사하고, 그 위해를 차단하거나 최소화하기 위하여 각 과정을 중점적으로 관리하는 자율적 사전 예방수단의 하나이다. 이 제도는 1993년 이후 국제적으로 인증되어 세계적으로 빠르게 확대되고 있고, 우리도 국제식품규격위원회의 권고로 1996년에 식품위생법에 근거하여 보건복지부 고시로 식품에 대한 위해요소중점관리제도가 제정되었으며, 1단계로 축산물 처리과정 중 미생물의 오염가능성이 높은 도축장에 대하여 의무적으로 도입하고 있다.

(2) 도입효과

이미 제조된 식품이나 시장에서 유통되는 제품을 수거, 검사하여 불량식품을 가려내는 것은 현실적으로 불가능하므로 가공식품의 안전성 확보는 제조공정의 철저한 위생관리를 통해서만 이루어질 수 있다. 1995년 WHO/FAO 공동회의에서 위해요소중점관리제도에 대한 광범위한 평가 작업을 실시하여 그 우수성을 인정하였으며, 세계 각국에서 공통적으로 사용할 수 있는 지침서를 발표하였다. 이 방법은 식품의 가공, 저장, 유통의 전 과정에서 중요한 위해요소를 확인하고 오염원을 원천적으로 차단하여 식품의 안전성을 효과적으로 높이는 방법이다. 우리나라는 식육가공품에 대한 시범사업을 실시하여 어육가공품, 유가공품, 냉동식품 등 전체 가공식품에 적용하고 있으며, 식중독 사건이 빈발하는 단체급식장의 위생관리에도 적용할 계획이다. 이 제도가 철저히 시행된다면 어떤 상황이 발생했을 때, 누가, 어디서, 무엇을, 어느 정도의 빈도로, 어떻게 관리하고 있고, 관리내용이 업체 내에 자세히 기록으로 보관되어 있으므로, 식품안전성 향상에 기여하고, 소비자와 유통업자의 제품에 대한 신뢰성을 높여 시장경쟁력을 향상시킬 수 있으며, 나아가 국제교역을 증진시킬 수 있다.

(3) 내 용

위해요소중점관리제도는 특정 위해요소를 알아내 평가하고, 위험요소를 분석하여 구체적인 위해·위험을 방지하고 관리하는 방법을 마련하기 위한 제도로서 위해분석과 중점관리점의 결정, 관찰과 기록보관 등으로 나눌 수 있다. 국제식품규격위원회가 이 제도의 계획 작성순서로 제시한 것은 12단계로 나뉜다. 1단계부터 5단계까지는 예비단계로서 위해요소중점관리팀의 구성, 제품에 대한 기술, 사용자 의도의 식별, 공정도의 작성 및 공정도의 현장검증으로 되어 있고, 6단계부터 12단계까지가 위해요소중점관리제도의 7가지 원칙으로 구성되어 있다. 사업장에서 위해요소중점관리계획을 작성하는 것은 Codex의 12단계 또는 위해요소중점관리제도의 7원칙에 따라 팀 활동을 하는 것이다. 위해요소중점관리제도의 중요관리점이 FDA의 Food Code에 설명되어 있고, 미국의 각 주에서는 Food Code를 이용하여 식품안전관리를 하고 있다. 우리나라에서도 이에 준하게 식품관련 법규를 보완하여 식품의 국제무역을 원활히 할 수 있도록 할 필요가 있다.

표 2-3 우리나라 HACCP 적용 현황

운영주체	업종	적용등록 업체수 ( )는 지정취소 업체수	기준
식품의약품안전청	식품제조가공	74(5)	2004. 09. 15
	단체급식	45(13)	
농림부 (국립수의과학검역원)	식육가공장	138	2004. 11. 01
	유가공장	32	
해양수산부 (국립수산물품질검사원)	미국 수출	7	2004. 11. 11
	EU 수출	43	

자료: 식품의약품안전청

원칙(Principle)		절차(Logic Sequence)	
1	위해분석(HA)	1	HACCP(준비)팀 구성
2	중요관리점(CCPs) 설정	2	적용범위 및 제품설명서 작성
3	허용한계 기준 설정	3	용도확인(제품의 소비자)
4	CCP모니터링 방법 설정	4	공정흐름도 작성
5	CCP시정조치의 설정	5	공정흐름도 현장검증
6	HACCP시스템 검증방법의 설정		위해요소분석(Hazard Analysis)
7	기록유지	6	식품제조 각 단계와 관련한 규명된 위해목록 및 위해관리를 위한 예방조치 목록 (원칙 1)
		7	중요관리점(CCP) 설정 (원칙 2)
		8	CCP에 대한 관리기준, 한계기준 설정 (원칙 3)
		9	각 CCP에 대한 모니터링 방법 설정 (원칙 4)
		10	관리기준 이탈시 시정조치 방법 설정 (원칙 5)
		11	HACCP System의 검증방법 설정 (원칙 6)
		12	기록유지 및 문서화 절차 설정 (원칙 7)

외국의 HACCP 적용 현황

- 미국: 식품의약품청(FDA) 식품가공업자용 자발적 HACCP 파일럿 프로그램(1995년)실행하였으며 어류 및 수산제품의 HACCP 적용 및 1997년 12월부터 국내외 수산식품에 강제적용 하였다. 농무성(USDA) 식육 및 가금육의 병원균 감소대책의 일환으로 HACCP규정 제정, 98년 1월부터 종업원 500명 이상인 모든 공장에 대하여 HACCP적용하였다.
- 일본: 후생노동성에서는 1995년 5월 식품위생법에 도입을 시작으로 유제품 및 식육제품, 어육연제품, 레토르트파우치식품, 청량음료수 적용을 위한 기준을 설정하였다.
- EU: 1996년 10월부터 EU지역에 수입되는 수산식품 HACCP 강제화와 1997년 12월 18일부터 국내·외 수산식품에 의무적용 하였다. HACCP에 기초한 '식품위생에 관한 지침'을 제정하여 EU회원국에서 법제화하였다.(수산식품, 유제품, 식육제품 등 모든 식품)
- Codex: 국제식품규격위원회에서는 1993년 7월 20차 총회에서 식품위생의 일반원칙으로 HACCP 시스템을 채택하여 각 국가가 HACCP 시스템을 하도록 권고하고 있다.

2) 회수제도(Recall System)

(1) 개 요

다른 공산품과 마찬가지로 식품도 제조상 실수나 위해물질의 오염이 확인되면 유통 중의 모든 제품을 수거하여 폐기해야 한다. 우리나라는 1996년 10월부터 판매목적의 식품 등을 제조·수입한 영업자가 식품위생상 위해가 발생하였거나 발생우려가 있다고 인정할 때에는 그 사실을 국민에게 알리고 유통 중인 식품을 회수하도록 하는 회수제도를 시행하고 있다.

(2) 도입효과

식품의 안전성을 위해 최근에 도입된 제도 중의 하나가 회수제도이다. 사전적 피해구제의 성격을 띤 회수제도는 식품의 결함이 아직 발생하지 않았을 경우라도 위해발생의 가능성이 있는 식품을 사전에 회수·교환하는 제도로서 피해발생 후 사후에 보상해주는 사후적 구제의 성격을 띤 제조물 책임제도와 다르다. 회수제도는 무엇보다도 사고를 미리 예방할 수 있도록 함으로써 소비생활의 안정을 기할 수 있을 뿐 아니라, 기업으로서는 손해배상 부담을 경감할 수 있는 장점이 있다. 특히 위해가능성이 있는 식품을 제조업체나 유통업체가 시장에서 가장 빠르고 효과적으로 제거할 수 있는 방법으로 선진국에서는 오래 전부터 시행하고 있는 제도이다.

(3) 내 용

우리나라에서도 1995년 12월에 개정된 식품위생법에서 위해가 발생하였거나 발생할 가능성이 있는 식품을 자진회수, 또는 강제 회수할 수 있도록 하고 있다. 이 규정에 근거하여 1996년 12월에 식품, 식품첨가물, 기구 또는 용기·포장 등을 회수하고 공표하는데 필요한 절차를 식품 등 회수 및 공표에 관한 규칙으로 제정하였다. 자발적 회수제도는 식품제조업자가 자사식품이 법규로 규정된 안전기준을 충족시킨다 할지라도 건강상 위험이 발생할 가능성이 있다는 사실만으로도 회수를 실시할 수 있다. 정부가 정한 허용기준치 등은 단지 최소한의 안전기준을 의미하기 때문이다. 강제적 회수제도는 제조업자가 위해 가능성이 있는 식품을 스스로 회수하지 않거나 자발적 회수결과가 소비자의 안전을 보장하기에는 미흡하다고 판단될 때, 관련 행정당국이 제조업체에게 회수할 것을 명령하는 것이다. 하지만 통상 강제적 회수를 시행할 때는 행정당국은 식품의약품안전청 산하 식품회수평가위원회의 심의를 거쳐야 하며, 해당 제조업체나 이해관계자에게 반론의 기회를 준다. 그러나 식품 등에 병원성미생물, 유독·유해물질이 들어 있거나 묻어 있어 인체에 현저한 건강상의 장애를 준 경우나 사망자가 발생한 경우에는 이러한 절차를 거칠 필요가 없다. 이러한 회수제도는 식품위험예방의 순기능을 하는 반면에, 회수·처리에 많은 비용이 들기 때문에 사회적 편익보다 비용이 더 클 수 있다는 비난도 있다. 또한 회수비용은 제품가격 상승을 통해 결국 소비자가 부담하는 것이므로 이에 따른 편익이 비용보다 클 때만 수행해야 한다는 견해도 있다. 그러나 사전적인 회수제도와 함께 사후적인 제조물 책임제도가 병행된다면 사고 발생 후 제조업체의 배상책임을 강화함으로써 회수의 기회비용을 상승시켜 회수를 활성화하므로 소비자의 안전 증진에 기여할 수 있다.

3) 제조물 책임제도(Product Liability)

(1) 개 요

사전규제방식인 회수제도와 병행하여 제품의 결함으로 피해를 입은 소비자를 사후적으로 보호하기 위하여 미국이나 일본 등지에서 시행되고 있는 제조물 책임제도가 우리나라에도 도입되었다. 현행 법체계에서도 제품의 결함으로 신체·재산상의 피해를 입은 소비자들은 계약관계가 없을지라도 제조업자에게 불법행위 책임을 물어 손해배상을 청구할 수 있다. 그러나 민법상 불법행위책임은 과실원칙에 기초하고 있어 소비자가 제조업체의 과실로 인한 제품의 결함 때문에 피해가 발생했다는 인과관계를 입증해야 하는 부담 때문에 사실상 피해구제를 어렵게 하고 있다.

(2) 도입효과

제조물 책임제도가 식품분야에도 도입되어 사전규제방식과 혼용됨으로써 식품오염으로 인한 소비자의 피해구제는 물론 제조과정이나 유통과정 등에서 발생할 수 있는 위해요인을 제거하고 제조업체의 식품안전 노력을 제고시킴으로써 사회적 후생을 증대시킬 수 있게 되었고, 특히 제조물 책임법의 도입은 농약이나 항생물질과 같은 유해물질로 인한 식품위험보다는 세균이나 병원성 미생물 등에 의한 식중독 등의 건강위험을 감소시키는 데 효과적인 유인을 제공하고 있다.

(3) 내 용

소비자에게 적절한 피해구제의 수단을 제공하고 이를 통해 제조업자의 안전제고 유인을 강화하기 위해 엄격책임원칙을 채택한 현대적 의미의 제조물 책임제도 이래 계속 논의되다가, 마침내 2000년에 도입되었고, 제조업자의 고의나 과실여부에 상관없이 제품의 결함으로 피해를 입었다는 사실만 입증하더라도 손해배상을 받을 수 있게 돼 소비자의 피해구제의 폭이 대폭 확대되었다. 제조물 책임제도는 앞으로 식품분야에서 더욱 강화해야 할 품질보증제도이다. 그러나 이러한 이면에는 제조업체의 생산비용을 증가시켜 특히 중소기업체의 생산 활동을 위축시킬 수 있다는 단점도 있다. 식품제조업체가 부담해야 하는 비용으로는 보험료, 법정비용, 피해 배상금, 제품시험비용, 안전관리비용, 제품회수 등의 형태로 제조업자에게 부과될 수 있다. 그리고 이러한 비용들은 가격상승이나 구매선택 폭의 감소라는 형태로 소비자에게 전가될 수 있으므로 제조물 책임제도는 기업의 부담을 고려해 어느 정도의 면책사항을 정하는 등 보완책을 강구할 필요가 있다. 또 한편으로 제조물 배상책임보험 등 기업의 부담을 분산시킬 수 있는 제도도 정착시켜 나아가야 할 것이다.

4) 추적관리제도(Traceability System)

(1) 개 요

위험의 존재를 전제로 위해의 발생에 대한 사전대응, 즉 위험관리방법으로서 생산부터 유통까지의 이력정보를 축적하여 제공하는 수단으로 주목되는 것이 추적관리제도(traceability system)이다. 우리나라에서는 추적관리제도에 대한 명확한 규정이 없지만 국제표준화기구의 품질경영 및 품질보증용어에서는 traceability를 기록된 식별수단(증명)을 통해 어떤 공정 활동이나 제품에 대해 그 이력, 처리상태 또는 위치를 검색하는 능력으로 정의하고 있다. EU에서는 2003년 1월에 채택된 식품법의 일반원칙에서 식품, 사료, 동물, 동물관련물질을 가공한 식품의 생산, 가공, 유통의 모든 단계를 추적하고 역으로 소급하여 조사하는 능력으로 규정하고 있다. 그리고 국제식품규격위원회의 생명공학 유래식품 특별위원회의에서는 식품시장에서 모든 단계에 적절한 정보의 연속적인 흐름을 보증하는 체계로 정의하고 있다. 일본의 경우는 일본공업규격의 품질매니지먼트시스템에서 고려대상 물품의 이력, 적용 또는 소재를 추적할 수 있는 것으로 정의하고, 고려대상의 예로 원재료와 부품, 처리이력, 출하 후 제품의 운송과 소재를 들고 있다.

(2) 도입효과

추적관리제도의 도입효과는 경로의 투명성 확보, 목표를 정한 정확한 제품의 회수를 가능케 함, 소비자나 권한기관에 대한 정보 제공, 표시의 입증성을 보조, 건강에 대한 장기적 영향에 관한 전염병학상의 자료수집과 위험관리방법의 발전, 정확한 정보를 소비자에게 제공함으로써 공정한 무역에 기여함 등이다. 위험관리라는 견지에서는 만반의 대책을 강구해도 결함이 있는 식품이 시장에 나올 수 있음을 상정(想定)해야 한다. 프랑스에서 광우병에 감염된 소고기가 수퍼마켓에서 판매되어 대소동을 일으킨 사건이 대표적인 예이다. 추적관리제도가 정비되어 있었기 때문에 해당 소고기만 전체를 신속히 회수할 수 있어 큰 효력을 거둘 수 있었다. 식품의 식별과 표시의 입증성 확보는 위험관리에 필요한 동시에 정확한 식품의 정보제공에도 불가결하다. 위험이 높은 요인의 위험관리에서는 검사완료 여부, 알레르기 원인물질 여부, 유전자변형체 여부 등 위험의 성질이 다른 물질이 혼입되지 않도록 식별되어야 한다. 이러한 경우에는, 원료단계부터 식별된 상태로 추적되지 않으면 가공이나 제품구입 단계에서 식별하는 것이 불가능하므로 위험관리가 불가능하다. 표시의 기능은 식품을 식별하여 선택하기 위한 정보를 제공하는 것으로, 이 기능의 발휘는 추적관리제도에 따라 식별이 담보되는 것이 전제이며, 나아가 조회번호를 통해 검증능력이 있어야 입증할 수 있는 것이다.

(3) 내 용

추적관리제도가 요청되는 이유는 위해요소중점관리제도, ISO 9000 등 공장 내 공정을 추적하는 구조만으로는 식품안전관리가 충분하지 못하기 때문이다. 즉, 소재와 제품의 농장

생산단계부터 가공단계, 그리고 유통경로를 경유하여 소비자의 손에 들어갈 때까지 전 과정의 추적가능성이 필요하다는 인식을 바탕에 두고 있다. 즉, 수직적으로 연결된 다단계의 생산자와 기업을 관통하는 일관된 추적시스템이 필요하다는 인식이 배경에 있다. 기존의 거래전표를 남겨 식품이 어디에서 반입되어 어디로 판매되었는지를 나중에 검증할 수 있도록 하는 방법은 검색에 시간이 많이 걸리므로 신속하고 정확하게 정보를 소급하여 추적하는 목적으로는 충분하지 못하다. 신속 정확한 정보 소급 추적 방법은 모든 단계를 통해 하나하나의 제품이 조회번호에 따라 식별되고, 각 단계의 이력에 관한 정보가 순차적으로 누적되면서, 식품이 농장에서 식탁까지 이동되도록 하는 것이다. 이를 통해 어느 단계에서나 필요한 정보에 접근할 수 있는 상태로 만들려는 것이 EU 식품법의 일반원칙에서 제시하고 있는 이상적인 추적관리제도이다.

🏛 그림 2-1 프랑스의 귀표

5) 생산이력제도

(1) 개 요

생산이력제도는 추적관리제도를 1차 생산이라는 제한적인 범위에서 적용하는 개념으로 농업분야에서는 특히 생산이력 정보관리시스템이라고도 한다. 추적관리제도를 농업분야에 적용시키면, 작물의 재배 또는 가축의 사육에서부터 가공, 유통, 판매에 이르기까지의 전 과정(farm to table)을 소비자가 역으로 거슬러 올라가 확인할 수 있을 것이다. 즉, 각 단계에서 생산기록을 작성하고, 기록된 내용을 바코드나 IC카드, 인터넷 등을 통하여 검색할 수 있는 체계를 만들 수 있고, 이것을 1차 생산에만 국한시키면 생산이력제라고 할 수 있을 것이다.

(2) 내 용

생산단계는 좁은 의미의 농산물과 축산물로 구분할 수 있다. 우선 채소를 비롯한 농산물의 경우에는 품목 및 품종, 생산자정보(생산자 또는 생산자 단체명, 주소, 전화번호 등), 농장정보(면적, 위치 등), 재배방법구분(유기, 무농약, 저농약, 일반재배 등), 시비내용(비료 종류 및 횟수), 방제내용(살충제, 살균제, 제초제 등의 농약종류 및 사용횟수, 사용시기 등), 작부내용(파종 및 정식일, 수확 개시일, 수확종료일등) 등의 내용을 생산자 스스로 기록한다. 그리고 축산물의 경우에는 출생 연월일, 품종, 암수 및 거세여부, 종빈·종묘 정보, 사료정보(조사료 또는 농후사료, 자가생산 또는 구입, 자가배합 여부, 골분 또는 성장호르몬 등의 혼입여부 등), 병력 및 접종내역(백신의 종류 등), 사육방법(방목 또는 축사사육), 축사정보(면적 또는 형태 등), 생산자정보(농산물과 동일), 도축장까지의 출하방법, 분뇨처리방법 등을 기록부에 기록하거나, 바코드 또는 IC칩 등을 이용한 이표(가축의 임자를 표시하기 위해 그 가축의 귀에 매다는 표지)를 통하여 사육에 관련된 정보들을 통합정보화 한다. 그러나 이러한 정보의 기록은 생산자 농민이 농장환경에서 추가적인 노력을 최소화하면서 작업할 수 있도록 발전시킨 후에 보급하여야 효과가 있을 것이다.

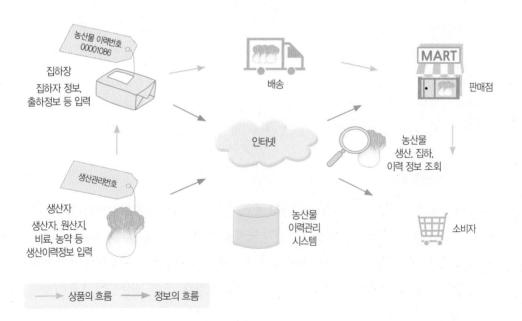

☕ ✕ 🫖

외국의 이력추적시스템 적용 현황

- 일본: 농가의 출생·이동 및 도축신고는 2003년 12월부터 시행하였다. 도축이후 가공·판매·음식점 등에서의 소 개체식별번호 표시 또한 시행 중이다(구매 및 판매기록 작성·보관).
- EU: 귀표 장착 및 전산화 된 데이터베이스 구축(출생 및 이동, 사망시 당국에 보고 → DB구축) 및 개별 소마다 패스포트를 부여하여 질병사항 등을 기록하고 이동시 이를 수반토록 의무화 하였다. 2000년부터 쇠고기에 대한 라벨링 의무화하고 쇠고기 판매점에서 부분육에 개체식별번호 표시 의무화 하였다.

6) 우수농산물관리제도(Good Agricultural Practices)

(1) 개 요

농산물의 안전성을 확보하기 위하여 농산물의 생산단계부터 수확 후 포장단계까지 토양.수질 등의 농업환경 및 농산물에 잔류할 수 있는 농약·중금속 또는 유해생물 등의 위해요소를 관리하는 기준이다. 또한 GAP는 자연환경에 대한 위해요인을 최소화하고, 소비자에게 안전한 농산물을 제공하기 위하여 농산물의 재배, 수확, 수확후 처리, 저장과정 중에 농약·중금속·미생물 등의 관리 및 그 관리사항을 소비자가 알 수 있게 하는 체계이다.

(2) 도입효과

농산물의 안전성에 대한 소비자 인식 제고, 농산물 품질관리제도 도입에 의한 생산농가의 경쟁력 확보 및 농산물 안전에 관련된 국제동향에 적극 대응할 수 있다는 점이다. 소비자가 만족하는 투명한 우수농산물 생산체계 구축을 통하여 국산 농산물에 대한 소비자 인식제고 및 신뢰 향상으로 수익성 증대를 도모할 수 있다. 또한 농산물의 수출 경쟁력 확보가 가능하다.

	· 농경지: 토양·수질·대기 오염지 제외 · 환경: 생태, 경관 등 고려
전과정 기록 · 기록사항 보존	· 파종: GMO 등 종자의 기원 명확히 표기 · 토양: 경운(耕耘)은 환경을 고려해 최소화
	· 병·해충관리: IPM 등 종합병충해관리 시스템 · 비료: INM 등 종합비료관리 시스템 · 관리: 농작물 안전성확보를 위하여 각종위해요소 관리
	· 수확·수확후 처리·저장시 위해요소관리

 그림 2-2   GAP관리 체계

외국의 GAP 적용 현황

· 미국: 자국 국민들의 식품안전성 확보를 위하여 GAP제도 도입하고 있으며, 농산물 수출시 수출
국의 식품안전성 확보를 위한 체계로써 GAP제도를 활용하고 있다.
· EU: 유럽연합은 동구유럽의 EU 가입을 위한 농업실행조건으로 GAP를 제시하였으며, 일반농업
정책(CAP: Common Agricultural Policy)제정을 통해 향후 GAP 수준 이상의 영농에 대해서만 보
조할 것임을 시사하고 있다.
· Codex: 1997년 "식품위생에 대한 일반원칙"에 근거하여 신선 상태로 소비하는 과일, 채소류의
안전생산체계에 대해 회원국간 협의를 시작하여 2003년 7.1 본회의에서 과일, 채소류에 대한 생
산·취급기준을 비준하였다.

(3) 내 용

생산환경관리로 농경지는 토양·수질·대기 등이 깨끗하고 쾌적한 곳으로 생태·경관 등
을 고려하여 선정하고 오염지는 GAP 대상에서 제외하는 것을 주요 골자로 하고 있다. 종자

는 기원이 명확한 종자를 사용하여야하며(GMO종자는 GMO표시요령에 따라 표시) 경운(耕耘)은 환경을 고려하여 최소화하고, 병·해충관리는 병충해관리시스템(IPM)을 적용하며, 시비(施肥)는 작물양분종합관리시스템(INM)을 도입하여 환경영향을 최소화하며 수확 후 관리는 수확·예냉·저장·선별·가공·포장시 위해요소(화학적, 미생물학적 오염원 제거)와 유통관리를 하여 생산자는 생산단계에서부터 판매단계에 이르기까지 기록을 하여 소비자에게 정보를 제공하는 이력추적관리제도(Traceability)를 실행한다.

4 우리나라 유통단계별 안전성 관리실태

생산단계에서 안전성 관리는 농약사용, 사육환경 및 약품사용을 알아보고 유통·가공단계에서 농산물은 도매·소매단계 안전성 관리, 축산물은 도축장 안전성 관리를 중점으로 살펴보았다.

1) 생산단계

생산자의 식품안전의식이 부족한 면을 확실히 볼 수 있다. 농약살포시 설명서나 지침을 참조하지 않고 더 살포하거나 관행적으로 살포하는 농가가 21%에 달해 농약사용에 대한 안전의식이 부족한 것으로 나타났다.

표 2-4 농약농도와 살포횟수 결정방법

구 분	응답수	비중(%)
농약포장지 설명서 정확히 지킨다.	74	44.3
농약포장지 설명서보다 좀 더 친다.	28	16.8
관행대로 한다.	7	4.2
농약지침서를 참조한다.	48	28.7
작목반 권유에 따른다.	6	3.6
기 타	4	2.4
합 계	167	

자료: 「식품안전체계의 현실과 비전」, 최지연

잔류물질위반 발생원인의 약 50%가 농축산농가의 휴약기간 미준수로 나타나 가축위생 및 식품안전에 대한 인식결여에 따른 항생제 등 동물약품 오용이 문제로 지적되고 있다. 이것은 가축위생 및 식품안전에 대한 인식결여에 따른 항생제 등 동물약품 오용으로 인한 것이다.

🔔 표 2-5 국내산 식육의 잔류위반원인 (%)

구 분	2001	2002	2003
휴약기간 미준수	54.5	63.0	48.9
불법약제사용	27.3	5.5	14.0
사료오염	9.1	1.5	0.5
기 타	9.1	30.0	36.6

자료: 수의과학검역원

  선진국은 자국으로 수출되는 식품에 대해 생산단계에서부터 위생관리기준 설정 등 사전관리를 철저히 하고 있으나 우리나라는 이에 대한 대비가 부족하다. 특히 농식품 수입이 크게 증가추세이나 수입식품에 대한 사전정보 부족으로 적절한 검사항목 설정이 이루어지지 못하고 있다.

2) 유통·가공단계

  위해요소 중점관리제도(HACCP), 우수농산물관리제도(GAP), 이력추적관리제도(Traceability) 등의 사전예방적인 안전관리제도가 도입되고 있으나 규모의 영세성, 위생관리기반 미흡, 기장업무능력 부족 등 시행여건이 아직 미흡하여 정착되기까지는 오랜 시간이 소요될 것으로 보인다.

🔔 표 2-6 안전관리제도별 발전 필수요건과 제약요인

안전관리제도	필수조건	제약요인
HACCP	위생의식, 위생설비	작업장 규모영세성, 인센티브 부족
GAP	교육, 위생관리기반	교육전문가 부족, 위생관리기반 미흡
Traceability	투명한 상거래, 기록관리 농가 및 필지별 등록(전산화)	영세소농구조, 상거래 습관 유통체계의 복잡성

자료: 「식품안전체계의 현실과 비전」, 최지현

🍲 표 2-7 HACCP 적용 축산업 사업장 비율 (2002)

구분	도축장	식육가공 공장	유가공 공장
총사업장	176	2315	166
적용사업장	125	140	32
적용비율(%)	71.0	6.0	19.3

자료: 농림부

　　일관된 안전성 관리를 위해서는 기관간 공조체계 구축이 매우 중요하다. 특히 유통단계의 검사업무는 실제로 중복되는 경우가 많아 사전조율이나 사후적인 정보교환이 필요하다. 하지만 우리나라는 사전업무조율이 부족해 해당감시기능에 공백이 발생하고, 역으로 과다한 감시가 수행되고 있다. 게다가 사전 예방적 차원에서 위험평가기능이 부각되는데 전문인력이 부족하고 전담부서가 설치되어 있지 못하거나 미흡하다. 또한 평가기능과 관리기능이 동일 조직내에서 수행되고 있어 객관적인 평가기능 수행도 어렵다.

🍲 표 2-8 품목별 위험평가기능 평가

	농산물	축산물	수산물	일반식품
관련기관	농촌진흥청	수의과학검역원	수산과학원	식약청
전문인력	부족	부족	매우 부족	부족
전담조직	미약	미약	없음	미약
기초연구	미흡	미흡	매우 미흡	미흡

5 선진국의 식품안전관리

모든 푸드체인에서의 안전성확보를 위한 수단으로서 미국이나 호주는 생산단계에서의 위생관리에 역점을 두고 GAP나 HACCP 시행에 역점을 두어 온 반면에 EU는 이력추적관리 제도 시행에 주력하고 모든 회원국이 2005년 1월부터 모든 식품에 대해 의무적으로 이 제도를 시행하도록 하였다. 일본도 이력추적 관리 제도를 법제화하고 쇠고기를 우선 대상으로 선정하여 사업을 시행하고 있다. 우리나라는 품목별로 유통단계에 따라 관리체계가 분산되어 위해요소의 전후방 추적이 불가능하여 위해 발생의 적절한 원인 규명과 신속한 대처가 어렵다. 그리고 식품안전성관리에는 정책담당자, 소비자, 생산자, 제조업자 등 이해당사자들이 관여한다. 이들 당사자들은 개별적으로 식품안전관리 각각의 해당분야에서 중요한 역할을 수행함으로 책임감 있게 활동을 수행해야 한다. 생산자는 생산단계, 제조업자는 가공단계, 유통업자는 판매단계, 정책담당자는 위험평가 및 위험관리에 관한 업무, 소비자는 안전한 식품 조리 등의 책임을 지고 있다. 선진국의 경우 이해당사자의 책임과 필요조치를 관련법에 명시하고 있는데 이는 식품으로부터 유래하는 위험을 감소시키기 위해 사회구성원 모두가 책임감을 갖고 역할을 수행해야 한다는 점을 강조하는 것이다. 구조적으로 선진국에서는 생산단계에서부터 소비단계에 이르는 안전관리 행정이 특정 기구에 집중되는 경향을 보여주고 있다. 영국의 FSA, 캐나다의 식품검사청(CFIA), 독일의 소비자보호식품청(BVL), 뉴질랜드의 식품안전청(NZFSA), 덴마크의 DVFA, 스웨덴 NFA 등이 위험관리 일원화기구에 해당된다. 캐나다, 독일, 스웨덴, 프랑스 등은 이들 위험관리기구들이 대체로 농림부 등 생산부서(캐나다-농업식품부, 스웨덴-농업식품소비자부, 독일-소비자보호식품농업부, 프랑스-농어업부) 중심으로 일원화되었다. 반면 덴마크는 가족소비자부로 일원화되어 소비자 중심으로, 영국이나 호주는 보건부 감독하에 식품안전관리를 일원화한 형태이다.

1) 식품안전성을 위한 원칙준수

'푸드체인 일관관리원칙(Farm to table)'은 식품안전성 확보를 위해서 식품의 생산단계에서부터 가공, 유통, 소비에 이르는 모든 푸드체인의 식품위해요소가 체계적이고 일관되게 관리되어야 한다는 것을 의미한다. 즉 식품은 생산단계에서부터 위해요인이 존재하고, 유통단계를 거치면서 새로운 위해요인이 추가되므로 단계별로 발생하는 위험을 명확히 파악하고 확실한 정보전달체계구축을 통해 식품안전을 통합 관리해야한다는 것이다. 또한 이 원칙은 단계별 안전관리 의사결정과정을 투명하게 공개하고 단계별 종사자의 안전관리에 대한 역할과 책임을 규명함으로써 소비자에게 신뢰를 제공해야 함을 전제로 하고 있다. 최근이 원칙에 입각한 안전성관리제도들이 도입되고 있다. 생산에서부터 수확 후 전처리단계까지의 안전성 일관관리제도는 우수농산물관리제도(GAP)를 들 수 있으며, 가공단계의 식품위해요소 관리제도로서는 위해요소중점관리기준(HACCP)과 우수제조관리제도(GMP)가 있다. 유통 및 판매단계에서는 우수위생관리제도(GHP)가 있으며, 최종소매 및 소비단계에는 회수제도(Recall System)가 시행되고 있다. 푸드체인의 모든 단계를 추적 관리하는 제도로는 이력추적관리제도(traceability)가 있다.

생산	수확 후 처리	가공	유통 · 판매	소비
GAP				
		HACCP · GMP		
			GHP	
				Recall
Traceability				

또한 '사전예방원칙'은 식품으로 인한 건강위해가 심각하거나 회복될 수 없다고 판단되면 과학적 근거가 없더라도 정책결정자는 위해방지를 위한 사전 조치를 강구해야 한다는 원칙을 준수하고 있다. 이러한 원칙에 입각하여 CODEX와 EU는 위해가능성이 과학적으로 입증된 유해물질(광우병, 다이옥신 등)에 대해서는 적극적으로 사전 조치를 취하고, 과학적 증거가 부족한 식품(GMO식품 등) 연구를 계속하고 있다.

2) 위험분석체계

위험분석은 식품에서 유래되는 위해요인에 노출되어 실제 인체에 부정적 효과를 미칠 수있는 확률을 과학적 지식을 활용·측정하여 다양한 대응방법을 모색하는 것이다. 위험분석은 위험평가, 위험관리, 위험정보교환의 세 요소로 구성된다. 위험평가는 위해를 분명히 규명하고, 그 위해가 인간의 건강에 어느 정도 확률적으로 영향을 주는지 과학적으로 평가하는 것이며, 위험관리는 위험평가결과를 기초로 정책적 대안을 비교·검토 후 적절한 관리방안을 선택하고 이를 집행하는 단계이며, 위험정보교환은 위험평가와 위험관리과정에서 위험평가자, 위험관리자(정책결정자, 정책집행자), 산업계 및 소비자들과의 협의, 정보제공, 상담 등과 관련된 포괄적인 단계를 의미한다. 이러한 위험분석체계를 잘 활용·시행함으로서 선진국들의 식품은 안전성을 확보하는 것이다.

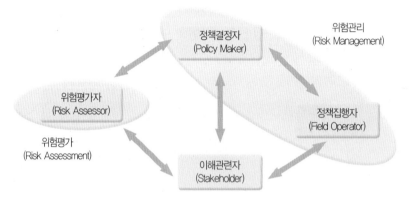

자료: 「국가식품안전관리기구의 개편방향에 대한 정책적 제언」, 곽노성

선진국의 식품안전관리체계

6 앞으로의 방향

식품안전관리는 행정의 책임성, 신속성, 정확성 및 효율성을 높이고, 생산과 유통관리 이원화에 따른 행정 비효율을 줄이며, HACCP, GAP, 이력추적관리제도 등 선진 식품안전관리 시스템의 정착을 유도하기 위해서 일관관리 체계를 유지해야 한다. 단기적으로는 품목별로 중장기적으로는 식품전체에 대해 농장에서 식탁까지 일관관리체계로 구축되어야 한다.

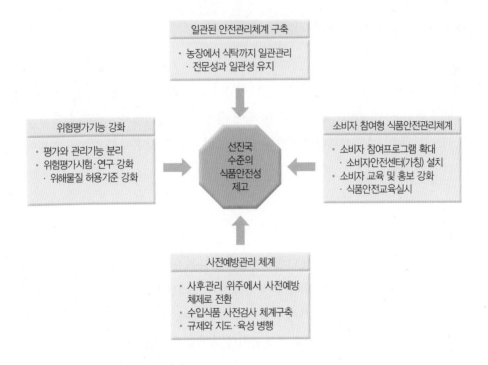

1) 일관된 안전관리체계 구축

생산관리부처의 품목전문성과 보건부처의 감시행정의 효율성 등은 분명히 각각 부처의 장점이 될 수 있으나 식품안전관리의 핵심은 담당주체보다는 각 부처가 고유 업무를 얼마나 효율적으로 수행할 수 있느냐 하는 점이다. 이런 의미에서 위험평가와 위험관리의 연결고리인 위험정보교환이 매우 중요한 의미를 갖는다.

🍽 표 2-9   부처별 식품안전관리 일원화 논리

구분	주요주장
생산관리부처 일원화	· 원료생산단계부터 사전 예방적 위생관리시스템 구축 중요(광우병-동물사료) · 생산관리의 전문성에 기초한 체계적 위생관리와 역추적용이 · Farm to table 원칙 적용에 적합
보건부처 일원화	· 소비자보호를 위해 보건부처의 안전관리 전담 타당 · 안전성검사 등 연구·시험의 전문성과 행정력의 우위 · 효율적 감시기능 수행

2) 소비자 참여형 식품안전관리체계

소비자가 식품안전정책프로그램에 참여할 수 있는 기회를 확대하는 것은 식품안전관리에 대한 신뢰도를 제고시키는 지름길이다. 기존의 소비자고발센터는 사이버 공간상에서 존재하기 때문에 상담기회 제공과 지원방식에 한계가 있다. 피해자의 손해를 직접 보상하는 방식으로 시민참여를 확대하여야 한다. 또한 소비자 교육 및 홍보를 강화하는 것이 바람직하다.

3) 사전예방관리 체계

종전의 식품안전관리는 유통단계별 안전성검사위주의 사후위생관리에 중점을 두고 추진되었으나, 생산과정에서의 위해 발생 가능성이 높아짐에 따라 생산에서부터 위해요인을 차단하기 위한 사전예방체계가 일반화되고 있는 추세이다. HACCP의 사업장 적용비율은 축산식품 0.42%, 일반식품 0.005%에 불과한데 품목확대를 위해서는 규모에 적합한 모델 개발, 적절한 매뉴얼 작성, 지도 및 사후관리 등 기반조성을 위한 정책지원이 요구된다. GAP는 시행기반 구축에 시간이 소요되기 때문에 시범사업을 통해 수출농산물, 약용작물, 채소류 순으로 점진적인 확대 적용이 바람직하다. 이력추적관리제도는 국내 여건을 고려하여 전후 추적이 가능하고 필수정보만 기록 관리하는 시스템 구축에 중점을 두고, 단기적으로는 육류에 대해서 실시하며, 장기적으로 다른 농산물에 확대 적용하는 것이 사회·경제적 측면에서 바람직하다.

4) 위험평가기능 강화

식자재에 대한 위험평가는 농림수산식품부(농촌진흥청, 수의과학검역원), 해양수산부(수산과학원), 보건복지부(식품의약품안전청)에서 각각 분산, 중복 수행되고 있을 뿐만 아니라 기관 내에서 평가업무와 관리업무가 혼재되어 있다. 투명하고 과학적인 증거에 입각하여 식품안전성을 관리하기 위해서는 과학적인 평가와 정책집행이 분리될 수 있도록 조직과 업무를 개편해야 한다. 평가기능의 분리는 각각의 부처로부터 위험평가기능을 분리하여 특정부처로 통합하는 방안과 평가전담기관을 독립적으로 신설하는 방안을 검토할 수 있다. 이렇게 위험평가 기능을 강화하여 위해물질의 잔류허용 기준 확대, 위험평가업무의 강화를 목표로 해야 한다. 이를 위해서는 해당 연구 개발예산을 확충하고, 전담기구 및 전문 인력을 보강하는 등 적극적인 정부지원이 필요하다.

5) 신뢰성 마련

식품의 기준과 규격은 위험평가를 통해서 설정되는데 최종 결론만 법조문 형태로 제시되고 어떠한 근거에 따라 결정되었는지 알 수 없기 때문에 소비자는 안전기준에 대한 신뢰도가 낮을 수밖에 없다. 대부분의 선진국은 위험평가를 통해서 기준을 설정한 배경 및 근거 등을 보고서 형태로 발표함으로써 의사결정과정의 투명성을 높여 식품안전정책에 대한 신뢰도를 제고하고 있다. 현재 국내에서는 식품안전성 평가나 안전성검사 결과에 대해 일부만 공개하는 정도에 그치고 있는데 실적을 모두 공개하여 정보에 대한 신뢰도를 높여야 한다.

🍛 표 2-10

		덴마크	독 일	캐나다	영 국
식품 안전 관리	종 전	수의식품청 - 식품농수산부	부처 분산 수행	부처 분산 수행	농수산식품부, 보건부 이원화
	개 편	수의식품청 - 가족소비자부	소비자보호 식품안정청 - 소비자보호 식품농업부	식품검사청(CFIA) - 농식품부	식품기준청 (FSA)
해당 식품청의 독립성	성격	부처 산하	부처 산하	부처 산하	부처 산하
	책임 장관	가족소비자부 장관	소비자보호 식품농업부장관	농식품부장관 (보고 의무) 보건부장관 (식품안전, 영양, 공중보건 정책, 규격 결정)	보건부 장관 (경유 후 의회보고)
위험분석	위험 평가	수의식품청 - 수의식품연구소	연방위험평가기관 (BFR)	CFIA(동식물) 보건부(식품안전)	식품기준청(FSA)
	위험 관리	수의식품청	BVL 지자체	CFIA (식품안전, 동식물)	식품기준청(FSA) 환경식품농업부 (DEFRA) 보건부(DOH)
	위험 정보 교환	수의식품청	BFR	CFIA	식품기준청(FSA) 환경식품농업부 (DEFRA) 보건부(DOH)

자료: 「농산식품 안전관리 선진화방안」, 양승룡

🍚 표 2-11 품목별·유통단계별 안전성 관리기관 및 적용법률

			안전성관리		
			생산단계	수입단계	유통단계
농산물	국산	신선품	농림부 농관원 (농약관리법) (농산물품질관리법)	-	식약청 (식품위생법)
		가공품	식약청 (식품위생법)	-	식약청 (식품위생법)
	수입산	신선품	-	식약청 (식품위생법)	식약청 (식품위생법)
		가공품	-	식약청 (식품위생법)	식약청 (식품위생법)
축산물	국산	신선품	농림부 검역원 (축산물가공처리법) (사료관리법)	-	농림부 검역원 (축산물가공처리법)
		가공품	농림부 검역원 (축산물가공처리법)	-	농림부 검역원 (축산물가공처리법)
	수입산	신선품	-	농림부 검역원 (축산물가공처리법)	농림부 검역원 (축산물가공처리법)
		가공품	-	농림부 검역원 (축산물가공처리법)	농림부 검역원 (축산물가공처리법)
수산물	국산	신선품	해양수산물 수검원 (수산물품질관리법)	-	식약청 (식품위생법)
		가공품	농림부 검역원 (축산물가공처리법)	-	식약청 (식품위생법)
	수입산	신선품	-	식약청 (식품위생법)	식약청 (식품위생법)
		가공품	-	식약청 (식품위생법)	식약청 (식품위생법)

자료: 농림부

FOOD
HYGIENE

FOOD
HYGIENE

Chapter

03 식품과 미생물

FOOD
HYGIENE

Chapter

03 식품과 미생물

1 미생물

1) 미생물

주로 단일세포 또는 균사로써 몸을 이루며, 생물로서 최소 생활단위를 영위한다. 조류(algae), 균류(bacteria), 원생동물류(protozoa), 사상균류(mold), 효모류(yeast)와 한계적 생물이라고 할 수 있는 바이러스(virus) 등이 이에 속한다. 이들은 지구상 어디에서나 습기가 있는 곳에는 생육할 수 있으며 인간생활과 밀접한 관계가 있다. 사람을 비롯한 동식물에 질병을 가져오는 병원미생물, 독소를 생성하여 식중독을 일으키는 미생물, 의·식·주에 관계되는 각종 물질을 변질·부패시키는 원인 생물인 유해미생물도 잘 알려져 있다. 이러한 미생물의 특유한 성질을 이용하여 식품·의약품 그 밖의 공업생산품에도 많이 이용하며, 간편한 시설로써 계속 배양시킬 수 있는 생물자원으로도 각광을 받고 있다. 미생물의 균주개발에는 유전자공학적인 방법이 도입되어 이용되고 있다. 자연계에서는 동식물의 시체·배설물·부후물(腐朽物) 등을 분해하는 청소부 역할을 함에 따라 수질환경 및 토양의 지력보존(地力保存)에도 이들 미생물이 많이 이용되고 있다.

(1) 식품 미생물(微生物)

조류(藻類)·진균(眞菌)·원생동물(原生動物)·세균(細菌)·클라미디아(chlamydia)·리케치아(rickettsia) 및 바이러스(virus)와 같은 가장 작은 생물과 관련된 모든 문제를 체계화한 자연과학의 한 분야이다. 이러한 미생물에 대한 연구가 학문으로서 발달된 역사를 통하여 보면, 언제나 그 중심과제는 인간생활과 매우 밀접하고 중요한 문제에 대한 연구였다. 미생물학의 중요한 연구를 크게 구분하여 보면, 1. 생명의 기원(Origin of life) 2. 유기물질의 부패현상(Putrefaction of organic material) 3. 생물의 전염성 질환(Epidemic disease of organism) 등이다. 이와 같은 중요한 문제를 대상으로 한 미생물학은 직접 또는 간접적으로 인간에 대하여 손해와 이익을 주는 실제적·현실적인 문제들이었으며, 다른 학문의 발달 양상과는 다르게 먼저 인간과 직접적이며 절실한 문제가 되는 질병과 관련된 응용분야에서부터 출발해서 인접한 자연과학 분야의 발달과 보조를 같이하여, 순수한 분야 즉 분자생물학 분야에로의 발달된 흐름을 볼 수 있으며, 이 분야의 특징적인 발달과정이 된다. 일반적으로 생명의 기원에 대한 연구분야를 순수미생물학(純粹微生物學), 유·무기물질의 생성, 분해에 관한 연구분야를 발효미생물학(醱酵微生物學), 토양미생물학(土壤微生物學), 질병에 관한 연구분야를 병원성미생물학(病原性微生物學) 또는 의약미생물학(醫藥微生物學)이라 한다.

식품위생을 보면 식품은 사람이 생활을 하는데 있어서 가장 중요한 요소이며 인체내에 직접 섭취되어 적절한 영양분을 공급하는 구실을 한다. 따라서 식품은 그 성분의 균형이 잡혀있고 위생적인 상태로 공급되어야 비로소 우리들의 생명유지, 건강증진 및 성장발육 등에 이바지할 수 있다. 최근에는 문명의 발달로 식품의 제조가공 및 보존기술이 크게 발달하여 각양, 각색의 식품이 유통하게 되었고 우리의 식생활도 풍성해졌다. 그러한 반면 산업 발달에 따른 환경오염이나 흔히 말하는 식품공해 등으로 인하여 식품이 오히려 생명과 건강을 위협하는 비위생물로 등장하는 예도 많아졌다. 이에 따라서 식품위생에 대한 국민들의 관심도 전례없이 높아졌으며 철저한 식품위생대책의 필요성이 강조되고 있다. 식품위생에 대하여 식품위생법(제2조)에서는 '식품, 첨가물, 기구 또는 용기·포장을 대상으로 하는 음식물에 관한 위생'이라고 정의하였고 세계보건기구(WHO)의 환경위생전문위원회에서는 이를 더욱 구체적으로 표현하여 '식품위생이란 식품의 생육, 생산 또는 제조에서부터 최종적으로 사람이 섭취할 때까지에 이르는 모든 단계에서 식품의 안전성, 건강성 및 건전성을 확보하기 위한 모든 수단을 뜻한다'라고 정의하였다. 따라서 이는 식품으로 인한 위해를 방지하고 식품영양의 질적향상을 꾀하려면 식품 그 자체의 변질, 오염, 유해·유독물질의 혼입등을 방지함은 물론이려니와 식품의 제조, 가공, 유통 및 소비에 이르기까지의 모든 과정을 위생적으로 확보하기 위해서는 음식물과 관련이 있는 첨가물, 기구 및 용기·포장에 대해서까지도 비위생적인 요소를 제거하여야 함을 뜻한다.

'식품의 안전성'이란 식품의 섭취가 건강장애의 원인이 되지 않는 것 즉 식품 중에 식중독이나 경구전염병을 일으키는 식중독균, 병원균, 유해·유독물질 등이 함유되어 있지 않는 것을 말하고 '식품의 건강성 및 건전성'이란 식품이 건강을 유지하는데 필요한 영양성분을 충분히 함유하고 있고 그들이 정상으로 유지되어 있는 상태를 뜻하며 이러한 것이 넓은 의미에서 식품위생에 기여한다고 생각하는 것이다. 원래 식품의 안전성에 대해서는 식품위생학에서 다루어왔고 건강성이나 건전성은 영양학이나 식품학에서 주로 다루어오던 것인데 이제는 식품위생에 관한 문제가 학문의 경계(境界)영역에 속하는 것이 많아졌기에 식품위생학도 영양학이나 식품학과의 제휴(提携)하에서 연구할 필요성이 커졌다고 생각된다.

(2) 산소와 미생물

고등식물의 호흡에는 산소가 절대적으로 필요하지만 미생물중에는 생육에 산소를 필요로 하는 것과 산소가 있으면 도리어 유해하여 사멸하는 것도 있다. 이것은 미생물에 에너지를 획득하기 위한 대사계의 차이에 의한 것으로 호기성균은 주로 산소호흡 혹은 산화적 대사에 의하여 에너지를 획득 하지만, 혐기성균은 혐기적 발효 혹은 분자 간 호흡에 의하여 에너지를 획득하며 통성혐기성균은 양쪽의 대사계를 모두 가지고 있다.

① 절대호기성균(strict aerobes)

유리산소가 있어야만 생육할 수 있으며, 에너지는 협의의 호흡 또는 산화에 의해 얻는다. 대부분의 곰팡이, 산막효모, 세균으로는 어시터백터(Acetobacter) 속, 바실루스(Bacillus), 사스너(Sarcina), 슈도모나스(Pseudomonas) 속, 대부분의 마이크로우카커스(Micrococcus), 플라보박테륨(Flavobacterium) 일부의 브레비박테륨(Brevibacterium)이다.

② 통성혐기성균(facultative anaerobes)

유리산소의 유무와 관계없이 생육을 할 수 있는 균이다. 에너지 대사를 산화적으로나 혐기적, 즉 발효로 각각 할 수 있는 균들을 말한다.

③ 절대혐기성균(strict anaerobes)

유리산소가 존재하면 생육을 하지 못한다. 시토크롬(Cytochrome)계 효소를 가지지 않았으므로 산소를 이용하지 못하며, 산소가 존재하면 대사에 의하여 생성된 과산화수소(H_2O_2)가 유해 작용을 하고 또 산화환원전위가 상승하여 생육을 불가능하게 만든다.

④ 미호기성균(microaerophiles)

미량의 유리산소, 즉 대기압보다 낮은 산소분압이 생육에 필요한 균으로 캄필로박터(Campylobacter) 속 등이 여기에 속하며 산소호흡에 의해 에너지를 획득한다. 젖산균은 산소 독립균으로 산소존재에 상관없이 발효에 의해서 에너지를 얻는다.

⑤ 산소-독립균(Oxygen-independent organisms)

대부분의 유산균들은 주변 산소 존재여부와 관계없이 두 경우 모두에서 같은 종류의 대사산물과 같은 양의 세포 에너지를 내면서 성장할 수 있다. 이러한 균들을 일컬어 산소-독립균(oxygen-independent organisms)이라 한다. 때때로 유산균을 통성 혐기균이나 미호기성균으로 보는 경우도 있으나 유산균은 발효과정을 수행할 수 있고, 시토크롬(Cytochrome)과 같은 효소를 가지고 있지 않기 때문에 이러한 분류는 적합하지 않다.

(3) 온도와 미생물

세균은 각각 증식 가능한 범위가 있어 최고, 최적, 최저온도는 균종에 따라 다르지만 다음과 같이 3군으로 분류 한다. 몇몇 병원성균의 최저 생육 온도는 표와 같다.

🔔 표 3-1 병원균의 최저생육온도

병원성 박테리아	최저생육온도(℃)
Clostridium botulinum Type E	3.3
Salminella heidelberg	5.3
Salmonella typtimurium	6.2
Staphyloccus aurreus	6.7
Bacillus cereus	10.0
Clostridium botulinum Type A & B	12.5
Clistridium perfringens	20.0

① 저온균(psychrophile)

식품의 종류에 따라 약간 저의가 다르지만 일반적으로 0℃에서 2주만에 분명히 증식이 일어나는 세균을 말한다. 증식 최적온도는 일반적으로 12~18℃이다. 수중세균으로 대표되는 Pseudomonas, Flavobacterium속 등의 종류가 많다. 호냉균 중에서도 20℃ 이하에서 가장 빨리 생육하는 것을 편성호냉성균(obligate psychrophile), 20℃ 이상에서 가장 빨리 생육하는 것을 통성호냉성균(facultative psychrophile)이라 한다.

② 중온균(mesophile)

0℃ 이하 또는 55℃ 이상에서 증식할 수 없는 균이다. 최적온도는 25~37℃로써 대부분의 세균, 효모, 곰팡이가 이에 해당되며 병원세균과 부패세균은 중온균이다.

③ 고온균(thermophile)

55℃ 이상에서 증식이 가능한 균이다. 최적온도는 50~60℃로써 온천세균, 퇴비세균, 젖산균 등이 해당된다. 미생물은 증식의 최저온도 이하에서는 증식이 정지되지만 사멸되지는 않는다. 0℃ 이하의 온도에서 동결되어도 생존하고 있다. 오히려 미생물 보존을 위해서 동결저장을 하는 경우도 있다. 이와는 반대로 미생물은 고온에서는 약하여 보통의 영양세균은 수분이 존재하는 경우 55~70℃에서 10~30분 가열로 사멸 된다. 그러나 세균의 포자는 열에 대한 저항력이 강하여 100℃의 습열에서도 사멸되지 않는 경우가 많다. 따라서 포자를 완전히 사멸하기 위해서는 고압증기멸균법으로 110~120℃의 고온가열이 필요하다. 또 건조 상태에서의 가열, 즉 건열에서는 살균효과가 낮으며 포자를 완전히 사멸하기 위해서는

150~160℃의 고온이 필요하다.

(4) 삼투압과 미생물

생육환경의 삼투압은 미생물에 직접적인 영향을 미친다. 미생물은 각각의 증식 또는 생육에 적합한 삼투압의 범위가 있으며, 그 범위보다 삼투압이 낮으면 세포는 파열되며, 높을 경우에는 세포내부의 물이 반투현상으로 세포질막, 세포벽을 통하여 밖으로 빠져나온다.

그 결과 세포질이 수축되면서 원형질 분리가 일어나므로 증식할 수 없게 된다. 또 세균의 삼투압은 식염 등 염류 및 설탕 등의 당류의 존재에 의하여 변화 된다. 일반의 세균에서는 3% 정도의 식염의 존재 하에서 증식이 억제되지만 어떤 종류는 어느 정도의 식염농도가 없으면 증식되지 않는 것이 있으며 이들을 호염성 세균이라고 한다. 그리고 균에 따라서는 식염이 거의 없어도 증식하거나 8~10% 정도의 식염농도에서도 증식하는 것이 있는 데 후자와 같은 균을 내염성균이라 한다. 호염성 세균류에는 다음과 같이 3군으로 분류한다.

① 미호염균

식염 2~5%에서 잘 증식하며 바닷물에서 발견된다. 보통 분리되는 것으로 그람음성의 운동성이 있는 간균으로 슈도모나스(Pseudomonas), 비브리오(Vibrio), 에이크로머바터(Achromobacter), Flavobacterinm, 알칼리게네스(Alcaligenes)속 등의 호냉성 세균에 속하는 것이 많다.

② 중도호염균

식염 5~20%에서 최적의 증식을 나타내는 균들이다. 생선이나 염지 육에서 분리되며 가장 전형적인 것은 Mc.halodenitrificans(할로데니트라피칸스)로서, 이 균은 소금 1.7% 이하에서는 자라지 못하고, 4.5%가 최적이며 23% 까지 증식이 가능하다.

③ 고도호염균

최적증식에 20~30%의 식염을 필요로 한다. 진하게 염지된 생선이나 고기, 염전 등이 붉은 색을 띠는 것은 이 균이 적색색소를 생성하는 데 그 원인이 있다. 자주 발견되는 균주는 간균류로 할로박테리아(Halobacterium) 살리나리움(salinarium), H. halobium이고 구균으로는 마이크로우카커스(Micrococcus) morrhae, Mc. litoralis 등으로 카로티노이드 색소를 생산한다.

(5) 압 력

지상의 세균은 보통 30℃의 300기압에서 생육이 대단히 완만해지고 사멸이 증가되며, 400 기압에서는 거의 정지되지만 깊은 해저의 세균은 600기압에서도 생육하는 것이 있다. 그러 나 일반적으로 식품미생물이 압력의 증감으로 인해 증식에 직접적인 영향을 미치는 환경에 노출되는 경우는 거의 없다.

(6) pH와 미생물

미생물은 생육을 위하여 물, 영양소, 적당한 온도 및 pH를 필요로 한다. 식품의 부패 및 독소를 생성하는 최소 pH는 식품의 종류에 따라 차이가 있어 그 기준을 정하기 어렵다. 그 러나 일반적으로 미생물에 의한 식품의 위생안전성을 고려할 때 pH 4.5를 기준으로 한다. pH 4.5 이하에서는 C. botulinum이 증식할 수 없기 때문이며, 또한 식품의 pH에 따라 내열성 에 영향을 미치므로 생육 가능한 포자를 파괴하기 위하여 다른 열처리 시간을 필요로 한다. 그리고 약 pH 4.2 이하에서는 식중독을 일으키는 대부분의 미생물의 생육이 잘 제어되지만, 젖산균이나 효모 곰팡이 종류들은 여전히 잘 생육할 수 있다. 몇몇 중요한 식품 부패와 독 소를 생성하는 미생물의 생육이 가능한 최저 pH를 밑에 표에 나타내었다. 일반적으로 pH의 조절만으로 모든 미생물의 생육을 조절하기는 어려운 것이 사실이다.

🔺 표 3-2 식중독균의 pH범위

미생물	최저 pH	최적 pH	최고 pH
Staph. aureus	4.0	6.0~7.0	9.8
Clostridium perfringens	5.5	7.0	8.0
Listeria monocytogenes	4.1	6.0~8.0	9.6
Salmonella spp.	4.05	7.0	9.0
Vibrio parahaemolyticus	4.8	7.0	11.0
Bacillus cereus	4.9	7.0	9.3
Capylobacter	4.9	7.0	9.0
Yersinia	4.6	7.0~8.0	9.0
Clostridium botulinum	4.2	7.0	9.0

2) 세균과 바이러스(virus)

(1) 세 균

박테리아(bacteria)라고도 한다. 현재까지 2,000여 종이 알려져 있다. 엽록소가 없기 때문에 광합성을 할 수 없다. 따라서 땅속, 물속, 공기 속, 사람의 몸속 등 어느 곳에나 양분이 있으면 기생한다. 세균이 자라기 위해서는 양분과 함께 알맞은 온도와 습도 및 산소가 필요하다. 20℃ 이하에서 잘 자라는 것을 저온성세균, 55~60℃에서 잘 자라는 것을 고온성세균이라고 하며, 그 중간 온도에서 자라는 것을 중온성 세균이라고 한다. 그리고 산소를 필요로하는 세균을 호기성세균, 산소 없이도 살 수 있는 세균을 혐기성세균이라 한다. 세균은 인간에게 이로운 유용세균과 해를 끼치는 유해세균이 있다. 유용세균은 식품을 가공하거나 항생물질로 이용하고, 유해세균은 여러 질병을 일으키는 세균으로 파상풍균·콜레라균·디프테리아균·결핵균 등이 있다. 인체에 유해한 미생물 중에는 세균, 바이러스, 리케차 등이 있는데, 감염증의 대부분은 세균으로 인한 것으로 모든 장기가 감염될 수 있다. 원래 인체에 병원성 세균이 침입하면 기본적인 면역계에서 방어하지만, 효과적으로 병원성 세균을 제거하지 못할 경우 인체에 질환이 나타난다. 감염된 장기에서는 열이 나고, 염증 반응이 생기며, 세균의 수가 증가한다. 세균 중에는 질환을 일으키지 않는 것도 있다. 예를 들면 대장·피부·구강·질 등에는 상재균이 있는데, 병을 일으키지 않을 뿐 아니라 인체 내에서 이로운 작용을 한다.

(2) 바이러스(virus)

인공적인 배지에서는 배양할 수 없지만 살아 있는 세포에서는 선택적으로 기증·증식한다. 바이러스는 생존에 필요한 물질로서 핵산(DNA 또는 RNA)과 소수의 단백질만을 가지고 있으므로, 그 밖의 모든 것은 숙주세포에 의존하여 살아간다. 결정체로도 얻을 수 있기 때문에 생물·무생물 사이에 논란의 여지가 있지만, 증식과 유전이라는 생물 특유의 성질을 가지고 있어서 대체로 생명체로 간주된다. 바이러스는 하나의 유전자덩어리이다. 그러니 세균보다 더 작은 존재라고 할 수 있다. 이 바이러스는 식물이나 동물 등 또는 세균까지 모든 정상세포에 들어가 증식한다. 그리고 그 정상세포를 변형시켜 버린다. 그리고 주위세포들까지

변형시켜 버린다. 문제는 이 바이러스질환에는 특별한 약이 없다는 거다. 보통 우리 몸이 이 바이러스를 이겨내거나 그렇지 못할 경우 대부분 죽게 된다. 바이러스의 경우 막을 수 있는 방법이 현재로선 백신 정도 이다.

(3) 세균과 바이러스의 차이

대부분의 세균들은 광학현미경(흔히 학교에서 볼 수 있는 렌즈를 이용한 현미경)으로도 염색 등의 과정을 거치면 충분히 관찰할 수 있다. 따라서 예전에 질병에 관련된 연구는 세균위주였는데, 그것으로도 해명 할 수 없는 질병들을 연구하다가 바이러스라는 것을 알게 되었다. 그 사이즈보다 더 작은 필터로 걸러서 빠져나가는 병원물질을 찾게 되었는데, 그것을 바이러스로 명명하고 최근에서야 전자현미경으로 그 실체를 확인하게 되었다. 모든 것이 그런 것은 아니지만 바이러스가 세균보다 한 단계 아래라 표현하고, 그 형성기관이나 증식상태등도 차이가 있다.

좀더 이해하기 쉽게 비유하자면 자체적으로 단백질을 만들어 내는 공장을 가지고 새로운 개체를 생성하는 세균과 달리 바이러스는 틀만 가지고 남의 공장에 침입해 자신이 필요한 것을 만들어 낸다. 우리 몸의 방어기전은 대단해서 세균이나 바이러스가 몸 안으로 침입하지 못하도록 세포막이나 기타 점액물질, 피부 등으로 방어를 하고 있으며 그 위로 세균들이 적당히 분배해서 존재하고 있다. 세균은 사이즈가 커서 우리 체내의 세포 안으로 밀고 들어오지 못하고 상처가 나거나 흠집이 나면 침입을 하는 것에 비하여 바이러스는 친화성이 있는 조직의 세포 속, 우리체내 세포 안으로 들어와서 자신의 수를 증식시키고, 그것에 의하여 세포가 파괴되며 질환을 발병시킨다. 대부분의 바이러스, 급성에 관련된 것을 제외하고는 특별하게 치사율이 높지는 않다. 그리고 눈에도 안보이는 세포 하나가 터져 없어진다고 해도 표시나지 않지만 문제는 2차 감염(세균 감염)을 동반한다는 막연히 두려워 하는 존재가 되곤 한다.

식육과 세균

1) 미생물의 발육과 온도

일반적으로 미생물이 발육가능한 온도는 −10℃~+80℃의 넓은 범위이다. 그러나 세균은 증식에 필요한 3가지 환경조건은 온도, 영양소. 산소인데, 그 증식과정은 처음 거의 발육하지 않은 상태의 지체기. 급격하게 증가하는 시기인 대수기. 그리고, 증식하는 것과 사멸하는 것 사이의 균형이 일정하게 되는 시기인 정상기로 나눈다. 저온균: 10~25℃, 중온균 30~47℃, 고온균 50~60℃ ① 지적온도(지적온도)는 각각의 세균에 가장 적합한 온도로 발육온도는 위와 같다. ② 영양소는 무기질, 단백질, 다당류, 비타민 등이며 세균에 따라 요구되는 영양소는 다르며 병원성균은 필수유기물을 주지 않으면 거의 발육하지 않는다. ③ 산소는 세균에 따라 있어도 좋고 없어도 좋은 것이 있기 때문에 (1) 호기성세균 −산소가 없으면 발육이 불가능한 세균 (2) 통성혐기성균−산소가 없어도 발육하지만 있으면 더 발육하는 세균 (3) 혐기성세균 −산소가 있으면 발육이 불가능한 세균 ※bacillus. clostridium으로 분류되는 세균은 위의 환경조건이 만족되지 않을 경우 포자를 만드는 균으로, 이 균은 열이나 방사선, 약품등에 저항성이 매우 강해 식품제조상 특히 중요시된다. 오염시에는 제조시 포자를 만들게 하지 않는 조건이 어야 하고 또 증식하지 않는 환경으로 pH값이나 수분활성 등의 조정도 필요하다.

2) 온도별 미생물의 종류

① 고온미생물 (thermophile)

최적온도가 50~60℃의 고온. 열대지방의 지표, 온천, 추비(追肥) 등의 특수한 환경 외에도 토양을 중심으로 넓게 분포되었으며 최저발육온도가 30℃, 최고 70~75℃

② 중온미생물 (mesophile)

장티푸스, 적리등 전염병균. 포도상구균, salmonella균 등의 식중독균. 그 외 통상의 부패세균. 일부곰팡이, 효모, 효모에 이용되는 미생물 등. 34~40℃가 최적

③ 저온미생물

저온세균(내냉세균, psychrotroph)과 호냉세균(psychophile)으로 나누는데, 대부분 내냉세균으로 15℃가 최적온도. Penicillin, Cladosporium, Monilla, Mucor, Botrytis 등의 곰팡이. Candida, Torulopsis, Cryptococcus, Saccharomyces등의 효모. Pseudomonas, Achromobactor, Alcalignes, Moraxella, Flavobscterium, Aerobactor, Enterobactor, Proteus, Serratia, Vibrio, Aeromonas 등의 gram음성세균. Micrococcus, Lactobacillus, Microbacterium, Stretococcus, Corynebacterium, Brevibacterium, Sarcina, Bacillus, Clostridium등의 gram양성세균. Cytophaga과 같은 점액세균 및 방선균

2 식품세균의 종류

1) B. 시어리어스(cereus) 균

(1) 개 요

B. 시어리어스(cereus) 균은 토양 등 자연계에 중요한 부패 원인균으로서 널리 분포되어 있다. 1800년대 말부터 식중독의 원인균으로서 의심되었으며, 1955년 Hauge에 의하여 노르웨이 오슬로에서 식중독 원인균으로 처음 보고된 후 주목을 끌어왔다. 그 후 스웨덴, 헝가리, 미국, 일본 등 여러 나라에서 식중독 예가 보고되었다. 1951년 Christiansen 등도 성인 18명 중

15명, 어린이 130명 중 106명의 환자가 발생하였던 캠프에서의 식중독을 보고하여 추정 원인식인 푸린에 1.3×107 CFU/g 수준의 오염이 있었다고 하였다. 또한 Nikodemusz의 보고에서는 원인식인 야채 스프에 108 CFU/ml의 균이 오염되었다고 하였으며, Heinertz는 Goteborg 시의 병원에서 돈육스튜로 인한 361명의 환자발생 예를 보고하였는데, 이 경우 균 수는 약간 적은 2,000만/g의 균이 검출되었다. 이 중에서도 Hauge의 실험이 특이하여 그 원인식인 바닐라 소스 200ml를 자신이 섭취하였는데, 13시간 후에 심한 복통과 설사를 일으켰다. 그 후 분리 균주를 바닐라 소스에 $3\sim6 \times 107$/ml를 접종시켜 약 150ml를 6명의 독지가에게 먹였는데, 그 중 2명이 전형적인 증상을 보였으며, 다른 2명도 경한 증상을 일으켰다. 1971년 러시아의 Ezepchuk는 B. 시어리어스(cereus)균의 엔트로톡신(enterotoxin)을 분리하였으며, 1972년 Fluer가 이 독소의 물리, 화학적 성질을 밝힘으로써 B. 시어리어스(cereus)균 식중독이 독소형인 것으로 확인되었다. 이는 설사형과 구토형이 있다.

(2) 성 상

Gram 양성의 간균으로서 주모성 편모가 있으며 아포를 형성한다. 호기성이고 10~48℃에서 발육하며, 최적 생육온도는 28~35℃이다. 성장 pH는 5.0~8.8(최적 6.0~7.0)이며 Aw 0.93까지 성장이 가능하다. 레시티나아제(Lecithinase)를 생산하며, 난황한천에서 집락 주변이 유변색을

띠고, 용혈성이다. 아포는 내열성이어서 135℃에서 4시간 가열에도 견딘다. 특히 전분성 식품에서 많이 검출된다.

(3) 원인식품

설사형은 spice를 사용한 식품이나 요리로서 육류 및 채소의 스프, vanilla sauce, pudding 등이 대표적이다. 한편, 구토형은 주로 쌀밥이나 그 요리식품인 볶음밥 등이 원인식품이다.

(4) 잠복기 및 임상증상

설사형은 잠복기가 8~16시간, 지속기간은 12~24시간이며, 구토형은 잠복기가 1~5시간, 지속기간은 6~24시간이다. 설사형의 주 증상은 강한 복통과 수양성 설사이고 오심, 구토, 두통, 발열 등을 나타내는데, 증상이 경증이며 C. 퍼프린젠스(perfringens)에 의한 식중독과 비슷하다. 구토형은 오심, 구토가 주인데 설사, 복통도 있으며, 때로는 발열이 있다. 포도상구균 식중독의 증상과 비슷하다.

2) 캄필로박터(Campylobacter)

(1) 개 요

소나 염소 등의 전염성 유산 및 설사증의 원인균이었는데, 최근 집단 식중독의 원인균으로서 세계적으로 관심이 집중되고 있다. C. jejuni는 1972년 설사증 환자에서 처음 분리에 성공하였고, 미호기적 환경(O_2 5%, CO_2 10%, N_2 85%)에서 생육하지만 대기 중이나 혐기적 조건에서는 발육하지 않는다. 1978년 미국에서 이 균에 오염된 우유에 의한 집단설사증의 발생이 이 균에 의한 최초의 식중독 보고이다.

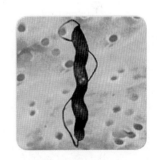

(2) 성 상

캄필로박터 제주니(Campylobacter jejuni)는 gram 음성의 간균으로서 comma 상인데, 균체의 한쪽 또는 양쪽 끝에 균체의 2~3배의 긴 편모가 있어서 특유의 screw 상 운동을 한다. 크기는 (0.2~0.9)×(0.5~5.0)㎛이며 미호기성이기 때문에 3~15%의 O_2 환경하에서만 발육증식한다. · 발육온도는 30~45℃로 일반 식중독세균의 발육온도인 25~30℃에서는 자라지 않으나 4℃에서는 생육 가능하다. pH 2.3 이하의 낮은 pH 조건에서는 사멸한다. 진공포장육에서는 4℃에서 28일간 생존 가능하나 3.5% NaCl에서는 생육이 불가능하다.

C. jejuni 는 *C. coli* 와 *C. laridis* 와 밀접한 관계가 있는데, 이는 마뇨산(hippurae)의 가수분해능과 30㎍ 날리딕스 산(nalidixic acid) 함유배지상의 성장능에 따라 구별한다.

(3) 감염원 및 원인식품

소, 염소, 돼지, 개, 닭, 고양이 등이 보균하고 있으며, 사람은 이러한 동물의 배설물에 오염된 물이나 식품에 의하여 발병한다.

(4) 잠복기 및 임상증상

잠복기는 2~10일, 보통 2~5일이며 복통, 설사, 발열을 주 증상으로 하는데 수일~1주일 이상 지속되기도 한다. 설사는 점액이나 농, 때로는 혈액이 섞여 있으며, 보통 38~40℃의 발열이 있으나, 발열이 없는 경우도 있다. 보통 3~5일이면 회복된다.

(5) 예방책

식품의 냉장, 냉동 보관 시 분리보관 및 청결을 유지한다. 설사가 심한 경우에는 수분을 충분히 공급하고 주요 항생제로는 에리트로마이신(erythromycin), 시프로프록사신(ciprofloxacin), 테트라사이클린(tetracycline) 등을 사용한다.

3) 보툴리누스 식중독(botulism)

(1) 개 요

클로스트리듐 보툴리눔(Clostridium botulinum)이 생산하는 균체외독소(exotoxin)에 의하여 일어나는데, 이는 신경친화성 독소인 신경독(neurotoxin)으로서 세균성 식중독 중에서는 가장 치명

율이 높은 무서운 식중독이다. 혈액 소시지가 식중독을 일으
킬 수 있다는 것은 이미 약 1,000여년 전에 알려졌다. 1735년 소
시지 중독의 신경마비증상이 기록되어 있으며, 1800년에는 독
일의 Kerner에 의하여 소시지중독에 botulism이라는 용어를
사용하게 되었다. 1895년 Belgium의 Ellezelles에서 장례식에
참석한 악단 member 34명이 햄을 먹고 그 중 23명에 마비증
상이 나타났고 이중 3명이 사망하였다.

벤 에르멘겜(Van Ermengem)은 그 ham에서 아포를 가진 혐기성의 간균을 처음 분리하였다.
이 균이 배양여과액을 실험동물에 주사하여 마비증상을 나타내며, 폐사한다는 것을 증명하
였다. 이 균은 Bacillus botulinum이라 명명하였으며, 이것이 발육증식할 때 균체외독소를 생
산하여 중독의 원인이 된다고 기술하였다.

(2) 성상 및 원인독소

길이가 3~8μm이며, 그램 양성 간균으로서 주모성 편모를 가지며, 아포를 형성한다. 협
막은 없으며, 편성혐기성이다. 활발치 못한 운동을 하며, 포도당 등 많은 당을 분해한
다. 단백질을 분해하는 것과 비분해성의 것이 있으며 황화수소를 생산한다. A, B형 균
의 아포는 내열성이 강하여 100℃에서 6시간 이상 가열하여야 파괴되나, E형 균의 아포
는 100℃에서 5분, 80℃에서 10분의 가열로 파괴된다. 이 독소는 균의 자가융해에 의하
여 유리되며, 단순단백으로 되어 있다. 이 독소는 세균독소중에서 가장 맹독으로 정제 독
소 0.001μg으로 마우스를 죽일 수 있으나 80℃에서 10분에 파괴되기 때문에 충분한 가
열 조리에 의하여 중독을 예방할 수 있다. 이 균이 생산하는 독소의 항독소에 의한 중화
반응(면역학상)에 따라 A, B, C(Cα, Cβ), D, E, F의 6형으로 나누어지며, 최근 G형이 추가되었
다. 사람에게 식중독을 일으키는 것은 주로 A, B, E의 3형이다. A, B형은 구미 제국에 널
리 분포되어 있으며, 1936년 러시아에서 처음으로 분리된 E형은 현재 일본, 캐나다, 알래
스카, 덴마크, 노르웨이, 스웨덴 등에 분포하는데 E형이 제일 많다. 그리고 F형도 드문 일
이나 식중독을 일으킨다. Cα형은 오리, Cβ형은 소, 말, 밍크에 중독을 일으킨다. D형은 아
프리카의 소에 중독을 일으킨다. 이 독소의 분자량은 A형 90만, B형 50만, E 및 F형 35만

이다. E형 독소는 trypsin 등의 단백 분해효소의 작용에 의하여 독성이 매우 증가된다. 벤 에르멘겜(Van Ermengem)이 분리한 Ellezelles주와 Landman이 분리한 다름슈타트(Darmstadt)주의 독소가 면역학적으로 다르다는 것이 1910년 Leuchs에 의하여 규명되었다. 1922년 Bengtson은 파리의 구더기로부터 A형이나 B형과 다른 독소를 생산시키는 균을 분리하여 C형이라 하였는데, 이 C형 독소는 미국 서부에서 들새들의 떼죽음의 원인이 되었다. 같은 해 Seddon은 호주에서 마비성 질환에 이환된 소의 뼈에서 유사한 독소를 생산시키는 균을 분리하였는데, Bengtson 주의 항독소는 Seddon 주의 독소를 중화하나, Seddon 주의 항독소는 Bengtson 주의 독소를 중화하지 않음이 밝혀짐으로써 Bengtson 주를 Cα형, Seddon 주를 Cβ형으로 분류하였다. 또한 1927년 남아프리카에서 Theiler와 Robinso은 소의 마비성 질환의 원인으로서 D형 균을 분리하였다. 1936년 Gunnison 등에 의해서 E형 균이 처음으로 보고되었으며, 이 균주는 러시아에서 상어로부터 분리되었다. 1932년과 1934년에 뉴욕에서 각각 일어난 일이 있는 캐나다산 연어 훈제품에 의한 중독과 독일산 정어리 통조림에 의한 중독이 E형 중독임이 확인되었다. 1958년 덴마크의 Langeland 섬에서 자가제 돼지간 요리를 5명이 먹고 모두 발병하여 1명이 사망하였다. 그 원인식으로부터 Moller와 Sheibel은 단백분해성의 botulinus균을 분리하였는데, 이 균의 독소가 새로운 독소형임이 보고되었으며, Dolman과 Murakami에 의해 F형으로 확인, 명명되었다. 이 독소는 위장벽으로부터 흡수되어 신경계통에 작용한다. 그 작용 부위는 choline 작동시의 말초부교감신경종말과 운동신경의 신경근접합부로서 acethyl choline의 유리를 저해하기 때문에 자극 전달이 이루어지지 않아서 호흡마비에 의하여 질식사를 한다.

(3) 발 생

보툴리누스 식중독에 의한 식중독은 전세계적으로 발생 보고되고 있다. 미국에서는 1899~1967년까지 30개주에서 640건이 발생하여 환자 1,669명 중 사망자 948명을 내어 치사율 56.8%을 보였으며, 러시아에서는 1880~1939년까지 163건이 발생하여 환자 1,283명, 치사율 36%을 기록하였는데, 이의 대부분은 A형으로 추정된다. 그리고 1958~1964년까지 발생한 95건 중 38건은 독소형이 동정되어 A형이 19, B형이 17, C형이 2건이었다. 프랑스에서는 1940~1944년까지 약 1,000건의 중독사건이 발생하여 2% 정도의 치사율을 나타내었다. 일본에서는 1951~1970년까지 65건이 발생하여 환자 361명 중 사망자 94명으로 치사율이 26%이었다.

(4) 원인식품

원인식품은 식생활의 양상에 따라 약간의 차이를 보이고 있다. 19세기 말까지 햄, 소시지, 특히 혈액 소시지가 원인식품으로 유럽 등지에서 식중독사건이 많이 발생하였다. 그 후 20세기에 들어서는 통조림의 생산이 활발해서 각종 통조림식품으로 인한 중독사건이 일어나기 시작하였으며, 특히 살균이 불충분한 자가제품인 경우는 혐기성의 botulinus균으로서 좋은 배양기의 역할을 하게 되었다. 미국에서는 식육이나 어류의 통조림 뿐만 아니라 야채나 과실류의 통조림도 중독의 원인이 되었다. E형 중독은 1960년 이후 발생이 많아 특히 5대호에서 잡힌 어류 훈제품에 의한 중독이 많았다. 야채로서는 강낭콩, 옥수수, 시금치, 아스파라거스, 올리브 등에 의한 것이 많았으며, 과실류는 앵두, 배 등에 의한 것이었다. 일본에서의 원인식품으로는 각종 어류의 소금절임 식품들이 E형 중독의 원인식품으로 판명되었다. 이들 식품은 대부분이 자가제품으로 오랫동안 저장하여 두면서 먹는 식품으로, 완전 살균이 안된 상태에서 통조림과 비슷하게 취급됨으로써 아포가 증식되어 독소가 생산될 수 있는 조건이 될 수 있었기 때문이라고 생각된다.

(5) 잠복기 및 임상증상

잠복기는 보통 12~36시간이나 2~4시간에 신경증상이 나타나기도 하며, 72시간 후에 발병한 경우도 있다. 잠복기는 짧을수록 중증이며, E형의 경우 잠복기는 A, B형보다 짧다. 오심(nausea), 구토(vomiting), 복통(abdominal pain), 설사 등의 소화기증상(G-I trouble)과 시력장애(disturbance of vision), 안검하수(blepharoptosis), 복시(diplopia), 근력감퇴(muscular weakness), 연하곤란(dysphagia), 목쉰소리 및 언어곤란(hoarseness & dysarthria), 핍뇨(oliguria), 변비(costipation), 신경장애(nervous disturbance), 운동장애(motor disturbance) 등의 신경증상이 있으며, 발열은 없다. 결국, 호흡부전(respiratory failure)에 의하여 사망한다. 발병율이 높으며, 치사율은 일본이 26%, 미국 64.7%(E형은 44%), 유럽 5~40%, 캐나(E형) 75% 등이다. 사망자의 대부분은 원인식품섭취 후 4~8일 이내에 사망하는 데, 항독소혈청이 효과가 있다.

(6) 예방(preventive measures)

이 균의 오염원은 토양, 동물의 분변이 주이며, E형은 바다흙, 어류 등에 널리 분포되어 있으므로 이들의 오염을 방지하여야 한다. A형 아포는 100℃ 6시간 이하 가열로는 파괴되지 않으나 E형 아포는 100℃ 5분간 가열로 파괴되므로 충분히 가열하여야 한다. 이 균은 20℃ 부근에서 잘 발육하며 독소를 생산하다. 특히, E형은 4℃에서도 증식하며 독소를 생산한다. 그러므로 식품을 4℃ 이하로 저장하여야 한다. 고기, 야채, 생선을 조리한 후 상온에 장기간 방치하지 말고 고기, 야채, 생선 등을 적절하게 냉동, 냉장하여야 한다. 발병후 조치법으로는 항혈청 투여(치사율을 종래의 50%에서 10%로 줄임)와 구토제 복용 및 장 청소 등이 있다.

4) Clostridium perfringens (C. welchii)

(1) 개 요

사람이나 동물의 장관세균으로서 토양, 물, 식품 등 자연계에 널리 분포되어 있다. 창상감염(創傷感染)으로서 가스 괴저의 중요한 원인균이다. 1895년 Kein이 식중독 기염성에 관하여 최초로 보고하였고, 영국에서는 1941년 이후 8년간에 *C. perfrigens*로 추정되는 식중독 6건이 보고되었다. Mc clung은 미국에서 찐 닭고기에 의한 식중독 4건을 보고하였다. 1943

년 영욱의 Knox 등은 이 균에 의한 식중독 예를 보고하였으며, 1947~1949년에 걸쳐 독일 북부에서 출혈성 장염의 환자가 발생하였다. Hobbs가 1949~1952년까지 영국에서 발생한 *C. perfrigens*로 추정되는 23예의 식중독을 보고하였으며, 1953년 Hobs가 처음으로 식중독임을 확인하였다. Osterling은 1952년 스웨덴에서 2년간 발생한 33예의 식중독 중 15예에서 다수의 *C. perfrigens* 균의 존재를 증명하였다. 1957년 일본 산현에서 *C. perfrigens*로 추정되는 식중독을 보고하였으며, 그 후 1961년까지 5년간 12건의 발생을 보고하였다. 영국에서는 1959년 110건, 1960년에는 97건의 본 식중독에 대한 기록이 있다. 이 균이 생산하는 독소의 종류는 현재 A~F형까지 6형으로 분류되었는데, 이 균에 의한 식중독은 대부분 내열성의 A형에 의한 것이며, 1947~1949년 북부독일에서 발생한 장괴저라고 부르는 출혈성 장염은 치명

율이 40%나 되는데, 이것은 F형에 의한 것이다. 최근 F형은 C형이 변형된 것으로 밝혀졌다.

(2) 성상

이 균은 비교적 큰 그램 양성 간균으로 아포를 형성한다. 편모가 없고 비운동성이다. 생체내나 체액 함유배지에서 협막을 만든다. 편성 혐기성균이나 혐기적 요구도가 낮다. 우유 중의 casein을 응고시키고, 유당을 분해하여 산과 가스를 생산하는데, 이러한 현상을 stomy fermentation이라고 한다. *C. perfrigens*는 13종류의 독서를 생산하는데, 그 생산능의 차이에 따라서 A, B, C, D, E의 5형으로 분류한다. 이중에서 A형은 alpha, eta, theta, kappa, mu, nu, 뉴라미니다아제(neuraminidase), enterotoxin 등 8종류 독소의 생산에 의하여 동정된다. *C. perfrigens*는 내열성인 것과 이열성인 것이 있는데 내열성인 균의 아포는 100℃에서 1~5시간의 가열에 견디며, 독소 생산능력은 약하고 때로는 alpha 독소가 생산되지 않으며, theta 독소도 생산되지 않아서 혈액 한천상의 집락에는 비용혈성 또는 alpha 용혈성을 나타낸다. 독일에서 분리된 F형은 beta 독소를 생산하는데 이는 beta 용혈성이 있는 A형에서 유래된 것이 많다. 이열성 균의 아포는 90℃에서 30분, 100℃에서 5분의 가열로 파괴된다. 이 균에 의한 식중독은 감염형이며, 발병에는 107~108개 정도의 균이 있어야 한다.

(3) 분포 및 원인식품

세계적으로 분포되어 있으며 사람이나 동물의 분변, 토양, 하수 등 자연계에 널리 분포하여 평상시는 잡균으로 존재하나, 식품 중에서 증식하면 식중독의 원인이 된다. 보통 조리방법으로는 사멸되지 않은 채 식품 속에 남아 있는데 가열에 의해 식품, 특히 육류의 산화 환원전위가 저하되기 때문에 적당한 온도에 방치해 두면 아포는 영양형으로 발육, 증식하여 식중독의 원인이 된다. 영국에서는 원인식품이 주로 육류 및 그 가공품인데, 일본은 어패류에 의한 사건이 많다. 기름에 튀긴 식품도 원인식품으로 추정되고 있으며, 면류 및 감주 등도 원인식품이 될 수 있다. 이 식중독의 특징은 동식물성 단백질이 원인이 된다는 점이다.

(4) 잠복기 및 임상증상

잠복기는 6~24시간, 평균 10~12시간이다. 식품과 같이 섭취된 균이 소장 상부에서 증식하여 아포를 형성한다. 이 균체의 용해와 더불어 위장독이 유리되어 국소모세혈관의 확장, 혈관투과성의 증대, 장연동운동 항진 등을 일으킴으로써 수양성 설사 및 복통이 일어난다. 일반적으로 24~48시간 정도의 단시간에 치유될 때가 많으며, 생명의 위험을 느끼는 경우는 거의 없다.

(5) 예 방

식품을 완전하게 익히도록 (내부온도가 74℃가 되도록) 하고 특별히 큰 덩어리의 고기의 경우는 내부까지 완전하게 열처리 되기가 어려우므로 조심해야 한다. 원육과 닿은 기구, 설비는 철저하게 세척, 소독하고 열처리된 식품은 신속하게 냉각한 후 영양세포의 생육이 불가능한 온도에서 저장하도록 한다.

5) 병원성 대장균

(1) 개 요

일반적으로 대장 상재균(常在菌 / normal flora)의 일종인 대장균은 병원성이 없으며, 오히려 여러 가지 유익한 작용을 한다. 즉, 인간의 장 내에는 약 400종의 미생물이 있으며, 약 100조의 대장균이 상재되어 장의 구조를 튼튼히 하고 (무균상태에서는 장이 얇아진다), 비타민 A, B1, B2, K, 니코틴산 등을 합성하며 단백질, 아미노산 등을 분해하여 amine, ammonia 등을 생산한다(amine류: 혈관작동 및 위액분비촉진, ammonia: 일부 단백질 합성에 관여). 그러나 1927년 Adam은 영유아 설사증과 관계가 있는 대장균을 보고하였으며, 1945년 영국의 Bray가 Middlesex시의 어떤 병원에서 사망률이 높은 영유아 설사증의 유행 예를 조사하여 특수한 대장균인 박테리아(Bacterium) coil var. neopolitanum(항원적으로 0-111 : B4형균)이라고 보고한 이후, 대장균 중에는 사람에게 병원성을 나타내는 것이 있다는 사실이 점차 명백하여 졌는데, 이러한 대장균을 병원성 대장균(Pathogenic E. coil)이라고 한다. 병원성 대장균은 영유아에게는 설사증을 일으키며, 성인에 있어서는 세균성 식중독을 일으킨다. 병원성 대장균은 장관 상재균이 아니며, 경구적으로 외부에서 침입하여 급성장염을 일으킨다.

(2) 성 상

병원성 대장균은 형태와 생화학적 성상이 비병원성 대장균(non-pathogenic E. coil)과 비슷하다. 장내세균과에 속하는 그램 음성의 간균이며, 주모성 편모가 있어서 운동성이 있으나 편모가 없고, 비운동성인 것도 있다. 일반적으로 유당 또는 포도당을 분해하여 산과 gas(CO_2와 H_2)를 생산하는 호기성 또는 통성혐기성균이며, 보통배지에서 잘 발육하고 최적온도는 37℃이다. 한천평판상에서는 회백색의 원형이고, 광택이 있는 습윤한 집락(colony)을 형성한다. 그러나 일반 대장균과 병원성 대장균 사이에는 항원성의 차이가 있다. 대장균은 균체를 구성하는 항원성분(균체항원 : O항원, 협막항원 : K항원 및 편모항원 : H항원)의 면역학적 특이성에 의해서 구별한다. 병원성 대장균은 그 발증기구에 따라서 장관병원성 대장균, 장관침입성 대장균, 독소원성 대장균, 장관출혈성 대장균, 장관부착성 대장균, 장관집합성 대장균의 6종류로 구분하는데, 이들 대장균은 특정한 혈청형을 나타낸다. 각 대장균에 의한 장염은 임상증상만으로는 구별할 수 없고, 혈청형에 의한다(Kauffmann 분류법).

① 장관병원성 대장균(enteropathgenic E. coli ; EPEC)

이 형의 대장균은 유아의 여름철 설사증의 원인균이다. 세포침습성이 없으며, 독소를 생산하지 않는다. 성인에 대한 장관병원성은 106~109 이상의 경구감염에 의한다. 즉, 대장균이 감염균량까지 증가한 식품을 섭취할 경우 감염이 성립되며, 소장에서 어느 정도 증식됨으로써 급성위장염을 일으키는 전형적인 감염형 식중독이다.

② 장관침입성 대장균(enteroincasive E. coli ; EIEC)

주로 세균성 이질환자로부터 분리되는 것으로 세균성 이질균과 마찬가지로 사람을 고정숙주로 하여 미량감염을 일으키며, 때로는 식품을 매개로 하는 일도 있으나, 보통 사람으로부터 사람에게 감염한다. 이 균은 원칙적으로 가축이나 다른 동물에는 없고, 자연계에서 분리되는 일도 없다. 감염은 산발적이나 때로는 집단 감염되는 경우도 볼 수 있다. 이 균이 소화관 내에 들어가면 세균성 이질균과 마찬가지로 대장점막상피세포로 침입하여 세포의 궤양, 괴사(necrosis)를 초래하게 되고, 결과적으로 급성대장염을 일으키며, 대변에는 점액뿐만 아니라 농과 혈액이 섞이는 일이 많다.

③ 독소원성 대장균(enterotoxigenic *E. coli* ; ETEC)

1971년 콜레라상 설사증 환자로부터 병원성 대장균과 다른 혈청형을 가진 대장균이 분리되었는데, 이는 콜레라균이 생산하는 것과 비슷한 위장독(enterotoxin)을 생산하는 것이 밝혀져 독소원성 대장균(enterotoxigenic *E.coli*)이라고 부르게 되었다. 소장의 점막상피에 정착하여 증식한다. 독소원성 대장균이 생산하는 위장독(enterotoxin)은 60℃, 30분의 가열에 의하여 활성을 잃는 이열성 독소(heat labile enterotoxin; LT)와 100℃, 30분의 가열에 견디는 내열성독소(heat stable enterotoxin ; ST)의 2종이 알려져 있는데, 지금까지 분리된 독소원성 대장균에는 LT만 생산하는 균주, ST만 생산하는 균주, LT와 ST 두 종류의 독소를 생산하는 균주가 있으나, 어느 균주에 의한 장염인가를 임상적으로 구별할 수는 없다. 특히 LT는 cholera toxin과 구조적으로 비슷하고, 면역학적으로도 공통성을 가지고 있다. LT는 장관점막상피세포의 adenylate cyclase를 자극하여 cyclic AMP를 증가시킴으로써 Na 이온의 흡수저해와 Cl이온의 분비항진을 초래하고, 그로 인해서 장관 내에 다량의 수분을 분비하게 한다. ST는 점막상피의 guanylate cyclase를 활성화하여 cyclic GMP를 증가시킴으로써 장관 내의 수분저유를 초래한다. 근래 대장균의 표면구조 상 최소 O(somatic; 체세포, 173형), K(capsular ; 세포막 90형), H(flagellar; 편모, 104형), F(fiberial; 융모) 등의 혈청형이 밝혀졌다.

④ 장관출혈성 대장균(enterohemorrhagic *E.coli* ; EHEC)

Vero 독소를 생산하는데, 혈청형은 O157 : H7이 대표적이다. 성인의 경우 출혈성 대장염을 일으키며 소아에서 용혈성 요독증을 속발시킨다.

⑤ 장관부착성 대장균(enteroadherent *E.coli* ; EAadEC)

HEP-2 및 Hela 세포에 부착하는데, 이는 부착형태에 따라서 2가지로 나눈다. 그 하나는 국소성 부탁(localized adherence)을 하는데, 이는 장관병원성 대장균의 혈청형과 같다. 그 다른 하나는 확산성 부착(diffuse adherence)을 하는데, 이는 병원성이 명확하지 않다.

⑥ 장관집합성 대장균(enteroaggregative *E.coli* ; EAggEC)

HEP-2 및 Hela 세포에 집합성 부착을 하는 균인데, 지속성 설사의 원인균으로 분류한다.

(3) 발생 및 원인식품

계절에 관계없이 연중 발생하나, 여름철에 약간 많다. 원인식품은 특별히 한정되어 있지 않으며, 동물에 있어서 이 균은 대장 상재균의 일종으로 널리 보균되고 있기 때문에 이것에 의한 식중독의 감염원으로서 동물의 배설물이 문제가 된다. 환자, 보균자, 환축 및 보균동물의 분변으로 직·간접으로 오염된 조리식품은 모두 원인식품으로 된다. 지금까지 보고된 식품을 들어보면 햄, 치즈, 소시지, 고로케, 야채 salad, roast beef, 분유, 파이, 도시락, 두부 및 그 가공품 등이다. 유아들에게서는 오염된 우유가 원인이 된다.

(4) 잠복기 및 임상증상

영유아나 아동 사이에 유행하는 경우나 식중독으로 발병한 경우도 모두 임상증상에는 큰 차이가 없이 급성 위장염으로 경과한다. 일반적으로 영유아는 잠복기가 짧고, 증상이 심하다. 성인에 있어서 병원성 대장균 식중독의 경우, 잠복기는 10~36시간, 평균 12시간 정도이고 두통, 발열, 구토, 설사, 복통 등의 증상을 나타내며, 중증일 때에는 분변에 혈액, 농이 혼합된 적리형을 볼 수 있다. 영유아의 경우에는 세균성 이질과 구별이 되지 않는 경우가 있으며, 연령층이 위로 올라갈수록 식중독의 증상을 나타낸다. 영유아의 설사와는 달라 성인의 식중독은 일반적으로 예후가 양호하여 수일 이내에 증상이 없어지나 사망하는 경우도 있다.

(5) 예방(preventive measures)

세균성 이질과 같이 사람에서 사람에게 전염되므로 영유아원이나 산후 조리원에서는 극히 위험한 세균이다. 그러므로 이 균은 영유아에 있어서 세균성 이질균이나 장티푸스균과 같은 방법으로 관리하지 않으면 안 된다 일반적인 예방법으로는 주방환경을 청결히 하며, 방충·방서 시설을 갖춘다. 보균자 및 환자의 분변오염을 방지한다. 분변의 비료화를 지양하여 분변의 오염을 방지한다.

6) 장염비브리오(Vibrio parahaemolyticus)

(1) 개 요

장염비브리오 식중독은 병원 호염균 식중독(halophilism)이라고도 한다. 한국을 비롯하여 일본, 동남아시아, 호주, 미국 등에서도 이 식중독이 보고되고 있다. 1950년 Fujino는 일본 오오사카에서 부시리포(전갱이과의 바닷물고기)에 의하여 발생한 식중독의 원인식품과 사망자의 장내용물에서 본 균을 분리하여 파스튜렐라 파라해모리티카(*Pasteurella parahaemolytica*)라고 명명하고 동시에 *Proteus morganii*을 분리하여 이 두 균의 혼합감염으로 추정하였다(272명 발생, 20명 사망). 1955년 다키가와는 일본 국립요코하마병원에서 오이소금절임에 의하여 발생한 식중독의 원인식품과 환자의 분변에서 이 균을 분리하였고 인체실험에 의하여 병원성을 확인하였으며, 동시에 병원성 호염균(Pseudomonas enteritis)이라 명명하였다. 그 후 다키가와에 의하여 *Pasteurella parahaemolytica*와 *Pseudomonas enteritis*가 동일균이라는 것이 증명되었다. 1963년 사카자키 등은 이 균을 Vibrio 속에 포함시켰으며, *Vibrio parahaemolyticus*라는 학명을 붙여 일본 세균학회의 승인을 얻었다. 그리고 일본 세균학회의 명명위원회에서 병원성 호염균이라는 이름이 타당하지 않다고 해서 장염비브리오라는 이름을 쓰기로 하여 현재 사용되고 있다.

(2) 성 상

*Vibrio parahaemolycus*는 그램 음성 간균으로서 크기는 0.5~0.8 × 2.0~0.5 μm이며, 약간 구부려져 있다. 균체의 한쪽에 단모성 편모가 있으며, 운동성이 있다. 최근 20℃의 고형배지에서 이 편모 외에도 떨어지기 쉬운 주모성 편모가 관찰되었다. 아포와 협막이 없고, 통성 혐기성이다. 식중독 유래 균주는 특정 조건에서 사람과 토끼의 혈구를 용혈시킨다 (가나가와 현상). 이 용혈은 내열성의 용혈소(hemolysin)에 의하여 일어나며, 가나가와 현상 양성과 균의 병원성은 일치하므로 이 용혈소가 장염 기인물질의 유력한 인자로 추정되고 있다. 장염비브리오는 특히 항원으로서 O 및 K 항원이 있으며, 12개의 O 항원군과 55개의 K 항원군에 의하여 혈청학적으로 분류되며 E항원은 공통 항원이다. 옛 이름인 병원성 호염균에 표시된 바와 같이 3% 정도의 소금이 있는 환경에서 가장 잘 발육하며, 콜레라균(Vibrio cholera)과 유사

한 모양을 하고 있는 세균이다. 이 세균은 소금이 전혀 들어있지 않는 배지에서는 발육하지 않으며, 0.5~12%의 식염 농도 범위 내에서 발육한다. 3~5% 식염 농도에서 배지조건이 알맞으면 보통 세균의 2배 속도로 증식한다. 즉, 분열시간 10~12분 정도로 발육시간이 빠른 것이 특징이다. 이 균은 생물형 I,II으로 분류되며, I형은 0.5~9.0%의 식염 농도에서 발육되고 설탕을 분해하지 않는 성질이 있으며, II

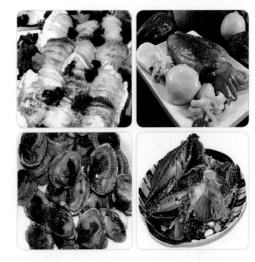

형은 0.5~12%의 식염 농도에서 발육하고 설탕을 분해하는 성질이 있다. 병원성이 있는 것은 생물형 I형으로 알려져 있다. 최적 pH는 7.5~8.0이며, 최적생육온도는 27~37℃이고, 이 중 Voges-Proskauer 반응, 당분해성 유무 등에 의하여 I, II, III, IV 등 4개의 생물형(biotype)으로 분류된다. 다카가와는 환자분리균을 응집반응에 의하여 26혈청형으로 분류하였으며, 그 후 사카자키는 혈청에 따른 새로운 분류법을 이용하여 12혈청형으로 분류하였다. 바닷물에서 분리되는 비병원성인 *Vibrio anguillarum, V. alginolyticus*와도 감별이 필요하다. 장염 Vibrio는 7% 식염함유 배지에서 발육하며, 10% 식염함유 배지에서는 발육하지 않는다. *V. alginolyticus*는 양쪽배지에서 모두 발육하며, *V. anguillarum*은 양쪽 어느 배지에서도 발육하지 않는다.

(3) 원인식품

근해산 어패류가 대부분(70%)이며, 특히 그 어패류를 생식하였을 때 감염된다. 그리고 장염 비브리오 식중독의 경우에만 원인식품으로 문제가 되는 오이와 같은 야채 소금절이는 이 균의 특이한 성질은 호염성과 관계가 있기 때문이다. 중독 원인으로 되는 어패류의 대부분은 근해산의 것인데, 다랑어와 고래같은 원해어나 고래 베이컨 같은 가공식품으로 중독 사건이 일어나는 것은 2차 오염(secondary contamination)에 의한 것이다. 환자 발생 시기에는 근해의 해수와 해저의 진흙에서도 이 균이 검출된다. 그러므로 바닷고기가 바다에서 감염된 채 어부에게 잡혀온 후에 육지에서 보관상태가 나쁠 경우에는 이 균이 증식하여 사고의 원인이 된다. 이 균은 증식 속도가 빠르므로 식품이 소량의 균으로 오염되어 있을지라도 실온이나 식염농도의 상승과 같은 적당한 환경이 부여되면 급속히 증식, 식중독을 일으킬 정도의 양에 도달하기 때문에 특히 어패류를 조리한 기구나 용기는 잘 씻어서 가열 소독을 실시하여 2차오염을 방지하여야 한다.

(4) 발생, 잠복기 및 임상증상

우리 나라의 월별 발생 상황을 보면, 7~9월의 3개월간에 집중발생하고 있다. 4~96시간(최단 20분), 평균 15시간의 잠복기를 거쳐 설사와 복통의 주증상이 일어나는데 상복부에 심한 동통이 오기 때문에 위경련(gastrospasm)과 혼동하기 쉽다. 설사는 수양성이며, 때로는 점혈변이 섞이므로 세균성 이질과 혼동하기 쉽다. 점액성 혈변을 볼 수 있는 중증 예에서도 이급후증은 거의 볼 수 없다. 환자의 30~40%에서 발열(37.5~38.5℃), 두통, 오심 등이 나타나며 구토는 드물다. 설사가 심할 때에는 탈수현상이 일어나기 때문에 콜레라와 비슷한 증상을 나타내기도 한다. 중증에서는 허탈(collapse) 상태에 들어가 사망할 때도 있다. 예후는 일반적으로 양호하여 2~5일에 회복된다.

(5) 예방(preventive measures)

예방의 원칙은 다른 세균성 식중독의 경우와 거의 같으나 다만 여름철 해수 중에서 번식하며 생어패류의 섭취가 주된 감염경로이기 때문에 7~9월의 어패류의 생식을 주의해야 한다. 이 균은 어체 표면이나 아가미에 부착되어 있고, 육질 중에는 없기 때문에 충분히 씻어서 먹으면 어느 정도의 예방효과는 있다. 예를 들면, 생선회용의 어패류는 전처리 단계에서 충분히 세척하여 냉장하는 것이 중요하다. 이 균이 37℃에서 분열하는 시간이 장내 세균의 약 절반인 12분이기 때문에 오염식품을 여름철에 실온으로 방치하여 두면 급속도로 증식하여 식중독의 발생균량에 도달한다. 또한, 이 균은 냉장상태에서나 민물 중에서 급속히 사멸한다고 하나, 어패류나 기타 식품에 부착되어 있는 상태에서는 냉장고 속에서도 급속한 균수의 감소는 일어나지 않는다. 이 식중독은 감염형이며, 균은 가열에 의해서 쉽게 사멸하기 때문에 가열 조리 후 바로 먹든지 또는 2차 오염을 방지하는 원칙적 방법이 이 식중독에서도 역시 중요한 예방법이다.

7) 리스테리아 모노사이토게네스(Listetia monocygenes)

(1) 개 요

1차 세계대전 때 수막염에 걸린 군인에게서 처음 발견되어 지난 10년간 주된 식중독 질병으로 등장하였는데 1950년부터 간간히 보고되어 현재 매년 100건씩 보고되고 있다. 1981년 캐나다에서 양의 퇴비로 오염된 양배추를 먹은 후 41명의 환자가 발생되어 식중독 균이라고 최초로 인정되었다. 소비 패턴의 차이, 식품가공, 저장기술의 차이로 주로 선진국에서 발병하며 아시아, 아프리카, 남미에서는 발병율이 극히 낮다.

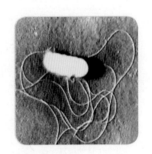

(2) 성 상

그램 양성의 단간균(0.5×0.5~2㎛)이며 편모를 지니고 있어 운동성이 있고 아포는 지니고 있지 않다. 코리네박테리움(*Corynebacterium*)과 성상이 비슷하지만 용혈성(*β-hemolysis*)으로 구분된다. 호기성 또는 통성혐기성으로 생육가능 온도범위는 4~42℃, 최적생육 온도는 25~37℃이다. 37℃에서는 편모가 1개, 25℃ 부근에서는 편모가 4개로 증가하여 운동성이 활발해지고 생육가능 pH 범위는 pH 6~9이다. 내염성이 강하여 10% NaCl에서 성장이 가능하다.

(3) 감염원

아포를 형성하지 않음에도 불구하고 다양한 환경에서 오랜 기간 생존한다. 호냉성이므로 식품가공의 어떤 단계에서도 오염 가능하며, 냉장저장도 성장에 저해를 주지 않는다. 토양, 물에도 생육하며 다양한 습한 환경에서 발견되고 있다. 식품가공 공장에서 작업자의 신발, 옷, 운반장비에 묻어있는 흙을 통해 오염되며 Stainless steel, 유리, 고무의 표면 또는 고기나 유가공품의 biofilm에서도 오염된다. Aerosol로 소독한 손에서도 생존가능하며 도축육에 대한 리스테리아 모노사이토게네스(*L. monocytogenes*)는 도살하는 동안 분변에 의해 오염되는데 최근 보고에 의하면 45%의 돼지, 24%의 소가 오염되어 있는 것으로 나타났다. 생식품, 가공품 모두에 널리 존재하는데 18,000여가지의 음식 중 6%가 오염이 되어 있고 그 중 5%는 1,000CFU/g 이상의 균이 존재함이 보고되고 있다. Soft cheese의 2~10%가 오염되어 있으며 아이스크림이나 요구르트, 버터는 0.3~2%로 낮은 편이다. 식육가공품(소, 돼지, 햄, 훈제 소 제지 등)도 오염도가 최대 70%로 높은 편이지만 pH, 조직의 종류, 온도 등에 영향을 받는다. 가금류 가공품(냉동닭 등)도 60%가 오염되어 있으며 신선야채(오이, 양배추, 감자 등)에서도 나타나지만 오염도는 낮은 편이다. 해산물, 어육가공품에서도 25% 정도가 오염되어 있으며 훈제 어육은 104CFU/g까지 오염되어 있다. 건강한 사람의 분변에서도 2~6% 분리가 분리되고 있는데 Listeriosis에 감염된 사람 중 21%는 104CFU/g 이상 검출되고 있다.

(4) 증 상

임산부의 경우 주로 임신 5~6개월에서 감염되나 때로는 임신 2개월 때에도 감염된다. 임산부가 감염되면 자신은 무증세이더라도 태반을 통한 태아감염으로 자연유산, 조산 및 사산이 발생된다. 신생아 감염시는 패혈증, 수막염을 일으켜 다른 식중독균보다 치명률이 높다. 주된 침입경로는 위장관으로 추측되는데 가벼운 위장염 증세도 보고되고 있다. 일반 성인에게는 중앙 신경계 장애를 일으켜 수막염, 수막뇌염을 일으키며 그 외 심내막염, 폐렴, 패혈성 관절염, 골수염, 복막염, 간염, 동맥감염 등으로 진행된다. 유행성, 산재성 두가지 경우에 대해 치사율은 20~30% 정도이나 면역이 약화된 사람이나 신경계 장애자의 치사율은 38~40%로 높다.

(5) 예방책

Penicillin G, 암피실린(ampicillin), 젠타마이신(gentamicin)이 효과적이지만 테트라사이클린(tetracycline), 에리트로마이신(erythromycin), 클로람페니콜(chloramphenicol), 세팔로스포린(cephalosporin) 등도 항균력이 있다. 우유와 치즈는 살균처리해야 하고 면역약화 환자나 임산부는 감염환자들의 접촉을 피해야 한다. 날어패류, 야채 등을 생식하지 말고 가열섭취해야 하며 농부나 수의사들은 유산된 새끼를 취급할 때 주의를 요하고 가축에 노출되지 않도록 조심해야 한다.

8) 살모넬라(Salmonella)

(1) 개 요

일명 Gartner균이라고 한다. 1885년 D.E. Salmon과 Smith가 돼지 cholera의 원인균으로서 처음으로 분리한 *Salmonella cholerae suis*를 비롯하여 생물 및 면역학적으로 유사한 균군을 총괄하여 1900년 발견자 Salmon의 이름을 기념하기 위하여 *salmonella*라는 속명을 붙였다. 식중독의 원인균으로서는 1888년 독일에서 폐사한 송아지고기에 의하여 식중독이 발

생하였을 때 Gartner가 사망자의 시체와 병육에서 원인균을 분리하여 Bacillus enteritidis라고 명명하였는데, 그후 이 균을 살모넬라 엔터리티디스(Salmonella enteritidis)라고 하였다. 1898년 벨기에의 de Nobele는 Salmonella typhimurium에 의한 식중독을 보고하였으며, 영국에서는 Durham에 의하여 보고되었다. 1936년 일본에서는 S. enteritidis로 오염된 떡으로 인하여 2,201명의 환자 중 44명의 사망자를 낸 큰 식중독사건이 발생하였다. 우리 나라에서 최초의 식중독발생 보고는 1937년 일본인 호소카와 등 함흥, 영흥에서 발생한 Gartner균인 *S. enteritidis*의 분리보고이다. *Salmonella*에 의한 감염증에는 두 가지가 있다. 첫째는 티푸스성 질환으로서 *S. typhi, S. paratyphi* A, B에 의한 전염병인 장티푸스, 파라티푸스를 일으키는 것이며, 둘째로는 *Salmonella*에 의하여 급성 위장염을 일으키는 감염형 식중독이 있다. 그리고, 이들 두 형이 명확하게 구별되지 않는 혼합형이 있다.

(2) 성 상

*Salmonella*는 *S. typhi, S. paratyphi, S. enteritidis*와 같은 세균을 총괄하는 한 군의 세균으로서 공통적인 생화학적 성상과 Kauffmann-White의 분류표에 표시되어 있는 일정한 항원을 가지고 있는 일종의 장내 세균이다. Kauffmann-White에 의하면, 현재 약 2,300종 이상의 혈청형이 분류되었고, 매년 수종의 균종이 추가되고 있다. *Salmonella*는 장내세균과에 속하며, 크기는 2~3 × 0.6 μm, 최적 생육온도는 37℃, 최적 pH는 7~8이다. 그램 음성 간균으로서 주모성 편모를 가지며, 운동성이 있다. 아포, 협막을 형성하지 않으며 통성 혐기성이다. 포도

당을 분해하여 가스를 생성하며, 유당을 분해하지 않는다. Indole, acetyl-methyl-carbinol을 생성하지 않으며, 우유응고, 젤라틴 액화는 음성이나 황화수소를 생성한다. 질산염을 아질산염으로 환원하며, KCN 배지에서 발육하지 않는다. 저항력은 비교적 강하나 60℃, 20분에 사멸한다. *Salmonella*는 사람에게 병원성이 있을 뿐만 아니라 동물에도 병원성이 있는 종류가 많으며, 사람에게만 병원성을 나타내는 종류는 많지 않다. 사람에게 특정 질병을 일으킨다고 보고된 종류는 약 50% 정도이고, 식중독과 관련되어 있는 종류는 약 50여 종이다. *Salmonella*에 의한 식중독의 경우, 어느 정도의 균을 경구적으로 섭취하여야 증상이 일어나는가 하는 문제는 매우 중요하다. Hormaeche와 Mc Cullough의 여러 균주를 사용한 실험에 의하면, 균형이나 균주에 따라 차이는 있으나 최저 10만 이상 40억 개에 달하는 다량의 생균을 섭취해야 발병한다고 한다. 이 사실은 *Salmonella*는 식품 내에서 증식 과정을 거쳐 식중독을 일으킨다는 것을 시사한 것이다.

(3) 병원소 및 감염원

*Salmonella*는 일반적으로 다음과 같은 동물과 그 배설물이 병원소 및 감염원이 된다.

① 쥐 : *Salmonella*의 보균율이 2%(음식점 쥐 10%) 정도이며, 식품이 쥐의 분변에 의해서 오염되어 감염원이 되는 경우가 많다.
② 가축 : 소, 돼지, 말, 개, 고양이가 *Salmonella*를 많이 보균하고 있어서 배설물이나 오염된 식육, 유즙 등이 중요한 감염원이 된다.
③ 가금 : 닭, 오리, 거위 등이 보균하고, 설사증이나 티푸스성 질환에 걸린 고기나 알이 배설물에 의해서 오염됨으로써 감염원이 된다.
④ 사람 : 환자는 균을 분뇨에 배설하며, 또한 치료 후에 보균자가 되기도 한다. 지역에 따라서 차이가 있으나, 보균자는 0.02%~0.2%가 되며, 분변이 감염원이 된다.
⑤ 곤충류 : 파리, 바퀴가 분변으로부터 전파하며, 약 2주일 동안 보균한다.

많은 *Salmonella* 식중독의 원인식품은 이 균의 오염에 기인되는데, 즉 보균자, 가축, 쥐, 파리, 바퀴 등 곤충에 의하여 다음과 같이 오염 및 매개된다. ① *Salmonella*에 이환되어 있거나 보균상태에 있는 동물의 고기를 섭취할 경우 닭, 오리와 같은 가금이나 돼지, 소와 같은 가축이 *Salmonella*증에 이환 중인 것을 도살한 고기나 밀도살한 동물의 고기를 섭식하므로 발병한다. 그리고 동물의 배설물이 도축장 내에서 오염되거나 식육으로 된 후에 2차적으로 오염된다. 1차 오염으로 중요한 것은 육류보다 닭이나 오리알이 *Salmonella*에 오염되어 있는 경우이다. 예를 들면, S. pullorum은 추백리라고 부르는 패혈증에 내과한 닭의 장기, 특히 난소 등에 보균되어 있기 때문에 그 달걀에는 이 균이 처음부터 들어 있다. 실험에 의하면, 이와 같은 보균닭은 난계대전염률(transovarian transmission)이 33.3%이었다. *S. typhimurium*의 경우에 있어서도 닭이나 오리가 이환, 내과 후 난소 등의 장기에 보균함으로써 그 알에 균이 들어 있을 때가 많다.

일반적으로 알이 수란관을 통하여 항문으로 나올 때까지의 산도 내에서 장내의 *Salmonella*가 분변과 같이 알에 부착, 난각의 기공을 통하여 알 속으로 침입하는 경우가 많다. 그리고 불결한 양계장에서는 *Salmonella*에 오염된 흙이 알에 부착, 보관 중에 균이 알 속으로 들어간다. 보균분변에 오염된 알을 다른 알과 섞어서 보관할 때에는 다른 알을 오염시킨다. 이러한 알을 샐러드, 마요네즈와 같은 충분히 가열 조리하지 않는 식품에 사용하여 기온이 높은 실내에 방치하면 식품 중에서 균이 증식하여 사고의 원인이 된다.

식품의 제조, 취급 또는 조리 도중에 *Salmonella*의 오염을 받았을 경우, 보균자나 동물의 배설물이 파리, 바퀴 등 곤충의 매개에 의하거나 사람의 손을 통하여 식품을 오염시킬 경우와 쥐의 배설물이 직접 식품을 오염시킬 경우가 있다. 이와 같이 오염된 식품을 높은 실온에 방치하여 두면 *Salmonella*가 증식하므로 사고의 원인이 된다.

(4) 원인식품

원인식품은 서구에서는 식육, 우유, 달걀 등과 그 가공품이 가장 많으며, 일본에서는 어패류와 그 가공품을 비롯하여 도시락, 튀김, 어육연제품 등이다. 우리 나라에서는 어패류, 어육연제품, 생선요리, 불고기, 샐러드, 마요네즈 등 알을 사용한 식품과 우유 및 유제품에 기인될 때가 많다. 일반적으로 원인식품은 동물성 식품이다.

(5) 잠복기 및 임상증상

*Salmonella*의 최적온도가 37℃이므로 겨울철에는 실온에 의하여 가끔 발생할 수 있

으나 대부분이 5월~10월 사이에 다발한다. 다수의 생균을 섭취함으로써 일어나는 급성 위장염으로 잠복기는 섭취한 *Salmonella*의 종류나 균량 또는 개인의 감수성에 따라 다르나, 일반적으로 6~48시간, 평균 12~24시간 정도이다. 주요 증상은 오심(nausea), 구토(vomiting), 설사(diarrhea), 탈수(dehydration), 복통(abdominal pain), 발열(38~40℃), 오한(chills) 등이다. 일반적으로 구토는 포도상구균의 경우보다 심하지 않으며, 설사는 수양변(watery diarrhea)이 많고, 때로는 점액 및 혈액(mucosanguinous diarrhea)이 섞여 있다. 그리고 이급후중(tenesmus)이 있다. 경과는 짧아서 주요 증상은 2~5일이면 없어지며, 늦어도 일주일 이내에 회복된다. 대체적으로 증상은 잠복기가 짧은 경우에 심하고 그 경과도 길다. 중증인 경우 탈수증상(dehydration), 혼수(coma), 허탈(collapse)에 빠져 사망하는 경우가 있다. 발병률은 75%이며, 치사율은 0.3~1.0%이다.

(6) 예 방

식품의 저장장소 및 조리장 등은 금망을 설치하여 방충, 방서를 철저히 한다. 저온 저장을 하여 균의 증식을 방지하며, 이 균은 60℃ 20분간 가열에 의하여 사멸되므로 섭취하기 전에 가열한다. 식품의 보관은 항상 뚜껑을 잘 닫아 식품의 오염을 방지한다. 발병 후 조치로는 환자를 격리하고 항생제와 수액제를 투여하며 설사, 발열이 끝날 때까지 침대에서 안정시킨다. 이온음료 및 미네랄, 비타민을 섭취하고 설사가 끝난 후에는 고칼로리 음식을 섭취한다.

9) 황색포도상구균(Straphylococcus aureus)

(1) 개 요

포도상구균(Straphylococcus)은 사람과 동물의 화농성 질환의 원인균이며, *Salmonella*와 같이 계절에 관계없이 발병한다. 이 균은 일반적으로 저항력이 강하여 사람이나 동물의 건강한 피부, 비강, 구강, 쓰레기, 하수, 분변 등 자연계에 널리 분포되어 있기 때문에 식품을 오염시킬 기회가 많다. 포도상구균은 1880년 Pasteur에 의해서 발견되었으며, 1914년 Barber, M.A.가 필리핀의 농장우유에 의한 급성위장염(acute gastroenteritis)의 증례보고를 하였는데, 이

것이 본 식중독의 최초의 보고이다. 1930년 Dack가 포도상구균에 의한 식중독을 보고하였으며, 동년 Jordan이 인체실험에서 본 식중독을 발증시키는 데 성공하였고, 그 후 세계 각지에서 이 균에 의한 식중독이 보고 되었다.

(2) 성 상

포도상구균은 코아구라아제(coagulase) 생산능력, 만니톨(mannitol) 분해성에 따라 다음의 두 가지 종류로 분류된다.

① 황색포도상구균(*Straphylococcus aureus*): coagulase 음성, mannitol 분해

② 표피포도상구균(*Straphylococcus epiderrmidis*): coagulase 음성, mannitiol 비분해 병원성 포도상구균이라고도 불리는 황색포도상구균은 화농의 원인균이며, 또한 식중독의 원인이 될 수 있다. 표피포도상구균은 영아 및 유아에서 어떤 종류의 화농에 원인이 될 수 있으나, 일반적으로 비병원성으로 식중독의 원인균은 아니다. *Straphylococcus aureus*는 그램 양성 구균으로서 포도송이와 같은 집단을 만들며, 아포나 편모가 없다. 통성 혐기성이며, 최적온도는 37℃이고, 보통 한천에서 잘 발육하여 일반적으로 황등색의 색소를 생산하나 회백색의 집락을 형성하는 것도 있다. 용혈을 일으키는 것이 많으며 포도당, 마니톨을 분해하나 가스를 생산하지 않는다. coagulase를 생산하며 사람이나 토끼의 혈장을 응고시킨다. 젤라틴 액화능이 있으며 질산염을 환원시킨다. 내염성이 있어 7.5%의 식염을 가한 배지에서도 발육한다. 용혈소(hemolysin), 백혈구 살멸소(leucocidin), 장독소(위장독 ; enterotoxin), 섬유소용해소(fibrinolysin) 등의 독소와 코아구라아제(coagulase), DNase, 히알루로니다제(hyaluronidase)hyaluronidase 등의 효소를 생산한다. 위장독(enterotoxin) 생산능이 있는 것은 황색포도상구균 중 특정 파아지(phage)형이나 coagulase형을 지닌 것인데, 포도상구균의 50% 이상이 장독소(enterotoxin)를 생산하는 것으로 알려져 있다.

(3) 발생 및 원인독소

일반적으로 세계 각국에서 식중독의 주요 원인균은 포도상구균과 *Salmonella*인데, 일본

의 양자 발생률은 15 : 1, 미국 4 : 1, 영국 1 : 30 정도이다. 이 식중독은 1년을 통하여 발생하나, 일반적으로 세균 증식에 적당한 고온다습한 시기, 즉 늦은 봄부터 가을(5~9월)에 걸쳐 다발하는데 이 균이 식품 속에서 증식하는 과정에 생산된 장독소(enterotoxin)를 섭취함으로써 일어난다. 이 장독소를 생산하는 능력이 없는 균주는 *S. aureus*라 하더라도 식중독의 원인이 될 수 없다. *S. aureus*에는 coagulase라고 부르는 효소를 생산하는 능력을 가지고 있는 것과 없는 것이 있는데, coagulase 생산능력을 가지고 있는 *S. aureus*는 식중독의 병원성이 있다. 이 독소는 lysin을 고도로 함유하는 단순 단백으로서 분자량은 28,000,400이며, 면역학적으로 A, B, C, D, E, F의 6형으로 분류된다. 다시 C형은 분자량이나 등전점(isoelectric point)의 차이 등으로 C1, C2형으로 분류된다. 정제 독소 1 μg으로서 원숭이에게 구토를 일으킬 수 있으며, 사람은 수 μg만 섭취하여도 중독을 일으킨다. 이 장독소(enterotoxin)는 열에 대단히 강하여 100℃, 1시간 동안 가열하여도 활성을 잃지 않으며 120℃, 20분간 가열하여도 거의 파괴되지 않고, 기름 중에서 218~248℃, 30분 이상 가열하여야 파괴된다. 그러나 Bergdoll에 의하면 정제 enterotoxin은 pH 6.0~7.7에서 100℃, 20분 가열로 파괴된다고 보고하였다. Enterotoxin의 생산량은 균의 증식조건에 좌우되는데, pH 6.8일 때 가장 크다. Enterotoxin의 생성과 온도와의 관계를 보면, 6℃ 이하에서는 4주, 9℃에서 7일 이내에는 독소가 생성되지 않으나, 18℃에서 3일, 실온인 25~30℃ 5시간이면 식중독을 일으키는데 충분한 독소가 생산된다. 독소생산의 저온한계는 10℃, 고온한계는 40℃이다. Enterotoxin의 전형적인 중독증상은 오심과 구토인데 그것은 이 독소가 연수의 최토중추(chemo trigger zone ; CTZ)를 자극하여 일어나며, 위장에 작용하여 급성위장염(acute gastroenteritis)을 일으키는 것으로 생각하고 있다.

(4) 원인식품

포도상구균에 의한 식중독이 발생하려면 다음과 같은 3가지 조건이 충족되어야 한다.

① 식품이 포도상구균에 오염되어야 한다.

② 그 오염식품이 균의 증식에 필요한 온도상태에 보존되어야 한다.

③ 이 식중독의 원인독소인 enterotoxin을 생산하는데 필요한 기간이 걸려야 한다. 원인식품은 포도상구균이 쉽게 증식하여 enterotoxin을 생산시키기 쉬운 성분을 함유한 식

품이 된다. 세계적으로 공통된 주요 식품은 우유, 크림, 유과자, 버터, 치즈 등의 유제품이다. 우리 나라에서는 김밥, 도시락, 떡, 곡류와 그 가공품에 의한 경우가 많다.

(5) 잠복기 및 임상증상

잠복기는 1~6시간, 보통 2~4시간, 평균 3시간이다. 주요증상은 급성위장염인데, 급격히 발병(abrupt onset)하며 유연(salivation), 오심(nausea), 구토(vomiting), 복통(abdominal pain), 설사(diarrhea) 등이 있다. 설사는 보통 수양변이며, 중증 시에는 혈액이나 점액이 섞여있다. 심하면 탈수(dehydration), 쇠약(weakness), 허탈(collapse), 의식장애(clouding of consciousness), 혈압강하(hypotension) 등의 증상이 나타난다. 발열증상은 거의 볼 수 없으나, 어린이나 노인은 미열이 나기도 한다. 경과는 12시간(6~12시간)에 치유되며, 예후가 양호하여 사망예는 거의 볼 수 없다.

(6) 예방(preventive measures)

기구 및 식품을 멸균하고 식품 오염을 방지하며 저온 보존한다.

10) 여시니아 엔테로콜리티카(Yersinia enterocolitica)

(1) 개 요

여시니아 엔테로콜리티카(*Yersinia enterocolitica*)는 최근 장내 세균과로 분류된 균인데, 이 균에 의한 식중독은 1978년 미국에서 초콜릿밀크에 의한 식중독을 보고한 것이 처음이다. 스칸디나비아, 캐나다 등에서 발생보고를 하였으며, 최근 일본에서 이 균에 의한 어린이 집단 식중독 발생이 있은 후 주목을 끌게 되었다.

(2) 성 상

그램 음성의 간균으로서 30℃ 이하에서는 주모성 편모를 가지고 운동하나 37℃에서는 편모를 잃는다. 포도당을 분해하나 가스를 생산하지 않으며, 자당은 분해하나 유당은 분해하지 않는다. 0~5℃에서도 느리지만 증식한다. 최적생육온도는 24~25℃이며, 세대시간(generation time)은 다른 장내 세균의 약 2배나 길어서 분리배양에 48시간이 필요하다.

(3) 감염원 및 원인식품

소, 돼지, 쥐 등이 보균하고 있으며, 사람은 이들의 동물과의 접촉이나 오염된 우유, 식육 및 음용수에 의하여 감염된다.

(4) 임상증상

주로 소아에게서 일어나는데, 잠복기는 1~5일, 평균 24~36시간이며, 복통, 설사 및 발열이 있는 급성위장염을 일으킨다. 그리고 회장말단염(terminal ileitis), 장간막염(mesenteritis), 충수염(appendicitis), 관절염(arthritis), 패혈증(septicemia) 등도 일으킨다.

(5) 잠복기 및 임상증상

잠복기는 보통 12~36시간이나 2~4시간에 신경증상이 나타나기도 하며, 72시간 후에 발병한 경우도 있다.

(6) 예 방

0~5℃에서도 발육증식하기 때문에 저온유통에서도 주의가 필요하다. 또한 최적생육온도가 24~25℃이므로 봄이나 가을에도 본 식중독이 많이 발생할 가능성이 있으므로 세심한 주의가 요망된다.

3 식품 미생물

1) 식품중의 미생물

자연계에는 각양, 각색의 미생물이 수없이 서식하고 있어서 흙, 하천, 바다물, 공기 등에는 물론 고압의 깊은 바다 밑이나 고온하의 온천지대 등 극한적 환경에도 분포하여 있다. 동물이나 식물에 부착하여 기생하고 있는 미생물도 있고 동물의 소화관에도 여러 가지 미생물이 대량 생식하고 있다. 이들의 미생물은 각각의 환경에 적응하여 특유의 미생물상(microflora)을 형성하고 발효, 부패 및 병원작용 등에 관여하여서 물질의 순환에 중요한 구실을 담당하고 있다. 미생물상의 대략에 관계되는 특징을 보면 첫째, 식물의 미생물상은 항상 1~2 종류의 미생물이 우세한 상태로 변화해 간다. 또 일단 미생물상이 형성되면 다른 환경으로부터의 소규모 오염이 있어도 미생물상의 구성이 큰 변화는 생기지 않는다. 둘째, 표면적이 크고 통기성(通氣性)이 있는 식물에서는 호기성 세균에 의한 미생물상이, 산소가 적은 식품에서는 통성혐기성균이나 혐기성균에 의한 미생물상이 형성된다. 셋째, 수분함량이 큰 식품에서는 세균이 우선적으로 발육·증진하고 반대로 수분함량이 적은 건조식품이나 과일류에서는 곰팡이가 우선적으로 발육한다. 넷째, 원료나 저온에서 가공·보존되는 식품에서는 저온세균에 의한 미생물상이 형성되고 당을 함유하는 산성식품에서는 유산균의 발육에 따른 특수한 미생물상이 형성된다. 다섯째, 생선식품에서는 원료인 동식물이 자란 환경의 미생물상의 영양을 받은 미생물상이, 바다산 어패류에서는 바다물이나 유입된 냇물 등의 미생물상의 영향을 받은 미생물상이 각각 형성된다. 또 채소류, 과일류, 곡류, 가공원료인 전분 등은 토양 미생물의 오염에 의한 영향을 받는다. 여섯째, 가공식품에서는 그 원료 중의 미생물에 의한, 또 가열처리를 거친 식품에서는 내열성 세균이나 기구, 공기에서 유래한 오염세균에 의한 미생물상이 형성된다. 일곱째, 이렇게 형성된 미생물상은 시간이 경과함에 따라 복잡한 것에서 단순한 것으로 변하는 경향이 있는데 이와 같은 현상을 미생물상의 경시적 변화(generic succession)라고 한다. 예를 들면 저온 저장육 등은 처음에는 여러 가지 세균에 오염되지만 시간이 지나갈수록 어느 한 종류의 세균에 의하여 차지하여 간다고 한다.

그런데 이들 미생물은 대개가 비병원성이어서 보통은 특별한 해를 끼치지 않는 것이고 그 중에는 식품의 제조에 이용되는 유익한 것도 있어서 식품위생상의 대상이 되지는 않지만 식품의 관리나 위생학적 원칙이 무시되는 경우에는 식품을 악변시켜서 섭취할 수 없는 상태에 이르게 하여 결과적으로 소비자에게 경제상의 손실을 끼치고, 경우에 따라서는 부패중독, 예를 들면 allergy상 식중독의 원인이 되기도 한다. 한편 사람에게는 병원성을 갖는 미생물이 식품에 부착하거나 식품중에 증식하면 경구전염병이나 식중독 등을 일으킬 수도 있고 유해 곰팡이에 의해서 생산되는 mycotoxin으로 인한 중독을 일으키기도 한다. 따라서 식품위생상 문제가 되는 것은 식품과 관련하여 인축에 감염하여 질병을 일으키는 병원 미생물을 비롯하여 의학 분야에서는 별로 다루지 않는 곰팡이류, 버섯류, 부패세균류 등이다.

2) 식품의 오염미생물의 종류

인간이 생활하는 환경에는 많은 종류와 양의 미생물이 존재하고 있다. 이러한 종류와 양은 인간의 생활 전체로부터 모든 미생물을 배제하는 것이 불가능할 정도로 많다. 또한 미생물은 토양, 물, 공기 많은 생물 중에서 활발하게 증식을 반복하며, 지구상의 생물체에 대해 매우 중요한 역할을 담당하고 있다. 이러한 환경 중에서 생산되는 식품에는 당연히 미생물이 존재한다. 일반적으로 시판되고 있는 일상식품에 항상 존재하는 평균 생균수는 1g당 103-105개, 많은 것에는 107개에 달하고 있다. 이러한 일반 식품에는 일정량까지의 미생물이 존재하는 것이 보통이며 존재가 극히 적은 것은 특수한 가공 조건하에서 제조된 것, 예를 들면, 살균한 통조림 등으로 제한된다. 미생물은 적당한 조건하에서 증식하며 무리를 지어 생존한다. 이러한 군생을 미생물군(Microflora)라고 부른다. 식품 중에 존재하는 미생물은 당연히 식품과 함께 섭취된다. 따라서 식품중에 존재하는 종류와 양이 일상적으로 존재하는 수준으로 존재한다면 문제는 발생하지 않는다. 대부분은 위내의 염산에 의해 불활성화되기 때문이다. 또한 위산에 저항성을 가지는 것도 있지만 이들은 십이지장에서 담즙산에 의해 증식이 저지되며 그 후 소장에 이른다. 여기에서는 장내 세균의 미생물군이 존재하고 있어 이들에 의해 제거될 수도 있다. 식품의 오염원이 되는 미생물을 그 환경에 따른 생태학적 관점에서 분류하면 토양 미생물, 수생(水生) 미생물, 공중 미생물 및 분변 미생물로 크게 나눌 수 있다.

(1) 토양 미생물(soil microbes)

흙은 미생물에 알맞는 서식장소이므로 여러가지 미생물이 분포하고 있어서 보통 1g 중 $10^8 \sim 10^9$ 정도에 달하고 있다. 이들 미생물 중에는 세균이 가장 많고 이어서 방선균, 곰팡이, 효모의 순이며 원충도 함유되어 있다. 그러나 토양 미생물의 종류와 수는 흙의 성질, 있는 곳, 깊이 등 그 서식장소와 계절에 따라 달라진다. 식품의 오염원이 되는 것은 *Bacillus*, *Micrococcus*, *Pseudomonas*, 코리네박테리움*(Corynebacterium)*, *Serratia*, *Proteus*, *Clostridium*, *Achromobacter*, *Brevibacterium*, *Aerobacter* 등의 세균이 주체가 되고 *Actinomyces*, *Streptomyces*, *Nocardia* 등의 방선균과 *Penicillium*, *Aspergillus*, *Mucor*, *Phizopus*, *Trichoderma*, *Fusarium* 등의 곰팡이류가 대표적이다. 식품은 흙으로부터 이들 미생물의 오염을 직접·간접으로 받는데 특히 생선 수육, 채소, 과일, 곡류 등과 그 가공·조리식품이 심한 오염을 받기 쉽다.

(2) 수생 미생물(aquatic microbes)

수생미생물은 그 태반이 세균인데 그 서식장소에 따라 민물세균, 해수세균, 하수세균으로 분류된다. 민물세균은 저온균과 호냉균이 많으며 슈도모나스*(Pseudomonas)*, *Acinebacter*, 알칼리게네스*(Alcaligenes)*, 에어로모나스*(Aeromonas)*, *Flavobacterium* 등의 그람음성간균이 대표적이다. 이들은 하천, 호수, 연못 등의 지표수에 서식하여 민물계 세균상을 이루고 저장 중인 생선 어패류나 식육의 부패에 관여한다. 이외에도 이들 지표수에는 토양세균, 하수세균, 불변세균이 유입되어 오염될 기회가 많으므로 병원균이 함유될 가능성이 크다. 민물 중의 세균수는 장소, 계절, 강우 등의 영향을 받으며 1ml 중에 수백~수천이 함유되어 있는 수도 있다. 지하수는 지층의 정화작용을 받으므로 세균수가 극히 적고 우물물은 그 깊이에 따라서 세균수가 좌우된다. 수도물은 정화처리와 염소소독을 하므로 세균수가 대단히 적으나 전혀 없는 것은 아니다. 따라서 음료수는 대장균군이 50ml당 음성이어야 하고 일반 세균수는 1ml당 100을 초과하여서는 안되도록 수질기준이 마련되어 있다. 해수세균은 약 3%의 소금농도를 갖는 바다물 중에서 서식하므로 호염성이거나 내염성인 것이 많다. 그 서식장소와 환경조건에 따라 고유의 세균상을 이루며 세균수도 다르다. 해수세균은 *Vibrio*, *Pseudomonas*, *Achromobacter*, *Aeromonas*, *Photobacterium* 등이 대표적이고 연안에서는 이

외에도 흙이나 민물에서 유래된 *Bacillus, Micrococcus*, 코리네박테리움(*Corynebacterium*) 등도 검출된다. 또한 연안 특히 하구, 내만, 도시 인접부의 해역에서는 유기물의 유입이 심하고 분변세균이나 토양세균의 오염 등을 받으므로 세균수가 대단히 많으나 육지에서 멀어질수록 감소되어 외양(外洋)에서는 수십 정도 밖에 안되고 깊은 바다에서는 대단히 적다. 또 외양에서는 수심이 4~50m인 곳이 세균수가 가장 많고 *Vibrio, Pseudomonas, Flavobacterium* 등의 저온세균이 주로 있다.

(3) 공중 미생물

공기 중에는 고유한 미생물이 존재하지 않는다. 공기 중에 부유하는 미생물은 주로 토양이나 먼지로부터 유래하며, 바람에 의하여 비산된 것 중에서 건조나 자외선 등에 견디어낸 특정종에 한한다. 대부분은 Gram 양성의 아포형성 간균, 곰팡이 및 효모의 포자이다. 공중세균의 수(數)와 종(種)은 기온, 습도, 기류, 고도, 강우에 따라 좌우된다. 고온 다습한 공중에서는 Gram 양성간균이 살아있는 상태로 존재한다. 공중미생물은 식품을 취급할 때 떨어져 직접, 간접으로 식품을 오염시키므로 식품공업에 있어서 공장, 작업실의 균수의 다소는 제품의 품질에 큰 영향을 미친다. 그리고, 호흡기계 바이러스도 공기를 통하여 전염된다.

낙하균(Air borne microbes)에 대해서는 일정한 규정은 없으나, 사이또에 의하면, 50 이하: 청정, 50~75: 요주의도, 75: 서한도(恕限度), 75~100: 고도, 100 이상: 금기도로 제안하였다. 낙하미생물로서는 디프테리아, 성홍열(scarlet fever), 결핵, 폐렴, 백일해(whooping cough), 두창(small pox), 수두(chicken pox), 마진(measles), 이하선염(mumps), 인플루엔자, 감기, 급성 회백수염(polyomyelitis) 등을 일으키는 미생물이 있다.

(4) 분변 미생물

인수(人獸)의 소화관내에 서식하는 미생물류는 위, 소장, 대장에 따라 다르고, 그 대부분은 세균이 차지하며, 결국 분변세균으로서 배출된다. 분뇨처리시설을 완비함으로써 식품의 세균오염이 방지되며, 시설 불비나 분뇨의 불법방류에 의하여 토양, 하천, 해수가 분뇨로 오염됨으로써 식품이 오염되어 식품위생의 개선을 저해한다. 소화기계 전염병이나, 식중독의 감염원인 분변에 오염된 물, 식품의 오염 등을 파악하기 위하여 대장균이나 장구균이 분변 오염 지표균으로서 검색되고 있다. 그리고 장관계 바이러스도 분변으로 배출되어 감염원으로 된다. 세균은 요중으로도 배출되며, 땀, 침, 담의 비말 중에도 존재하므로 식품을 오염시킨다. 그리고, 머리카락, 손가락, 손톱 등을 통하여 그 부착균이 식품을 오염시킨다. 가축의 분뇨, 달걀, 젖소 및 산양에 있어서는 유방염을 통하여 식품이 오염된다. 쥐나 곤충류도 분변세균의 식품오염을 매개한다. 포유동물의 분변 미생물총인 *Escherichia, Enterococcus, Lactobacillus* bifidus, Clostridium 등을 주축으로 하고 있으나, 여름철에는 *Proteus, Pseudomonas* 등도 그 비율이 높아진다. 많은 양의 대장균군, *Proteus*, 혐기성 세균 등은 체외로 배출되어 토양과 하수에 들어가 사멸되지 않고 그 환경에서의 미생물총을 구성하게 된다.

FOOD
HYGIENE

FOOD
HYGIENE

Chapter
04   식중독

식중독이란, 소화기를 통하여 음식물과 관련되어 들어오는 인체에 유해한 미생물이나 유독한 물질에 의하여 일어나는 비교적 급격한 생리적 이상현상, 때로는 만성적인 축적에 의하여 일어나는 위장이나 건강상의 장애를 총칭한다. 이는 오염된 식품뿐만 아니라, 첨가물, 기구, 용기 및 포장 등에 의해서도 발생할 수 있다. 일반적으로 식중독과 마찬가지로 식품과 함께 소화기관을 통하여 흡수되어 발병하더라도 콜레라, 이질, 장티푸스 등의 경구 급성 전염병과 기생충 질환, 영양 섭취불량 및 음식물을 기본으로 하여 발현되는 발암, 기타 물리적 자극 등으로 유발되는 질환 등은 식중독의 범위에서 제외된다. 소화기계 전염병과 세균성 식중독과의 차이점을 살펴보면 다음과 같다. 첫째, 소화기계 전염병은 비교적 소량의 균으로서 발병되는데 반해서 세균성 식중독은 많은 양의 세균이나 세균이 생산한 독소에 의해서 발병된다. 둘째, 소화기계 전염병은 2차감염이 이루어지는데 반해서 세균성 식중독은 1차 감염만이 이루어진다. 셋째, 세균성 식중독은 소화기계 전염병보다 잠복기가 짧다. 일반적으로 잠복기는 침입 균량이 많을수록 짧으며 침입부위와 발병 병소가 가까울수록 짧다. 그리고 소화기계 전염병은 대부분 발병 후 면역이 획득되나 세균성 식중독은 면역이 획득되지 않는 특징이 있다.

1 식중독

1) 정 의

식중독은 인류가 음식물을 섭취하면서 발생하기 시작한 것으로 오염된 물이나 음식물 섭취에 의해 일어나는 인체의 기능적 장애인 두드러기, 발열(두통), 구토, 설사, 복통 등을 주 증상으로 하는 위장계, 신경계 등의 전신증세를 나타내는 질병을 말한다. 식품위생법 제67조에 의하면 식중독환자라 함은 "식품, 식품첨가물, 기구 또는 용기, 포장으로 인하여 중독을 일으킨 환자 또는 그 의심이 있는자"로 규정하고 있다. 식중독 증상은 섭취된 균량, 균독소량, 화학물질량, 개개인의 생리적조건 등에 따라 다르게 나타날 수 있어 같은 음식을 섭취했다고 해도 반드시 모두에게서 동시에 나타나는 것은 아니지만 2명 이상에서 식중독 증상을 보이면 식중독으로 간주한다. 식중독의 종류로는 원인에 따라 전체의 약 20%를 차지하는 비세균성 식중독과 약 80%를 차지하는 세균성 식중독으로 구분되고, 비세균성 식중독에는 화학물질에 의한 화학성 식중독과 동물이나 식물자체에 있는 독소에 의한 자연성 식중독으로 구분할 수 있다. 세균성 식중독에서는 살모넬라균에 의한 발생이 가장 많으며, 다음으로는 포도상구균, 장염비브리오균, 자연독 순으로 나타난다. 특히 세균성 식중독은 과거에는 주로 5~9월의 여름철에 주로 발생하였지만 최근에는 계절에 상관없이 연중 발생하고 있다. 따라서 식중독의 위험에 항상 대비해야 하며, 날씨가 따뜻해지면 세균이 번식하기 좋은 환경이 되므로 더욱 주의해야 한다.

2) 식중독 발생원인

(1) 부적절한 조리

온도와 소요시간을 철저히 관리하지 못할 때 발생한다. 식품은 병원균을 사멸하기에 충분한 온도와 시간으로 조리하여야 한다. 조리 후 장시간 보관할 경우 특히 문제가 된다.

(2) 오염된 기기에 의한 교차오염

부적절하게 세척된 기기나 용기 등이 발생요인으로 지적되고 있다. 조리할 때 도마나 칼 등은 교차오염을 방지하기 위하여 식품의 종류(육류, 어류, 채소류 등)에 따라 구분하여 사용하며, 식품을 저장하거나 보관할 때에도 종류별로 용기를 구분하여 사용한다. 용기는 중금속 오염이 없는 스테인레스, 유리 등을 사용한다.

(3) 비위생적인 개인습관

식중독 예방을 위해 위생적인 손세척 방법과 식품취급요령의 습득이 필요하다.

3) 식중독 발생현황

(1) 연도별 식중독 발생현황

연도별	96	96	97	98	99	00
건수	55	81	94	119	174	104
환자수(명)	1584	2797	2942	4577	1764	7259
환자수/건(명)	28.8	34.5	31.3	38.5	44.6	69.8

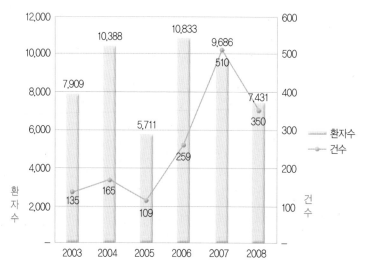

그림 4-1　연도별 식중독 발생현황(2003∼2008년)

(2) 원인균별 식중독 발생현황

구 분	계	살모넬라	포도상구구균	장염비브리오	불검출	기 타
건수(건 비율%)	104 (100)	30 (28.8)	9 (8.7)	14 (13.5)	35 (33.6)	16 (15.4)
환자수(명, 비율 %)	7269 (100)	2591 (35.6)	824 (11.3)	235 (3.2)	2677 (37.0)	942 (13.0)

(3) 원인식품별 식중독 발생현황

	1997년		1998년		1999년		2000년	
	건수	환자수	건수	환자수	건수	환자수	건수	환자수
육류 및 가공품	19	765	30	858	44	2258	29	3571
어패류 및 가공품	36	894	37	1516	69	2278	27	896
복합조리식품	19	892	29	1436	34	2003	25	968
곡류 및 가공품	-	-	5	153	8	234	1	16
우유 및 유제품	-	-	-	-	2	23	3	593
과채류 및 가공품	-	-	1	28	4	438	6	775
버섯, 복어	2	12	2	24	2	19	4	39
과자류	1	9	2	14	-	-	-	-
화학물질	-	-	1	39	1	10	-	-
기타	5	70	-	-	1	9	-	-
지하수	3	101	-	-	4	197	1	148
불명	9	239	12	509	5	295	8	263
계	94	2492	119	4577	174	7764	104	7269

2 식중독 분류

1) 세균성 식중독

(1) 감염형 식중독

① 살모넬라증(Salmonellosis)

원인균	살모넬라균에 속하는 식중독인데 균종에는 150종이 있고 우리나라에선 장염균(S, enteritids), 쥐티프스균(S, typhimurium), 돌콜라라균(S. choleraesuis)
잠복기	섭취후 12~48시간 내에 발병하는 것이 보통인데 평균 20시간이며 발병률이 높아 75% 이상이 되는 것으로 알려져 있으나 사망률은 낮다.
증 상	균량에 따라 다르나 급성 위장염과 증상을 나타내고 있고 복통, 설사, 구토가 반드시 일어나며 급격한 발열로 38~40℃에 이르며 2~5일내에 발열이 그치고 7~10일이면 완치된다.
감염경로	주로 여름과 가을철에 많이 발생하고 원인식품은 수육, 어육, 유제품, 어패류 두부 등이고 보균 및 이환된 조수류의 고기를 먹거나 환자, 보균자, 가축, 쥐의 분뇨에 의해 오염된 식품의 감염원이 된다.
예 방	도축장의 위생검사를 철저히 하고 환자의 식품 취급을 금지하고 식육류의 안전한 보관, 적온보존, 식품의 가열처리 보균자의 색출 등이 있다.

② 장염 Vibrio 식중독

원인균	병원성 호염균에 의하며, Vibrio paraheamolyticus라고 하며 해수세균의 일종으로 여름철에만 국한된다.
잠복기	8~20시간이며 평균 12시간
증 상	복통 설사로 시작해 구토, 발열, 두통, 권태감을 호소하는 급성 장염으로 설사는 물과 같고 피가 섞일 수 가 있으며 콜레라나 이질로 오진되기 쉽다.
감염경로	주로 여름철 에 많고 원인 식품은 조개류 및 가공품이 많다.
예 방	열에 약하고 담수에 의해 사멸되는 까닭에 식품의 가열과 수돗물에 의한 세정효과가 있어 어패류의 생식을 피하고 조리 기구와 행주 등의 위생적인 처리가 필요하다.

③ 병원성 대장균 식중독

원인균	· 사람의 장관 내에 상주하는 일반 대장균과 생화학적인 성질을 구별할 수 없지만 항원적으로 구별되면 대장균의 항원은 1~146까지 나누고 있고 병원성이 있는 종류는 18종이다. 대표적인 것이 E.coli O157이다.
잠복기	· 성인의 경우 10~30시간 정도이고 평균 10시간이다.
증 상	· 이질과 비슷하며, 설사가 주 증상이고 두통, 복통, 구토 증상이 있고 배변 횟수가 많다. 발열은 최고 40℃가 되는 경우도 있지만 무열상태로 경과하는 경우도 있다.
감염경로	· 분변오염에 의해 소화기계통으로 전염된다. 어린이의 경우 우유를 통한 감염이 많고 계절적으로 봄에서 여름철까지 많이 발생한다.
예 방	· 음식을 충분히 익혀서 먹고 밀집장소에서 생활하는 어린이들의 청결한 식습관을 기르며 요리 기구의 소독을 철저히 한다.

(2) 독소형 식중독

① 포도상구균 식중독(Staphycococcus food poisoning)

원인균	· 포도상구균은 사람과 동물의 화농성 질환의 가장 중요한 원인균으로 포도상구균 중에서 황생포도상구균(Staphylococcus aureus)이 식중독 및 화농의 원인균이며 식중독의 원인물질은 균이 생성되는 장독속에 의하며, 장독소는 내열성이 강해 120℃에서 20분간 처리해도 파괴되지 않으며 218~248℃에서 30분 이상 경과해야 파괴된다.
잠복기	· 독소에 의하므로 다른 식중독에 비해 잠복기가 짧아서 1~6시간이며 평균 3시간이다.
증 상	· 잠복기가 짧은 것이 특징인데 식후 평균 3시간 정도에 발병하며 타액분비 증가, 오심, 구토, 복통 증상을 일으키며, 경과가 짧아 1~2일에 치유되며 사망하는 경우는 거의 없고 발열은 38℃ 이하이다.
감염경로	· 원인식품으로 우유 및 유제품, 떡, 김밥, 도시락 등이며 계절적으로는 늦은 봄과 가을철에 많이 발생한다.
예 방	· 위생적인 조리, 식품의 위생적 가공 보관이 중요하다.

② 보툴리누스균 식중독(Botulism)

원인균	• Colstridium botulinum이 원인균으로 알려졌고, 토양 및 자연계에 널리 분포되어 있고 통조림, 소시지 등의 식품에 혐기성 상태에서 발육해 신경독소를 분비하며 독소는 A, B, C, D, E형이 있다. 4℃ 이하에서도 증식해 독소를 산출하며 80℃에서 몇 분만에 파괴되므로 먹기 전에 가열하는 것이 좋다.
잠복기	• 일반적으로 12~36시간이나, 2~4시간에도 신경증상이 나타나는 경우가 있다.
증 상	• 신경계 증상이 주 증상으로 복시, 동공산대, 실성, 연하곤란, 호흡곤란 등이 있고 구토, 구역, 복통, 설사 등의 소화계 증상이 나타나는 경우가 있다.
감염경로	• 통소림, 소시지 등과 야채, 과일, 식육, 어육, 유제품 등이 혐기성 상태서 놓이는 경우가 문제가 된다.
예 방	• 음식물의 가열처리, 통조림 및 소시지 등의 위생적 보관과 가공이 중요하다.

③ 웰치균 식중독

웰치균은 그램 양성의 염기성으로 아포형성간균이다. 편모는 없으며 비운동성이며 크기는 약 1.0×5.0pm이다.

이 균은 사람이나 동물의 분변, 토양, 하수, 먼지 등에 넓게 분포되어 있어 식물을 오염시킬 여지가 많다. 웰치균의 아포는 내열성이어서 조리 등으로 다른 세균이 사멸하고 냉각시켜 염기성 상태가 되면 발육에 적당한 상태가 되어 증식하며 독소(엔테로트기싱)가 생산된다.

2) 자연물에 의한 식중독

(1) 동물성 자연독

① 복어 중독(Swellfis poisoning)

원 인	tetrodotoxin이며 복어의 난소, 간, 고환, 위장 등과 내장과 피에 많이 함유되어 있고 내열성이어서 100℃에서 4시간 가열해도 파괴되지 않지만 알카리에는 약하기 때문에 4% 수산화나트륨(NaOH)에서 20분간 중화된다.

증 상	빠르면 30분 이내 늦어도 4~5시간 내에 나타나며 구순 및 혀의 지각마비, 운동마비, 언어장애 등으로 중추신경과 말초신경에 대한 식중독을 일으키며 심한경우엔 1~24시간 이내에 호흡곤란으로 사망한다.
예 방	전문조리사가 취급하며 유독한 장기와 피를 제거한 껍질과 고기만을 식용으로 사용한다.

② 패류 중독

조개류에 의한 중독은 조개류 자체의 독성분보다는 조개류가 섭취한 해조류에 함유되어 있던 독성분 때문이다. 대표적인 중독증이 두 가지가 있다.

바지락 중독	바지락이나 굴, 모시조개 등의 독성분인 venerupin은 100℃에서 1시간 가열해도 파괴되지 않는다. 주 증상은 전신권태, 구역, 구토, 두통 등이 있고 피하출혈, 반점, 황달에 이어 의식 혼탁, 혈변 등이 나타난다.
홍합 중독	홍합의 독성분은 mytilotoxin으로 알래스카 지방에서 많이 발생하며 주 증상은 복어 독과 비슷한 말초신경 마비가 전반적으로 나타나며 중증인 경우는 호흡마비에 의해 사망한다. 내열성이지만 100℃에서 30분이면 독성이 반감된다.

(2) 식물성 자연독

① 독버섯 중독

원 인	주요 독성분으로 muscarine, neurine, phallin 등이 있으며 주로 muscarine과 phallin에 의한다.
증 상	주 증상은 식후 2시간 후에 발병하는데 부교감신경의 말초에 흥분시켜 각종 분비물의 증진을 일으키고 위장 장애를 일으키며 이어 황달이 나타나며 중추신경계가 침해달할 경우 발한, 환각, 경련, 혼수 등이 일어난다.
예 방	독버섯을 먹지 말아야 하며 감별이 용이하지 않다.

② 맥각 중독

원 인	주요 독성분으로 ergotoxin, ergotamine, ergometrin으로 알려져 있고 맥류의 발라기에 맥각에 기생하는 맥각균(Claviceps purpurea)에 의해 활동성이 강한 균핵이 생기는데 교감신경을 자극해 중독을 일으킨다.
증 상	구토, 설사, 복통, 경련, 등을 일으키며 심한 경우 유산을 일으키기도 하며, 혈관수축네자 자궁수축제로도 이용한다.

③ 감자 중독

원인	감자의 눈에 함유되어 있는 녹색의 solanine색소에 의해 중독이 발생하며, 열에 강하고 운동 중추의 마비, 용혈작용을 한다.
증상	위장장애, 두통, 현기증, 구토, 권태감을 일으키고 의식장애나 허탈을 일으키기도 한다.
예방	감자 껍질, 특히 눈을 제거해야 한다.

④ 독미나리 중독

cicutoxin이라고 불리며 뿌리 부분에 많다. 섭취 후 수분, 늦어도 2시간 이내에 발생하며 경과가 빠르면 10~20시간 후에 사망할 수도 있고 위통, 현기증, 구토, 경련등이 주증상이다.

3) 화학물질에 의한 식중독

(1) 유독물의 고의 또는 과실로 인한 중독

농약이며 특히 비소를 함유하는 살충제가 야채나 과실에 부착되어 섭취했을 시 조제분유의 비소중독, 파라치온과 같은 유기인제제의 흡입 등이 예로 급성 중독증상이므로 발현이 빨라 보통 2시간 내에 나타나며 중증일 때는 기관지의 분비가 증진되기 때문에 진단이 쉽다.

(2) 기구, 용기, 포장 등에 의한 중독

식품과 관련된 기구, 용기 및 포장에서 원인이 되는 식중독이 있는데 놋그릇, 구리, 아연, 납으로 되어 있는 식기나 합성수지 제품의 사용시 발생한다. 합성수지에서 formaldehyde나 phenol의 용출에 의한 식중독 발생 예가 있고 납의 경우 장기간 사용시 만성중독이 있으며 소화기 이상, 지각소실, 사지마비 등이 나타날 수 있어 납이 10% 이상 함유된 식기는 사용하지 말아야 한다.

(3) 첨가물에 의한 중독

첨가물이란 식품의 제조, 가공, 보존함에 있어 식품에 첨가, 혼합, 침윤, 기타의 방법으로 사용되는 물질로, 식중독의 원인이 되는 경우가 있으며 과량 사용함으로써 인체에 해를 미칠 수 있다. Cyclamate는 감미료로 사용하였으나 발암의 원이 이라해서 사용이 금지되었고 인공착색료인 tar 색소를 현재 사용하고 있으며 식품의 보존이나 살균작용을 목적으로 금지된 첨가물은 붕산, methanol, formaldehyde 등이다.

(4) 중금속 중독

① 수은(Mercury, Hg) 중독

강력한 독성을 가지고 있으며 체내에 흡수되면 잘 배출되지 않으며 호흡기를 통해 흡입되나 피부, 위장관을 통한 흡수도 가능하다. 전기기구, 살충제, 의약품을 통해 중독 될 수 있으며 농약에 의한 유기수은 중독이 문제되는 경우가 많다. 수은에 의한 수질오염이 생기면 수중생물이 차례로 오염되어 결국 오염된 어패류를 먹는 사람에게 집단 중독증상이 나타난다.

② 카드뮴(Cadmuim, Cd) 중독

접촉성 피부염을 일으키며 경구섭취나 분진흡입으로 중독된다. 음료수로 통해 중독되며 식품의 용기, 페인트 플라스틱 제품, 건전지 등을 통해 중독된다. 폐부종을 일으키며 만성 폭로시 세뇨관의 손상, 빈혈, 골연화증을 일으킨다.

③ 납(Lead, Pb) 중독

식기나 식품을 통한 중독은 대부분 만성중독으로 급성중독시엔 근육마비와 창백, 구토, 설사, 혈변등을 가져오며 만성시 구역질, 변비, 위장관, 근육마비, 정신장애, 환각, 두통과 빈혈을 일으킨다.

④ 비소(arsenic) 중독

주로 체내에 축적되는 만성 중독증으로 구토, 구기, 설사, 연하곤란에 이어 심장마비를 일으킨다.

금속명	중독경로	급성 중독의 주증상
수 은	수질오염, 농수산물 오염	구토, 복통, 설사
비 소	농약의 과용	위통, 구토, 설사, 출혈
납	불량식기, 농약의 오용	복통, 구토, 설사
동	식기, 용기	구토, 복통
안티모니	불량 식기, 용기	구토
바 륨	팽제의 오용	구토, 복통, 설사
아 연	식기, 오용	갈증, 복통, 설사
아질산염	식염의 오용	Cyanosis, 구토, 설사, 저혈압
카드뮴	식품기구	오심, 구토, 설사, 경련

4) 문제가 되었던 식중독

(1) E.Coli O157

원인균	E.coli O157
증 상	・초기에는 수양성이다가 혈액성설사와 경변성 복통 구토를 동반하고 열은 미열이다가 없기도 한다. 가장 심한 증상은 감염 환자의 2~7%에서 발생하는데 빈혈, 혈소판 감소증, 급성 신부전증을 보이는 용혈성 요독증후군이며 심하면 5~10%에서 사망하기도 한다.
감염경로	・가장 큰 비중을 차지하는 지하수 외에 우유, 육회, 건조소시지, 무순, 양배추 야채절임, 메밀국수 등이다. ・오염된 소고기와 우유 및 그 제품을 충분히 익히지 않는 경우 ・소의 배설물로 키운 야채를 섭취하였을 때 배설물이 호수나 수영장으로 흘러 들어가 아이가 감염된 경우 ・감염된 사람으로부터 다른 사람에게 전파되는 경우
예 방	・매우 다양한 식품 및 식재료에서 발견되고 있어 개인위생과 함께 식품의 세척과 가열 등 위생적인 취급이 가장 중요하다.

(2) 캠필로박터 식중독(Campylobacter jejuni)

원인균	Campylobacter
잠복기	2~7일이며 다른 식중독보다 길다.
증 상	설사가 가장 보편적이며 열, 메스꺼움, 복통 및 구토 신경계 질환인 Guillain Barre Syndrome 을 일으킬 수 있고 심하면 사망한다.
감염경로	소, 염소, 돼지, 개, 닭, 고양이 등이 보균하고 있으며 대부분 처리되지 않은 우유나 오염된 음용수가 감염원이고 가금류를 비위생적으로 처리해 요리한 음식이 원인인데, 가열이 불완전하거나 재오염된 닭고기를 섭취한 경우로 전체의 50% 이상을 차지하고 있다.
예 방	열에 의해 쉽게 파괴되며 상온에서는 다른 세균들과 경쟁해 잘 자라지 못해 몇 일 밖에 생존하지 못하며 냉장온도에서는 성장은 못하지만 생존할 수 있고 상온에서의 방치는 큰 영향을 받진 않는다.

(3) 리스테이라증(Listera monocytogenes)

원인균	Listeriosis
증 상	초기엔 감기증상과 비슷하나 중증으로 진행되면 임산부의 유산을 유발하고 전신적 감염상태인 패혈증을 일으키며 뇌에 침투해 뇌수막염을 일으켜 지각장애 보행이상 등의 신경증상을 나타내며 심장, 간 등 실질이상 병변으로 2차적인 기능장애의 예가 보고되고 있다.
감염경로	식품을 통해 유행이 주된 경로로 식육 및 식육가공품, 야채, 유가용품 등이 사람의 리스테리아증 발생에 관련 있다.
예 방	대다수의 유제품을 냉장보관하고 있지만 일단 균에 오염되었다면 안정성을 보장 못한다는 문제가 있다. 저온에 저항력이 강해 4℃에서도 증식이 가능해 냉장고를 과신하면 안된다.

(4) 여시니아식중독(Yersinia enterocolitica)

원 인	자연계에서 분포된 세균이지만 Yersinia enterocolitica
증 상	맹장염과 비슷한 복통과 고열을 일으키며 설사, 구토, 메스꺼움이 동반되기도 하며 1~2주 내 회복된다.
예 방	실온에서 가장 잘 자라지만 저온에서 발육하는 특성과 산소 유무에 상관없이 생육 가능한 특성이 있어 냉장, 진공 포장된 식품에서 생육이 가능하며 열에는 비교적 약해 적절한 가열, 조리에 의해 사멸된다.

잠복기	· 보통 1~7일의 잠복기(길게는 10일 미만)
감염경로	· 사람의 대장에서 서식하는 균은 아니며 가축이나 야생동물의 장내세균이며 동물의 배설물에서 검출된다. 불안전하게 요리된 닭고기, 돼지고기, 소고기 등이며 축산폐수에 오염된 지하수의 음용을 통해 감염이 된다.

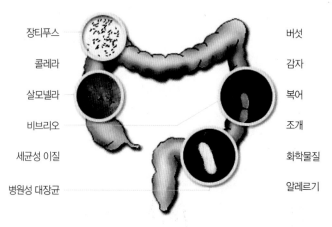

장티푸스 콜레라 살모넬라 비브리오 세균성 이질 병원성 대장균

버섯 감자 복어 조개 화학물질 알레르기

🍲 그림 4-2　원인균별 호발 부위

3 식중독의 특징 및 발생상황

1) 식중독의 특징

(1) 설 사

설사는 일상 진료에서 흔한 질환의 하나이다. 그 원인으로는 여러 가지가 있으며, 그 병태를 이해하고 적절한 치료를 하는 것이 바람직하다. 특히 소아의 급성설사증 환자에 있어서는 손쉽게 탈수 상태로 되며, 때로는 사망에 이르는 것도 있다. 또한 소아의 만성설사증에서는 영양장해에 의해 신체지능의 발육이 장해되는 것이므로 주의가 필요하다. 설사란 배변 회수의 증가가 아니라, 그 성상에 있으며, 변이 액상에 가까워 수분량이 증가한 것으로 되어 있다. 즉, 1일 1회도 액상변이면 설사이다. 변의 수분량의 증가는 장관에서의 수분 분비 항진과 흡수 장해에 의한 것이다.

(2) 구 토

구토는 구강을 통하여 위와 장 내용물의 강력한 배출이다. 구토는 대개 욕지기감, 과도한 유연증, 얼굴의 창백 및 발한이 선행된다. 그 과정에서 위는 2구획으로 나누어지며, 심호흡을 한다. 그 다음 횡격막과 복근의 심한 수축과 함께 위 내용물은 식도를 통해 역류하게 된다.

구토 중에 발생하는 다른 생리학적 현상의 공동작용은 제 4뇌실에 있는 구토중추가 조절하여 일어난다. 구토중추는 우리 몸의 많은 부분 특히 소화기관에서 일어나는 구심성 자극에 의해 활성화될 수 있다. 예를 들면 위와 소장은 미주신경과 장신경의 구심성 신경섬유에 의해 자극된다. 많은 실험적인 증거를 통해 미주신경이 상부 위장관의 동반 자극과 함께 구토를 일으키는 것으로 추정하고 있다. 포도상구균 장독소의 자극은 구토에서 복부 미주신경이 관여한다는 좋은 예이다. 대체로 말하면, 복부 미주 구심성 신경섬유는 위장 점막 내에서 기시하는 것과 장벽의 근육층 내에서 tension receptor를 이루는 것으로 나누어질 수 있다. 이들 리셉터는 장에서 발생하는 장력과 수축작용을 신호한다.

(3) 복 통

복통에 대한 정확한 기전은 거의 밝혀지지 않았다. 복강 내 기관들은 피부와 비교해 볼 때 조직 당 신경말단수가 적다. 이것은 복구에서 통감각의 국소화 정도가 빈약하다는 것을 의미한다. 더욱이 염증은 신경말단부가 기계적인 자극과 화학적 자극에 더 민감하게 만드는 것으로 나타났다. 그러므로 염증반응을 일으키는 미생물성 감염은 숙주를 팽창의 결과로 발생하는 여러 가지 자극과 같은 통증성 자극에 더 감수성이 있도록 만든다.

2) 식중독의 발생상황

우리나라의 경우, 세균식중독에 의한 환자수는 연간 1,746명에서 7,754명으로 계속적으로 증가하고 있다. 이러한 식중독의 증가는 식품의 국제간 교류확대, 집단급식의 증가, 냉장 및 냉동식품 같은 즉석식품의 소비증가, 일반인에 비해 면역기능이 저하된 만성 질환자 및 노인과 같은 위험군(high risk group)의 증가 등이 요인으로 보여진다.

(1) 전체 식중독 중 세균성 식중독이 80% 이상을 차지하며, 세균의 증식이 왕성한 7~9월 사이에 주로 발생하였다.

(2) 원인별 식중독 발생건수 식중독 1위는 1990~1999년간은 장염비브리오, 식중독 2위 살모넬라, 식중독 3위 포도상구균이었으나, 2003~2008년간은 살모넬라가 식중독 1위, 장염비브리오는 식중독 2위, 포도상구균은 식중독 3위이었다. 원인별 식중독 환자수는 1990~1999년간은 살모넬라가 식중독 1위, 병원성대장균이 식중독 2위, 장염비브리오가 식중독 3위였고, 2003~2008년은 살모넬라가 식중독 1위, 포도상구균이 2위, 장염비브리오가 식중독 3위였다.

(3) 원인식품별 식중독 발생건수는 1990~1999년은 어패류 및 그 가공품 1위, 육류 및 그 가공품 2위, 복합조리식품 3위이었고, 2005~2008년간에도 어패류 및 그 가공품 1위, 육류 및 그 가공품 2위, 복합조리식품 3위이었다. 원인식품별 환자수는 1990~1999년간은 복합조리식품 1위, 육류 및 그 가공품 2위, 육류 및 그 가공품 3위였다.

(4) 식중독 유발 음식물의 섭취장소는 발생건수와 환자수에 있어서 집단급식소(주로 학교

급식소)가 당연히 1위였고, 그 다음이 음식점, 가정의 순위이었다.

(5) 학교급식이 확대 실시되는 환자수가 많이 발생하는 대형 식중독사고가 빈발하고 있으며, 연회행사장의 뷔페음식과 야외행사시의 도시락을 통해서도 대형 식중독사고가 자주 발생하고 있다.

(6) 식중독 환자의 증상으로는 설사와 복통이 가장 일반적이며, 이외 구토, 발열, 두통이 나타나기도 한다.

(7) 식중독이 가장 많이 발생한 지역은 경북, 전남, 경남 순이며 광주, 제주가 가장 식중독 발생 빈도가 낮은 지역으로 조사되었다.

4 식중독 예방 및 치료

1) 식중독 예방

(1) 여름철 식중독 예방

여름철에는 기온 상승으로 인한 식중독 발생이 급증할 수 있으므로, 가정이나 집단급식소 등에서 음식물을 취급·조리 시 각별히 주의하여야 한다.

① 식품 조리 종사자의 개인위생 관리 철저 및 음식물은 적절한 가열·조리를 하여야 한다.
② 집단급식소 등에 납품되는 식재료들이 적절한 온도 관리 없이 외부에서 방치되지 않도록 식재료 보관과 부패 변질에 주의한다.
③ 샐러드 등 신선 채소류는 깨끗한 물로 잘 세척하고, 물은 되도록 끓여 마신다.
④ 육류나 어패류 등을 취급한 칼, 도마와 교차 오염이 발생하지 않도록 구분하여 사용하여야 하며, 만약 별도의 칼·도마가 없을 경우에는 과일 및 채소류에 먼저 사용한 후 육류나 어패류에 사용하여 교차 오염을 최소화 시켜야 한다.
⑤ 또한 나들이, 학교 현장 체험 학습, 야유회 등을 갈 경우 이동 중 준비해 간 김밥, 도시락 등의 보관 온도가 높아지거나 보관 시간이 길어지지 않도록 아이스박스를 사용하는 등 음식물 섭취 및 관리에 주의하여야 한다.

(2) 휴가철 식중독 예방

휴가철인 7~8월은 식중독균이 왕성하게 번식하는 시기로 음식물 취급에 각별히 주의하여야 하며, 여행 전·후 가정에서 또한 여행지에서 다음의 10가지 식중독 예방 요령을 실천하여야 한다.

① 항상 모든 음식은 한 번에 먹을 수 있는 분량만 만들거나 구입하여 사용하도록 한다.
② 유통기한이 경과하였거나 불확실한 식품, 상온에 일정 기간 방치하여 부패·변질이 우

려되는 음식은 과감히 버린다.

③ 여행지에서 직접 취식하는 경우 항상 신선한 식재료를 구입하고, 물은 끓이거나 정수된 것을 사용한다.

④ 여행 중에도 식사 전, 조리 시에는 반드시 손을 씻는다.

⑤ 자동차 트렁크나 내부에 음식을 보관하지 말고 반드시 아이스박스 등을 이용하며, 가급적 빠른 시간 내에 섭취한다.

⑥ 길거리 음식이나 위생 취약 시설의 음식 섭취를 자제한다.

⑦ 산이나 들에서는 버섯이나 과일 등을 함부로 따먹지 않는다.

⑧ 어린이, 노약자 등 면역력이 약한 사람들은 설사 증상이 있을 경우 탈수를 방지하기 위하여 끓인 보리차에 설탕과 소금을 조금 넣어 마시도록 한다.

⑨ 여행 전 냉장고에 오래 보관할 수 없는 음식이나 유통기한이 임박한 식품은 모두 버리도록 한다.

⑩ 여행 후 주방의 칼, 도마, 행주 등은 열탕 소독하거나, 세척·소독제를 이용하여 소독한 후 잘 말려서 사용한다.

(3) 장마철 식중독 예방

장마철에는 많은 강우량에 의해 하수나 하천 등의 범람으로 채소류, 지하수 등에 병원성 대장균과 같은 식중독균과 노로 바이러스 등이 오염될 수 있으므로 특별히 주의를 기울여야 한다. 따라서 장마철에는 모든 음식물을 익혀 먹도록 해야 하며 부득이 생식할 경우 수돗물로 철저히 세척하여 섭취해야 한다.

① 침수되었거나 의심되는 채소류나 음식물은 반드시 폐기한다.

② 냉장고에 있는 음식물도 주의하고, 유통기한 및 상태를 꼭 확인한다.

③ 행주, 도마, 식기 등은 매번 끓는 물 또는 가정용 소독제로 살균한다.

④ 물은 반드시 끓여 먹는다.

⑤ 실외에 있는 장독(된장, 고추장)에 비가 새어 들지 않도록 한다.

⑥ 설사나 구토 증상이 있으면 신속하게 병원으로 가서 치료를 받는다.

(4) 겨울철 식중독 예방

겨울철에는 노로 바이러스 식중독이 주로 발생하는데, 이유는 기온이 낮아지면서 개인위생 관리가 소홀해지고, 실내에서 주로 활동하게 됨에 따라 노로 바이러스에 감염된 사람의 구토물이나 분변 등에 의해 간접적으로 다른 사람에게 전파되거나, 오염된 지하수로 처리한 식재료 등을 날로 섭취할 경우 주로 발생할 수 있다.

① 식품 조리 종사자는 손 씻기 등 개인위생 관리를 철저히 한다.
② 음식물은 반드시 충분히 익혀서 먹어야 한다.

노로 바이러스

· 특성
  ·주로 분변-구강 경로(Fecal-oral route)를 통하여 감염이 된다.
  ·사람의 장관 내에서만 증식할 수 있으며, 동물이나 세포배양으로는 배양되지 않는다.
  ·연중 발생 가능하며 2차 발병률이 높다.
· 발병시기: 24~48시간
· 주요증상: 오심, 구토, 설사, 복통, 두통
· 원인식품
  ·음식(패류, 샐러드, 과일, 냉장식품, 샌드위치, 상추, 냉장조리 햄, 빙과류)이나 물에 의해 주로 발생한다.
  ·특히 사람의 분변에 오염된 물이나 식품에 의해 발생된다.

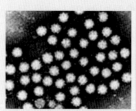 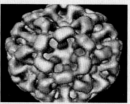

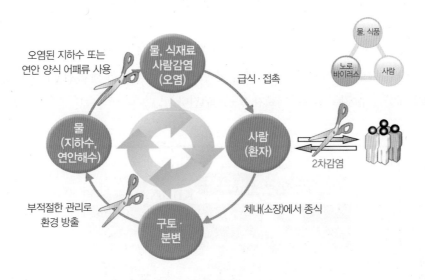

③ 설사, 구토 증상이 있는 사람의 구토물을 처리할 경우에는 반드시 일회용 장갑을 착용하고, 오물은 비닐 봉투에 넣어 봉하여 처리하며, 염소계 소독제(락스)를 이용하여 신속하게 세척, 소독하여 노로 바이러스 감염 확산을 방지하여야 한다.

④ 노로 바이러스는 사람간 2차 감염을 일으킬 수 있으므로, 바이러스에 감염된 옷과 이불 등은 비누를 사용하여 뜨거운 물로 세탁하여야 한다.

⑤ 노로 바이러스에 감염된 급식소 종사자는 완치 후에도 3일 정도 조리 업무에 종사하지 말아야 한다.

2) 식중독의 치료

가정에서는 일단 식중독으로 의심이 되는 경우 몇 가지 주의해야 할 점이 있다. 설사가 있다고 해서 설사약을 함부로 먹게 되면 장속에 있는 세균이나 독소를 배출하지 못하고 병을 더 오래 끌 수 있으므로 설사약을 함부로 먹으면 안된다. 음식을 먹으면 설사가 더 심해질 수 있어 음식 대신 수분을 충분히 섭취하는 것이 좋다. 수분 섭취는 끓인 물이나 보리차에 소량의 설탕과 소금을 타서 먹거나 시중의 이온음료도 괜찮다. 그 후 설사가 줄어들면 미음이나 쌀죽 등 기름기가 없는 담백한 음식부터 먹어야 한다. 그러나 설사가 1~2일 지나도 멎지 않거나 복통과 구토가 심할 때, 열이 많을 때, 대변에 피가 섞여 나올 때에는 병원을 찾아 적절한 치료를 받아야 한다. 구강 또는 정맥 내 전해질 용액으로 위장계 수액 소실을 보충하고 신경학적 소견에 대하여 보조적인 요법을 시행한다. 항구토제는 주어서는 안되며, 항신경제는 염증성 설사에서는 피해야 한다. Botulism, 염증성 세균 감염, 그리고 기생충 감염에 대한 경우에는 특수한 치료가 요구되어진다.

FOOD
HYGIENE

FOOD
HYGIENE

Chapter

05 살균과 멸균

Chapter

05 살균과 멸균

FOOD
HYGIENE

　　먹다 남은 사골국을 다시 끓여 보관하는 것, 초밥에 식초를 넣는 것, 저온 살균 우유를 냉장 유통시키는 것, 또 주사를 맞을 때 피부를 에탄올로 닦아 내는 것, 상처를 과산화수소로 소독하는 것, 이 모두가 유해한 미생물로부터 인간을 보호하려는 노력이다.

　　인간들은 안보이는 생물들로부터 자신을 방어하기 위한 노력은 매우 다양하다. 19세기 파스퇴르에 의해 자연발생설이 완전히 부정되면서 미생물을 포함한 모든 생물은 기존의 생물로부터 생겨난다는 생물속생설이 확립됐다. 이로부터 사람들은 유해한 균과의 전면전을 선언한다. 우리 생활 주변 곳곳에 배어있는 균의 제어 방법에는 무엇이 있는지 살펴보자.

1 살균

1) 살균의 정의

　　살균(disinfection)이란 "병원성 미생물을 화학적 또는 물리적 방법을 직접 적용하여 파괴"로 정의할 수 있으며, 멸균(steriliztion)은 "모든 미생물을 사멸시키는 화학적 또는 물리적인 조작 및 과정"으로 정의된다. 살균은 바이러스(virus), 박테리아(bacteria) 등의 병원성 미생물(유해균)로부터 인간의 건강을 보호하는 역할을 한다. 보통 오염된 원수는 침전과 여과 과정만으로도 거의 모두 제거되어 음용수로 사용할 수 있다. 일반적으로 병원성 미생물(유해균)은 여과 및 기타 물리적인 처리에 대한 저항력이 약하므로 우선적으로 제거되나, 약간의 세균이 잔류하는 경우가 발생한다. 원수의 오염이 심해지므로, 병원성 미생물(유해균)을 살균 또는 소독할 필요가 있다.

2) 살균의 방법

(1) 열에 의한 살균

대부분의 미생물은 일정 범위 이외의 온도에서는 생존이 불가능하다. 이러한 원리를 이용하여 미생물이 생존할 수 없는 온도로 가열함으로써 살균한다. 정수용으로 이용되는 것은 아니지만, 긴급 시에 가장 중요한 살균법이다. 예외적으로 포자류(Spores)는 열에의 내성(耐性)이 비교적 강하지만 포자를 형성하는 박테리아가 원인인 수인성 저염병은 희귀하다. 그러나 많은 양의 물에 열을 가해 살균처리하는 것은 경제적으로 타당성이 없다. 이러한 상황은 냉동처리에도 적용되며 따라서 두 가지 경우 모두 municipal water의 살균처리를 위해서는 사용되지 않는다.

(2) 염소(clorine)에 의한 살균

가장 대표적인 살균제이다. 살균 조작 후에도 수중에 잔류함으로서 재오염을 방지할 수 있고, 수중에서의 반응은 아래와 같다.

$$Cl_2 + H_2O \rightleftarrows HOCl + H^+ + Cl^-$$
$$hypochlorous\ acid$$

$$HOCl \rightleftarrows H^+ + OCl^-$$
$$hypochlorous\ acid \quad hypocholite\ ion$$

염소에 의한 살균은 세포내에 존재하는 효소의 화학적 구조를 변화시키는 작용을 하며,

이로 인해 살균작용이 일어나게 된다. 이러한 효소활동 방해작용은 HOCl(hypochlorous acid)과 OCl-(hypocholite ion)에 의해 발생하며, HOCl(hypochlorous acid)의 살균효율이 OCl-(hypocholite ion)의 살균효율보다 40~80배 정도 강하다.

(3) 이산화 염소(ClO_2)에 의한 살균

이산화 염소(ClO_2)는 염소보다 산화력(약 2.5배) 및 살균력이 강하고 넓은 pH영역을 가지고 있어 pH조절 부담도 적고 염소와 달리 수중의 질소 화합물 및 페놀과도 반응을 일으키지 않아 불쾌한 냄새를 방지할 수 있으며, THMs(Trihalomehanes) 전구물질과 반응하지 않아 THMs(Trihalomehanes)발생의 문제를 야기시키지 않으므로 대체 산화제로 주목받고 있다.

(4) 오존(ozone)에 의한 살균

환원상태의 무기 화합물 및 유기물 등과 반응하는 강력한 산화제이다. 다른 산화제에 비해 매우 강력한 산화력을 가졌기 때문에 살균은 물론 탈취, 탈석, 탈미 등의 효과가 크고, 페놀이나 ABS 등을 일부 분해하고, 철, 망간을 불용화시켜 제거한다. 또한, pH의 영향을 받지 않고 살균 작용을 하며, 처리속도가 빠르다는 장점을 가지고 있다.

(5) 자외선(ultraviolet)에 의한 살균

강력한 햇볕의 자외선 또는 인위적으로 발생시킨 초단파를 조사하여 미생물을 사멸시키는 방법이며 핵 속의 deoxyribonucleic acid(DNA)와 cystoplasm 속의 ribonucleic acid(RNA)를 함유한 박테리아세포 속의 핵산이 햇볕의 자외선영역의 에너지를 흡수하여 파괴되는 것으로 알려지고 있다.

자외선에 의한 살균은 약 260nm 정도의 파장을 이용하여 미생물을 사멸시키는 살균법이다. 자외선에 의한 살균은 다른 살균법에 비해 살균부산물이 생성되지 않고, 무취 무향이며, 조작이 간편하다. 그러나 살균 지속력이 없으며, UV투사량을 결정하기 어려우며, UV 램프의 표면에 생물막이 형성되어 유지 관리에 어려움이 있으며, 무엇보다 많은 비용이 소요된다. 역시 대용량의 물을 살균처리하기에는 경제적으로 타당성이 없기 때문에 소량의 물을 살균하기 위해 제한적으로 사용된다.

(6) 초음파에 의한 살균

초음파를 이용한 박테리아의 파괴는 우유의 저온살균 전 처리과정으로 이용하기 위해서 처음 연구되어지기 시작하였고, 전통적인 살균방법의 대체용으로 계속 연구되어지기 시작하였다. 그러나 초음파만을 이용한 박테리아의 완전한 파괴는 힘들지만, 초음파와 병행하여 다른 살균방법을 혼합하여 사용한다면, 시간과 비용을 절약할 수 있는 장점이 있다.

초음파에 의한 박테리아의 손상은 주로 공동화 현상으로 인하여 발생한다. 공동화 현상으로 인한 박테리아의 손상은 몇 가지 주요한 메커니즘(mechanism)에 의한다. 순간적인 공동은 공동이 파괴되는 마지막 단계에 수천기압의 압력과 수천도의 온도를 생성하게 된다. 공동에 의한 수천기압의 충격파는 공동을 둘러싸고 있는 물질 즉, 박테리아에게 물리적인 손상을 입힐 수 있다. 또한, 공동에 의한 수천도의 온도는 박테리아 세포의 결합을 분해할 수 있고, 생물의 세포와 반응할 수 있는 자유 라디칼을 생성함으로서 세포에 손상을 입힌다.

2 식품살균

1) 식품살균

식품가공과 기술, 즉 식품위생분야에서는 식품의 보존성 향상 및 식중독세균의 사멸 등을 목표로 한 가열처리를 말한다.

2) 식품살균의 분류

(1) 온도차에 의한 분류

저온살균법, 고온살균법(상압, 가압살균)

(2) 열원에 의한 분류

증기살균법, 건열살균법

(3) 처리시간에 의한 분류

순간살균법(순간저온, 순간고온살균), 간헐살균

(4) 물량에 의한 분류

Bulk살균법, 개장살균법

(5) 조사선에 의한 분류

자외선 살균법, 적외선 살균법, 방사선 살균법(감마선, 전자선, X선)

3) 식품살균의 원인

식품살균에 있어서는 식품의 특성, 요구되는 보존성, 포장형태 등을 고려하여 살균방법과 조건 선택 등이 필요이상의 가열처리는 식품의 품질 열화 초래하는 것이 원인이다. 그 대표적인 예는 다음과 같다.

(1) 생물학적 요인

미생물(세균, 곰팡이, 효모 등), 곤충, 진드기

(2) 등화학적 요인

효소작용(효소에 의한 연화, 갈변, 향미 악변), 지질의 산화 중합, 퇴색

(3) 등물리적 요인

광선, 열에 의한 식품성분의 변화, 동결에 의한 조직의 파괴, 건조 등

※ 대부분의 식품에 악변을 일으키는 방법은 실제로는 매우 복잡해서 여러 요인이 연관되어 발생. 그러나, 생선식품과 그것을 원료로 하는 가공식품의 제조공정 및 보존 중에는 미생물의 작용에 의한 부패, 변패가 가장 큰 요인이다.

4) 식품살균법의 종류

(1) 저온살균

① 100℃ 이하의 온도에서 살균하는 방법

② 보통 60~65℃에서 30분간 가열 또는 68.3℃에서 20분간 가열, 병원균 사멸(가열후 즉시 냉각)

③ 처리시간이 길어 비능률적

④ 가열온도는 식품의 종류, pH에 따라 달라짐 저온살균에 적용되는 식품(산성식품, 과즙, 알코올음료, 수분활성(aw)이 낮은 식품, 가염.가당된 식품, 또는 가열 후 냉장되는 식품, 방부제 첨가식품 등)

(2) 고온살균

① 용기내 살균

　　캔과 레토르트파우치와 같이 고압살균솥(레토르트기)에서 가열하는 것

② 용기외 살균

　　우유 등을 UHT(초고온순간살균)처리하여 무균용기에 충진포장하는 것

③ 캔과 레토르트식품에서는 내열성이 강한 보툴리눔균(A형)아포와 부패원인균(주로 혐기
　　성 아포형성균)의 살멸을 목표로 한 가열살균(pH 6.0 이상의 식품에서 중심부의 온도가 20℃에서 4분
　　간 또는 이것과 동등이상의 효과가 있는 가압열살균)이 행해짐

④ 모든 세균아포를 완전살멸(세균학적 멸균)뿐만 아니라, 실용적, 상업적 무균성이라고 해
　　서 상온에서는 유해미생물의 증식이 일어나지 않고 제품이 장기 보존성을 가짐

⑤ 식품의 가열살균의 열원: 석유, 가스 등으로 연소에 의한 열 에너지가 열매체로 물에 전
　　달되어 얻어지는 열수, 가압증기 또는 열풍, 직화 등이 이용되고 있으며, 더욱이 전기적
　　인 가열원으로서는 금속재료의 전기저항에 의해 전기에너지를 열에너지로 변화하는
　　방법, 고주파(마이크로파), 적외선가열법이 있음

※ 가열살균, 특히 고온가열살균에서는 미생물의 완전살균과 식품의 품질확보(상품적인 가치와 영양
　　가치)가 같이 얻어지기 쉽지 않음.

(3) 약제살균

　　식품공장과 식품취급시설에서 이용되고 있는 살균제는 식품첨가물로 인식되고 있는 합
성살균료와 식품공장 등식품을 취급하는 환경의 살균에 이용하는 살균제가 있다.

① 합성살균료

　　차아염소산나트륨, 표백분, 고도표백분 등 염소계 살균제와 과산화수소 염소계 살균제
는 식품자체의 살균용은 아니고, 사용수, 용기, 기구 등의 살균에 이용한다. 과산화수소는
우동과 어묵꼬치 등의 식품의 살균제로 사용되었지만, 1980년 3월 이후 현재 식품의 살균에
는 사용하지 않는다.

② 환경살균제

할로겐계 살균제(차아염소산나트륨), 표백분, 유기염소화합물, 요오드폴(Iodophors: 요오드에 비이온계면활성제를 가한 제제), 역성비누(양이온 계면활성제), 양성계면활성제, 바이구아나이드(Biguanide)계 살균제 등이 있다.

(4) 방사선조사(식품조사)

코발트60, 세슘137로부터 방사되는 감마선, 가속기에서 인공적으로 만들어진 전자선, X선 등의 방사선을 이용하여 식품을 살균하는 것을 말한다.

① 조사에 의한 대상물의 온도상승은 별로 없으며, 감마선은 투과력이 크지만 포장하지 않거나 없는 특징을 가진다.

② 방사선살균과 가열살균

　　살균에 필요한 에너지는 방사선이 작고, 미생물의 방사선내성과 내열성에서는 다르다. 또한, 세균독소와 효소는 가열에 의해 불활성화되지만 바이러스는 열로 쉽게 불활성

식품조사

- 식품조사란 감마선(Co^{60} 또는 Se^{137}), X−선 등을 식품에 쪼여 발아를 억제시키거나 숙도를 지연시켜 식품의 보존성을 향상시키거나 식품의 병원균, 기생충 및 해충을 제거하여 위생적인 식품을 제조, 가공하는 기술이다.
- 일상생활에서 태양빛을 쬐여 눅눅한 이불을 말리는 것은 건조와 살균의 의미가 있다. 현재 많이 사용하고 있는 식품살균법인 자외선(UV)살균과 동일한 최신 살균법이 식품조사이다.
- 과거에는 우리들 주변의 생활용품 및 식품에 존재하는 수많은 유해세균과 곰팡이들을 사멸시키기 위해 많은 종류의 화학약품들을 사용해 왔으나 인체에 치명적으로 해를 주고 환경을 파괴하는 화학약품들이 많아서 현재 대부분의 선진국에서는 경제적이면서 효율성이 좋고 인체에 무해한 식품조사를 활발히 이용한다.

화하지만, 방사선에서는 살균선량에서도 불활성화되지 못한다. 그리고 가열에 대해서는 세균의 영양세포는 저항성이 보통 없지만, 방사선저항균 중에서는 아포를 형성하지 않는 세균을 말한다.

(5) 자외선 살균

① 태양광선 중에서 지표에 도달하는 자외선은 290nm 이하의 것이 아니어서 살균력은 미약하다.
② 자외선 중에서 살균력이 가장 강한 파장은 250~260nm이며, 이 파장의 광선은 살균선이라고 하며, 이것을 인공적으로 만들어 방출하는 것이 저압수은등으로서, 주로 253.7nm 의 자외선을 방사하는 장치. 자외선살균등 또는 단순히 살균등이라고 한다.

(6) 증기살균법(steam pasteurization)

수증기로 100℃ 또는 그 이상의 온도로 살균(보통 가압증기살균 실시)한다.

(7) 간헐살균법(discontinuous sterilization)

내열성균 완전 살균시 고압살균기가 없을 때 또는 고온으로 인하여 성분변화가 초래될 경우 이용하고, 1일 1회씩 100℃에서 20~50분간 연속 3일을 같은 시간에 반복 가열살균한다.

(8) 고온단기간 살균법(HTST, or UHT)

신선미와 영양소 보존을 중요시하는 식품의 살균에 이용하고, 75℃에서 15초 정도 처리 또는 120~150℃에서 1~2초로 처리한다.

(9) 병장살균법(충진식살균법, pasteurization in bottle)

액체를 병에 넣고 96~98 ℃에서 15분간 가열하는 방법으로 살균 후 오염이 없으나 병 내부 온도를 정확히 측정하기 어렵다.

(10) 열탕(자비)살균법(pasteurization by boiling water)

100℃ 물에서 30분간 살균(완전 살균은 어려우나 대부분의 병원균 사멸 가능)하고, 화농균 및 기생충 알이 사멸될 수 있기 때문에 식품, 각종 조리용구 및 기구 등에 이용한다.

(11) 건열살균법(dry sterilization)

공기를 가열시켜 140~160℃에서 30~60분 정도 가열 살균한다.

(12) 전기 살균법(electro pure process)

전기에 의한 살균법으로 현재는 많이 사용되지 않는 방법이다.

(13) 극초단파 살균법(microwave process)

식품을 포장된 상태로 단시간 내에 microwave를 쏘여 가열시키는 방법으로 가열속도가 빠르고 가열이 균일하며 식품의 열 손상을 줄일 수 있다. 또한 열의 효율이 크고 장치가 간단하며 취급이 용이하다.

(14) 동요식 살균법(agitating sterilization)

열전달을 효과적으로 하기위해 내용물이 담긴 용기 자체를 회전시키거나 살균솥을 회전시켜 용기를 동요케 하면 살균효과 증가한다. 주로 통조림에서 주로 이용되는 방법이다.

(15) 상업적 살균법(commercial sterilization)

완전살균하지 않고 위생상 위해한 미생물을 대상으로 가열살균하는 것으로 산성의 과일통조림에 많이 이용(100℃ 이하 70℃ 이상으로 살균 실시)하고 주로 식품 품질 유지, hurdle effect 이용한다.

3 각종 식품별 살균법

1) 우유 살균법

우유에는 영양분이 많고 수분함량도 높아 미생물이 빠르게 자랄 수 있기 때문에 원유를 균질화하는 과정 못지않게 살균과정이 중요하다. 살균법으로는 저온살균법(LTLT), 고온단시간살균법(HTST), 초고온 순간살균법(UHT) 등이 있다.

(1) 저온살균법(LTLT, Low Temperature Long Time)

36~65℃에서 30분간 가열살균하는 방법으로 프랑스의 생물학자 파스퇴르가 포도주의 살균을 위해 개발한 방법이다. 병원성 세균만 사멸시켜 일부 내열성 세균이나 포자 상태의 세균은 그대로 존재하게되어 보존성이 떨어지는 살균법으로 72~75℃에서 15초간 살균 처리 하는 방법이 나오기 전에 소규모 유가공에서 사용하던 살균 방식이다.

(2) 고온단시간살균법(HTST, High Temperature Short -Time; 덴마크식 저온 살균법)

72~75℃에서 15초간 살균처리 하는 덴마크식 저온 살균법으로 1883년 덴마크의 후죠드가 발견했다.

이 방식은 원유 질의 변화를 최소화 하며 좋은 품질의 살균 우유를 생산할 수 있고 대량처리가 가능하다. 이 살균법은 매우 위생적이기 때문에 현재 유럽에서 생산되는 저온살균 우유는 판형 열교환기를 이용해 72~75℃에서 15초간 살균 처리가 보편화된 살균법이다.

(3) 초고온순간살균법(Ultra-High Temperature)

120~135℃에서 2~3초간 살균처리 후 급속냉각하는 살균법으로 온도 10℃ 증가에 따른 일반화학 반응속도의 증가(Q_{10})는 2~3배이지만 세균의 사멸속도는 8~30배로 우유의 영양소 파괴를 최소로 하는 거의 무균에 가까운 살균력을 보이며, 열처리 온도에 따라 우유의 영양 성분이 변화해 유청 단백질, 비타민, 칼슘 등이 몸에 흡수가 어려운 상태로 되거나 감소되며 가열에 의해 단백질이 타서 고소한 맛이 난다.

초고온 살균법은 멸균에 가까운 살균력으로 국제적으로 '멸균법'으로 인정하고 있다. 이 살균법은 원유의 품질이 나쁘거나 냉장고 보급이 안된 시절에 보존식품 및 조리용, 가공용, 개발도상국의 수출용으로 사용된 우유의 열처리 방식이다.

2) 통조림 살균법

통조림 식품은 저장성에 영향을 미칠 수 있는 일부 세균의 사멸만을 고려한 최저한의 저온살균처리 조작한다. 또한, 통조림 식품의 살균처리 목적은 내용물 중에 오염되어 있는 미생물의 사멸 또는 번식 능력 상실(부패 근원 제거)에 있다. 통조림 살균기준은 크게 산도에 의한 기준과 pH에 따른 살균 적용에 따른 기준으로 나뉜다.

우선 산도에 의한 통조림의 분류와 살균의 기준은 다음과 같다.

(1) 저산성 식품(pH 5.0 이상) : 축육, 어육, 유제품 및 채소류

(2) 중산성 식품(pH 5.0~4.5) : 육과 채소의 혼합물, 스프, 소스, 스파게티

(3) 산성 식품(pH 4.5~3.7) : 토마토, 배, 파인애플, 복숭아 등의 과실

(4) 강산성 식품(pH 3.7 이하) : 장과류(berry), 절임제품, 발효식품, 감귤, 잼, 젤리

① pH 4.5 이하의 산성식품(저온살균)

a. Clostridium botulinum이 발육할 염려가 없음

b. 저온성 세균에 해당되는 병원성 미생물

c. 채소 및 야채와 같은 pH4.5 이하의 식품은 100℃ 이하의 저온살균을 함

② pH4.5 이상의 저산성식품(고온살균)

a. 고온성 미생물 발육이 염려Clostridium botulinum이 발육할 염려가 없음

b. 저온성 세균에 해당되는 병원성 미생물보다 호열성 세균인 Clostridium botulinum 이 발육이 염려

c. 축육 및 단백질을 주성분으로 하는 pH4.5 이상의 식품은 고온성 미생물 살균을 위하여 100℃ 이하의 저온살균을 한다.

3) 연속식 가열 살균법

정수압 레토르트 장치에 통조림 식품을 넣고 연속적으로 고온 살균하는 방법이다.

4) 동요식 가열살균법

살균장치내에서 통조림을 동요 또는 회전시키면서 가열처리하는 방법으로 가열살균시 열전달을 촉진하여 살균시간을 단축하고, 불균일한 열전달에 의한 품질저하를 방지하기 위한 수단으로 통조림내에 강제 대류를 일으켜 살균하는 것이 동요식 살균법의 원리이다.

5) 특수살균법

① 무균 살균법 ② 성층 살균법 ③ 화염 살균법 ④ 전기적 살균법 ⑤ 방사선 살균법으로 나뉜다.

4 멸균

1) 멸균의 정의

멸균이란 모든 미생물을 죽이는 것 또는 제거하는 것, 즉 병원성 및 비 병원성 균을 모두 살멸시켜 무균 상태로 만드는 것을 말하며, 소독이란 인간에 대해 유해한 미생물(병원성 균)은 죽이되 유해하지 않은 균(비 병원성)은 남아 있어도 무방한 상태를 말한다.

물질의 성상에 따라 적당한 멸균방법을 선택해야 하며, 가열 멸균에 있어 멸균시간을 결정할 때에는 중심부의 온도가 바라는 온도에 도달할 때까지 걸리는 시간을 고려해야 한다.

멸균법에는 크게 열 자외선 방사선 고주파 등을 이용하는 물리적 방법과 소독액이나 ethylene oxide, propylene oxide 등 gas를 이용하는 화학적 방법 등이 있다.

Ethylene oxide gas에 의한 멸균을 1회용 주사기나 주사침을 비롯한 일반적인 의료기구나 고무제품 염화비닐제품 일부의 식품첨가물 등 광범위한 대상물에 대해 사용하고 있다. 그 방법은 특수한 chamber 속에 ethylene oxide와 CO_2 gas 또는 freon gas의 혼합gas를 송입하고 30~40℃의 온도에서 수 시간 이상 처리하는 것이다. ethylene oxide에는 잔류 독성이 있으므로 멸균 대상물에 따라 취급에 주의를 요한다. 소독액의 경우는 멸균이라는 것보다 손이나 실험대 등의 소독이 주된 사용 목적이지만 종류에 따라 대상이 될 수 있는 미생물이 다소 다른 경우가 있다는 것을 염두 해 둘 필요가 있다.

무균 조작을 행하는 장소의 공기 살균에는 자외선등이 사용되지만 자외선 살균등은 작업을 개시하기 전 30~60분 정도 전에 켜두고 작업 중에는 눈을 아프게 하므로 꺼두는 편이 좋다. 살균효과를 나타내는 파장은 240~280nm(253.7nm)이다.

많이 이용하고 있는 소독액의 사용 농도는 에탄올 70~80% isopropanol 30~50% 역성비누 0.1~1% 석탄산(phenol) 3~5% cresol 3~5%이다.

2) 멸균의 방법

(1) 자외선 멸균법(U.V. lamp)

실험실을 자외선등(U.V. lamp)으로 약 30분간 쬐면 실내에 빛이 쬐인 부분은 대부분 멸균 (sterilization)되었다고 할 수 있다.

(2) 화염 멸균법

가장 확실하고 신속한 멸균법으로 gas burner나 alcohol lamp의 불꽃 속에서 가열하여 멸균하는 방법이다. 세균 시험에 사용하는 백금선이나 백금이 그리고 면전 시험관 입구 등의 멸균은 이 방법에 의하며 병원균을 접종시킨 동물의 사체는 소각하는 것이 가장 좋다.

균이 다량 부착되어 있는 기구를 화염 멸균할 때는 균체가 붙어 있는 채 급격히 강한 불꽃에 넣으면 균체가 주위로 튀어버리므로 대단히 위험하다. 이때는 미리 phenol(3~5%) 또는 cresol(3~5%) 등의 소독액속에서 거의 균체를 떨어뜨린 다음 불꽃 속에 넣어 멸균하면 안전하다.

(3) 건열멸균

유리 제품, 금속성, 도자기 제품 등 기구류를 멸균하는 데 알맞다. 건열 멸균기 중에서 160~170℃, 30~60분간 가열한다. 면전을 한 시험관은 철망에 넣고 샤레난 피펫은 종이로 포장하고 금속 용기에 넣어 멸균한다.

면전이나 포장지가 갈색으로 변색되면 완전히 멸균된 것이며, 급격한 냉각으로 인한 파손을 방지하기 위하여 멸균기 내 온도를 100℃ 이하로 떨어뜨린 후 꺼내야 한다. 멸균이 되었는가를 확인하기 위하여 시판되는 멸균 지시제를 사용한다. 그 중 하나는 생물학적 지시제로 *Bacillus stearothermophilus*(증기 멸균용), *subtilis*(건열 멸균, 가스 멸균용), *pumilus*(방사선 멸균용) 등의 아포와 *Serratia marcesens*(여과 멸균용) 등을 일정수 여지에 부착시킨 것으로 멸균 처리 후에 배양하여 생사를 판별하는 것이다. 또한 두 번째로 화학적 지시제로 소저의 온도에서 시간적으로 변색하는 시액을 도포한 시험지가 있다. 시판하고 있는 화학적 지시제를 사용하는 편이 간편하다.

작은 물건과 열전도율이 좋은 것은 본 시험 방법의 조건으로 충분하지만 내부까지 열이

전달되지 않는 것은 가열 시간을 연장하거나 온도를 올려야 한다. 많은 재료에서 확실하게 멸균하기 위한 조건은 다음과 같다.

온 도	시 간
135~145℃	2~5시간
160~170℃	2~4시간
180~200℃	0.5~1시간

　건조한 상태로 약 130℃ 이하에서 장시간 가열하여도 내열성 아포는 살아남는 것이 있으므로 완전한 멸균이 되지 않는다.
　건열 멸균기에서 멸균하는 경우에는 멸균 대상물이 멸균기 내벽에 닿지 않도록 주의하고, 될 수 있는 대로 벽으로부터 떨어뜨려 넣는다. 이렇게 하지 않으면 외측 부분이 필요 이상으로 가열되어 손상을 입게 되며 중심부의 온도는 적정 온도까지 올라가지 못하므로 완전한 멸균이 되지 않는다.

(4) 상압 증기 멸균법

　100℃의 증기 속에서 15~60분간 가열하여 멸균하는 방법으로, 세균의 포자는 100℃에서도 사멸되지 않으므로 1회 가열만으로는 완전히 멸균이 되었다고 할 수 없다. 간헐 멸균법은 60~100℃의 가열을 1일 1회씩 3일간에 걸쳐 연속 3회 조작하는 방법으로 가열은 15~60분간 한다. 이 방법에 의하면 포자를 일단 발아 시키고 나서 가열하게 되므로 완전한 멸균이 기대된다. 이론적으로는 간헐 멸균법에 의해 완전한 멸균을 기대할 수 있으나 균수가 많은 경우에 멸균이 불완전해 질 수도 있다. 균수가 적은 경우나 다른 방법을 사용할 수 없는 경우에만 사용하는 것이 안전하다. 포자를 발아시키기 위해 멸균 후에는 매회 실온에서 방치할 필요가 있으나 저온에서는 방치해서는 안된다. 비교적 고농도의 당류 등 열에 불안정한 성분을 함유한 배지(培地)나 pH가 비교적 낮은 배지 등은 이 방법으로 멸균해도 좋다.

(5) 고압증기멸균(Autoclaving)

　많은 기구와 배지의 멸균에 알맞다. 배지와 시액의 멸균은 대체로 이 방법으로 하여 멸균

온도, 시간, 배기판이 자동적으로 셋팅될 수 있는 오토클레이브를 일반적으로 사용하고 있다. 멸균이 끝난 후에는 반드시 멸균기내 압력이 떨어졌는가를 확인하고 뚜껑을 열지 않으면 화상을 입는 경우가 많으므로 조심하여야 한다.

표 5-1 기압과 온도의 관계

기압	kg/in²	온도(℃)	기압	kg/cm²	lb/in²	온도(℃)
1.0	0	0.0	100	2.1	15.0	121
1.2	0.20	2.8	105	2.3	19.0	125
1.4	0.43	6.1	110	2.5	21.2	127
1.7	0.69	9.8	115	2.7	24.5	130
2.0	0.99	14.1	120	3.0	30.0	134

가열은 내용물에 따라 적절히 변화시켜야 한다. 예를 들면 수 십~수 백ml 정도의 배지는 설정 온도에서의 멸균 시간을 15분으로 셋팅하면 충분하다. liter의 배지는 15분으로는 내부까지 열이 충분히 전달될 수 없으므로 30분 또는 그 이상의 시간이 필요하다. 내부로 쉽게 침투할 수 있도록 하여 멸균할 필요가 있다. 예를 들어 빈 삼각 플라스크를 멸균할 경우에는 물을 넣어 내부에 증기가 발생되는 상태로 멸균하고 멸균한 후 건조기에서 물을 제거하고 사용한다.

또한 배지를 스크류 캡에 넣어 멸균할 때에는 마개를 약간 열어 멸균하고 식은 후 마개를 닫아 가열시 팽창에 의한 파손 및 마개를 열 때 외부 공기 유입에 의한 오염을 방지한다. 멸균 대상물을 고압 증기 멸균기 내에 넣고 뚜껑을 닫은 다음 가열한다. 멸균기 내의 공기는 배기 구멍을 통하여 완전히 배기시키고 배기구를 닫는다.

2.1기압(1.06kg/m³) 120℃에서 15분간 계속 가열한다. 멸균이 끝난 후 증기는 서서히 **뺀다**. 가열로 변질될 우려가 있는 것은 멸균 온도와 압력을 낮추거나 시간을 단축한다.

(6) 자비 멸균법

물속에 넣어 20분 이상 끓여 멸균하는 방법으로 탄산나트륨을 1~2% 비율로 가하면 살균 효과가 높아짐과 동시에 금속이 녹스는 것을 방지할 수 있다.

이 방법으로 사멸되는 것은 병원성 세균의 영양형이며 포자는 완전히 죽지 않으므로, 이 방법에 의해 완전히 멸균하려고 하는 것은 적당치 않다. 다른 적당한 멸균 방법이 없을 경우에 한하여 실시해야 한다.

(7) 여과멸균

열에 불안정한 용액의 멸균에 알맞다. 여과 멸균기를 사용하여 세균을 제거시킨다. 옛날에는 Seitz형, Berkefeld형 등이 사용되었지만 최근에는 막여과기(membrane filter)가 정밀도도 높고 간편하기 때문에 많이 쓰고 있다. 여과 멸균 방법은 실제로는 멸균하는 것이 아니라 제균하는 것으로 실험 목적에 따라 필터의 pore size를 선택하여야 한다. pore size는 0.05~14um까지 여러 가지 종류가 있지만 제균용으로는 0.22um 또는 0.45um가 많이 쓰이고 있다. 막여과기는 화학적 물리적으로 안정되어 있고 생물학적으로도 불활화된 cellulose, 유도체와 폴리카보네이트(polycarbonate)의 플라스틱이 있어 고압 증기 멸균에도 견디므로 사용 전에 알미늄 호일에 싸서 멸균하여 사용한다. 여과장치가 셋트로 된 것, 소량의 액체 여과를 위하여 주사기에 직접 연결 사용할 수 있는 것 대용량의 액체용, 공기를 여과할 수 있는 것 등 여러 가지 다양한 기종이 시판되고 있으므로 사용 목적에 따라 선택한다.

(8) 화학멸균

① 역성비누

살균력이 강하기 때문에 소독약으로서 우수하지만 사용법이 제품에 따라 다소 다르기 때문에 잘 확인한 다음 사용한다.

② 알코올액

70% 에틸알콜용액이 가장 살균력이 강하여 이 농도를 사용하며, 무수알콜은 살균력이 없다. 이것은 피부 및 손등의 살균에 이용되나 무균상과 clean bench 등의 소독에서는 인화의 위험성이 있기 때문에 분무하여 사용해서는 안된다.

③ 크레졸비누액

3~5%의 수용액이 사용된다. 손 및 오물의 소독에 사용하며 의류 등에는 부적당하다.

④ 석탄산수용액

3~4% 수용액으로 충분하며 의류 및 무균상자의 살균에 이용되나 인체의 피부에 흡수되어 지각신경을 마비시키므로 손의 소독에는 사용하지 못한다.

⑤ 승홍수

염화제2수은의 0.1%수용액을 무균상자의 내부, 배지를 넣는 초자기구의 외면, 목재기구 및 손의 살균에 이용한다. 균속제품이나 고무제품은 부식될 가능성이 있으므로 사용할 수 없다.

Tip

- 당류 표기
  - 식품 100g당 0.5g 미만 : 당류 zero

- 나트륨 표기
  - 식품 100g당 120mg 미만 : 저나트륨
  - 식품 100g당 5mg 미만 : 무나트륨

- 트랜스지방 표기
  - 식품 100g당 0.2g 미만 : 트랜스 지방 zero

- 콜레스테롤 표기
  - 식품 100g당 2g 미만 : 트랜스 지방 zero

- 우유의 지방 함량 표기
  - 식품 100g당 3g 미만 : 저지방 우유
  - 식품 100g당 0.5g 미만 : 무지방 우유

🔔 우유의 등급

- 1A등급 : 100㎖당 세균수가 3만 미만, 체세포기준수가 100㎖당 20만 개 이상

- 1등급 : 100㎖당 세균수가 10만 미만, 체세포기준수가 100㎖당 20~35만 개

- 3등급 : 100㎖당 세균수가 10~25만 개, 체세포기준수가 100㎖당 35~50만 개
  치즈로 주로 이용. 균을 죽인 멸균우유로 이용(환자식)

- 4등급 : 100㎖당 세균수가 20~50만 개, 체세포기준수가 100㎖당 50~75만 개
  치즈로 주로 이용. 균을 죽인 멸균우유로 이용(환자식)

- 5등급 : 100㎖당 세균수가 50만 개 초과, 체세포기준수가 100㎖당 75만 개 이상
  치즈로 주로 이용. 균을 죽인 멸균우유로 이용(환자식)

🔔 소비자들이 인식하는 유기농 우유

'유기농으로 키운 소에서 나온 우유'가 유기농 우유 ⟹ 잘못된 인식
유기농 우유로 인정받기 위해선 유기농 농산물 기준을 충족시켜야 한다.

1. 젖소 한 마리당 축사 규모가 최소 17.3㎡(5.2평)
2. 방목장 면적 기준 마리당 34.6㎡(10.4평) 이상
3. 2급수 이상의 생활용수 사용
4. 중금속 토양 오염 우려 기준 만족
5. 치료 시 전담 수의사 처방

등의 조건을 만족시켜야 한다.

일반 우유는 초지나 축사, 방목장과 관련한 별도 규정이 없으나 축산법에 따라 마리당 면적이 아닌 전체 축사 면적만 따질 뿐이다.

멸균	이름	방법	특징	사용
건열	화염멸균	물체를 직접 불꽃에 접촉시켜 표면에 붙어 있는 미생물을 태워 죽임	세포 단백질 응고 → 미생물 및 포자를 안전히 멸균	백금선, 백금이, 유리기구, 도자기표면이나 금속기구
	건열멸균법	1)건열멸균기사용하여 →160~165℃ : 2시간 → 건열 or 170~175℃:1시간→건열 2)미생물을 산화, 탄화시킴		유리기구, 금속 및 불꽃
	냉장 보존	미생물의 증식 냉장온도(0~8℃) → 매우 느림(5~25℃) → 억제		
습열	자비	1)100℃에서 30분간 끓임! 2)1~2%탄산나트륨용액 첨가 →이유: 살균력이 높아지고 금속부식 방지	1)완전한 멸균은 기대하지 못하나 가장 간편한 방법 2)병원균 → 사멸 bu, 간편바이러스는 사멸안됨 3)가정에서 이용가능한 값싸고 편리한 방법	식기, 주사기, 주사침, 수술기구
	저온 살균법	1)Pasteur에 의해 고안된 멸균법 2)62~65℃ → 30분 or 75℃ → 15분 가온	1)영양가나 맛을 유지하면서 소독하는 방법 2)결핵균, 살모넬라균, 소화기계 등의 감염방지 목적	1)식품류, 우유등 멸균 2)주류(포도주의)부패방지
	간헐멸균법	100℃도 하루에 한번씩(30~60분간) 3일 → 간헐적으로 가열	1)가장 많이 사용 2)미생물과 아포를 파괴하나, 일부 바이러스는 멸균되지 않음 3)최근 소화 산소고압멸균기 길이 이용	외과수술용 기구, 가재, 수술복, 배지, 의류
고압	고압증기멸균기	1)고압솥 및 바다에 물을 끓여 증기를 품어 포화증기(증기온도는 100℃)멸균? 2)고압멸균(autoclave)사용하여 121℃에서 →15~20분 멸균 3)고압멸균(autoclave)사용하여 121℃/15~17파운드/15~45분 간에 멸균		
여과	여과멸균	세균의 통과할 수 없는 미세한 여과기를 이용하여 세균을 걸러내는 세균여과기를 사용하여 멸균	*여과지 종류 1)Chamberland filter(0.2~0.5) → 백토와 석영사 혼합 2)Berkefeld filter - 규조토 3)Seitz filter - 석면제품 4)Millipore filter(0.2~0.5) → 초산 섬유아세포 (membrane filter-셀룰로스같이나 합성수지제 세균여과기(0.5~0.22) · 세균은 여과되나 바이러스는 통과함	가열, 화학적으로 멸균 못하는 액체 (땅, 혈청, 항생제, 독소, 조제약용 배지)
가스 멸균	가스 멸균	1)Ethylene oxide/Formaldehyde gas(CHCHO) 이용 2)산화에틸렌가스 → 5시, 4~65.5℃/30~60%습도에서 가스에 일정시간 노출시킴	1)모든 종류의 미생물 사멸 2)가스나 열을 순산물 주지 않음. *단점 1)이온가스에 노출시간만큼 고 기에 노출해야 된다. 2)비싸고, 시간오래 걸림. 3)인간에게 독성 있음!	고무제품, 프라스틱제품 임상용 제품. 수용성제품이 열에 의한 제품. 고무제품, 프라스틱제품, 일회용 제품. 수용성종이 열에 약한 물품
방사선 멸균	방사선 멸균	1)cobalt 60의 γ선으로 멸균	1)모든 종류의 미생물 살균 2)방사선으로 이온화됨	의료용 제품
	방사선 조사	이온화 → 감마선과 고에너지 전자선에 의한 DNA의 파괴	작용기전 1)일상적인 멸균에는 딜리 이용안됨 2)방사선 조사 → 허가 포함만	용도 UV램프로 살균작용
자외선 살균	자외선 살균	작용기전 화학반응을 감소시키고 단백질의 변화초래성 세균발육 저지 효과	용도 특이사항 작용기전 용도	야채 및 의학, 치아에만, 장비의 멸균에 사용
	냉동	용도 미생물 → 냉각으로 증식억제 미생물 약품 및 미생물 보존	용도 극저온 냉동 신속히 -50℃ -90℃에서 동결시 SO → 미생물 보존가능	방사선 조사 → 청무 포함
	극저온냉동	특이사항 극저온냉동 용도	화학적 반응 감소 / 단백질 변화억제성	
	동결건조	용도 수분을 약품 및 미생물 보존 음식에 건조식 방법으로 수분 제거 → 미생물 장기간 보존에 효과	특이사항 작용기전 용도	

FOOD
HYGIENE

Chapter 06 식품의 부패와 보존

식품의 부패와 보존

1 식품의 부패

식품은 식품 본래의 효소작용에 의하여 변질되기도 하며 유지의 산패, 갈변 등의 여러 가지 비효소적 화학작용에 의해서도 변질된다. 식품은 또한 미생물에게도 좋은 영양원이 되기 때문에 미생물의 증식 결과 그 대사 작용에 의해서 성분이 바람직하지 않게 변화하게 될 때 이것을 부패(Putrefaction, Spoilagdo)라고 한다.

1) 식품변질의 개념

(1) 부 패

부패(putrefaction)는 식품이 미생물의 작용에 의해 형태·색·경도·맛 등 본래의 성질을 잃고 악취를 발생하거나 각종 아민계 유독성 물질을 생성하여 먹을 수 없게 되는 현상을 말하며 고분자의 단백질이 혐기성균의 작용으로 분해되어 저분자가 되는 과정에서 악취를 발생하는 경우를 말하기도 한다. 주로 단백질 식품이 부패세균에 의해 분해되어 불쾌한 냄새와 맛을 내고 amine, H_2S, ammonia 등 유해물질을 생성한다.

(2) 변 패

변패(deterioration)는 단백질 이외의 당질·지질이 미생물 등의 작용에 의해 분해되어 변화되는 현상으로 신맛을 생성하거나 냄새를 생성하고 부패의 경우보다 유해물질의 생성이 비교적 적다.

(3) 산 패

산패(rancidity)는 지방이 공기 중의 산소, 광선, 효소 등의 작용에 의해서 풍미의 변화, 변색, 점질화를 일으키는 것으로 특히 지방의 자동산화에 의해서 생성된 과산화물이 저급지방산이나 알데히드로 분해되어 불쾌한 자극취를 나타내는 현상을 말한다.

2) 식품 부패의 원인

식품부패의 주요원인은 미생물로서 식품의 부패에 관여하는 미생물은 세균·효모·곰팡이 등이 있으며 식품에 존재하는 모든 미생물이 식품의 부패에 관여하는 것은 아니며 미생물에 의한 식품의 부패는 다음과 같은 요인이 충족될 때 부패현상이 나타나게 된다.

다른 생물체와 같이 미생물은 성장과 생존을 위해 영양소·수분·미량원소 등을 요구하므로 영양소와 수분을 충분히 함유한 식품은 미생물의 성장이 용이할 뿐 아니라 동시에 부패되기 쉽다. 그러나 식품에서 미생물의 성장은 그 외에 다른 요인에 의해서도 좌우된다. 영양소·수분·미량원소 이외에 다른 요인으로는 식품의 산도, 식품내 미생물 성장억제물질의 존재 유무, 이용할 수 있는 수분의 양 등이 있다. 식품에 존재하는 미생물 중에는 비병원성 미생물이 대부분이지만 미생물의 성장에 좋은 조건이 되면 부패의 원인균으로 작용하게 된다. 수종의 미생물은 식품의 부패에 흔히 관여하며 식품의 성분을 빠른 속도로 분해하여 식품의 가치를 상실시킨다. 또한 미생물 중에는 인간이나 동물의 질병의 원인이 되는 것도 있는데 이러한 미생물을 병원성 미생물이라 하며 식품을 부패시키기도 한다.

미생물과 효소에 의한 식품부패의 종류는 식품에 존재하는 미생물의 종류와 수에 따라 다르다. 식품에 존재하는 미생물의 종류와 수에 미치는 요인은 오염, 식품 내에서의 미생물 성장, 예비처리 그리고 저장조건 등이 있다. 오염에 의한 식품내의 미생물수가 증가되고 새로운 종류의 오염미생물에 의한 부패현상을 초래할 수 있다. 식품의 변질 원인으로는 일광이나 온도에 의한 분해와 공기 중의 산소에 의한 산화현상은 식품의 변질에 직접적인 원인이 된다. 식품이 변질하는 원인을 크게 나누면 세 가지로 이들은 단독으로 일어나는 일은 거의 없으며 서로 곁들여 일어나고 있다.

(1) 생물발육으로 일어나는 변질

수분 함량이 많은 식품을 방치하면 부패 되던가 발효하게 된다. 세균, 곰팡이, 효모 등의 미생물이 작용하기 때문에 일어나는 현상인데, 특히 육류나 생선은 부패성 식품이라 말할 정도로 변화가 빠르다.

부패와 발효는 다같이 유기물에 미생물이 작용하여 일으키는 분해작용을 말하는데 편의상 사람에게 유해한 물질이 만들어지면 '부패'라고 한다.

단백질은 우선 균체의 효소의 작용으로 여러가지 단계를 거쳐 아미노산은 암모니아, 인돌, 스카톨, 황하수소 등 불쾌한 냄새를 갖는 물질로 분해된다. 이들 물질이 악취의 주체가 되는 것이므로 아미노산의 분해과정이 부패현상과 관계가 가장 깊다고 생각된다.

곰팡이나 효모는 비교적 탄수화물을 많이 가지고 있는 식품에 잘 번식하며 단백질성 식품에 번식하여 부패시키는 일은 드물다. 그 이유는 이들이 세균과 같이 단백질을 아미노산보다 더 작은 분자의 물질로 분해하는 능력이 약하기 때문이다.

(2) 화학적 작용에 의한 변질

신선한 식품은 어느 것이나 여러가지 효소가 있기 때문에 가열 처리로 불활성화 하지 않으면 효소작용으로 변질되기 쉽다.

옥시다아제(oxidase), 페록시다아제(peroxidase), 카타라제(catalase) 등은 식품의 품질, 특히 향기와 색깔을 변화시켜 풍미를 떨어뜨리게 된다.

이와 같은 효소적 변화 외에도 화학적 변화를 일으키는 인자로 산소를 들수 있다. 산소는 식품의 향기와 색깔을 변화시키며 비타민 A, C같은 산화되기 쉬운 영양소를 파괴한다.

유지를 많이 함유한 식품은 오래 저장해 두면 차차 변화되어 색이 변하고 맛이 떨어지며 불쾌한 냄새가 생긴다. 이 현상을 산패라고 하는데 이것은 유지가 공기중의 산소와 화합해서 과산화물을 만들고 이 과산화물이 촉매가 되어 다른 부분을 계속해서 산화시키기 때문에 일어난다.

유지의 자동산화라고도 하는데 이 결과 여러가지 알데하이드, 케톤, 저급지방산이 만들어진다. 이 현상은 온도가 높을수록 빠르며 수분, 광선, 중금속 등에 의해 촉진된다.

식품은 저장중에 갈색으로 변하는 일이 많은데 이 현상을 갈변이라고 한다. 이 갈변으로 식품의 외관이 나빠질 뿐만 아니라 향기와 맛도 떨어지며 비타민이나 아미노산 같은 것의 영양가도 낮아지게 된다. 그러나 때로는 간장, 된장, 홍차, 커피 등에 독특한 빛깔을 주는 역할을 담당하기도 한다.

갈변의 원인은 여러가지가 있으나 크게 효소적 갈변과 비효소적 갈변으로 나눌 수 있다. 사과를 깍아서 공기중에 두었을 때 색깔이 변하는 것은 효소적 원인에 의한 것이다. 과육중에 있는 크로로케닉산(chlorogenic acid)이라는 폴리페놀이나 카테친 등이 폴리페놀 옥시다제(polyphenol oxidase)라는 효소에 의해 산화되기 때문이다.

환원당과 아미노산이 반응해서 갈색물질을 만드는 아미노-카보닐 반응(mailard- reaction이라고도 함)은 비효소적인 것이다.

간장이나 된장이 숙성 중 갈변하는 것의 일부는 이 반응에 의한 것이고, 과즙이나 건조과실이 저장 중에 갈변하는 것도 이 변화에 의한다.

(3) 물리적 변화에 의한 변질

물리적 작용으로는 온도, 수분, 광선 등의 영향을 생각할 수 있다. 온도에 의한 영향은 상온 근처에서는 별로 크지 않다. 즉, 온도의 높고 낮음은 화학적 변화나 미생물에 의한 변화를 촉진 또는 억제하는 요소로서 중요 하기는 하나 그 자신이 식품에 대해서 큰 영향을 주지 않는다.

광선은 화학적 변화를 촉진시켜 주는 작용이 있다. 따라서 태양광선을 직사한 것은 직사하지 않은 것보다, 밝은 곳에 저장한 것은 어두운 곳에 저장한 것 보다 변질 정도가 커진다. 유지의 산패나 색소의 퇴색은 광선으로 촉진된다.

수분과의 관계는 식품을 저장한 경우의 온도나 습도차이로 수분이 증발되면 부피가 줄어 겉모양이 나빠진다. 이 현상은 수분이 많은 신선한 식품일수록 심하다.

반대로 건조식품에서는 공기 중의 수분을 흡수해서 변색, 곰팡이의 번식, 향기의 변화, 모양의 변화 등으로 저장성이 줄게 된다.

그러므로 식품을 저장하려면 위에서 말한 변질의 원인을 밝혀서 제각기 식품의 성질에 따라 가공과 저장법을 강구해야 한다.

3) 부패에 영향을 미치는 인자

(1) 온 도

식품은 특별한 경우가 아니면 상당량의 수분을 함유하고 있는 것이 보통이므로 온도만 알맞으면 미생물이 번식하여 부패할 가능성이 있다. 미생물에는 각각 발육적온(번식에 적합한 온도)과 발육가능 한계 온도가 있다.

사람의 생활환경온도는 보통 5~35℃의 범위이고 냉난방을 하는 경우에는 15~25℃의 범위가 되므로 이러한 온도범위에서 식품의 부패는 중온세균을 비롯하여 효모·곰팡이 등에 의해서 일어난다. 냉장상태의 온도는 5~10℃이므로 세균의 증식은 억제되나 이 온도범위에서도 식품은 성장이 가능한 세균에 의해 부패되며 이러한 종류의 미생물을 내냉성 미생물이라고 하며 성장적온과 관계없이 저온에서 자랄 수 있는 미생물을 말한다. 일반적으로 5℃

🍽 표 6-1 미생물의 발육온도

미생물의 종류	발육범위(℃)	발육적온(℃)
저온세균	0~40	20~30
중온세균	10~50	30~40
고온세균	25~70	50~60
효모	5~40	25~32
곰팡이	0~40	20~35

이하가 되면 미생물의 성장은 급격히 둔화되므로 0℃ 전후로 식품을 보존하면 저장성을 증진시킬 수 있다.

(2) 수 분

미생물의 발육과 증식에는 수분이 없어서는 안되므로 수분함량이 큰 식품은 미생물이 잘 증식하여 부패하기 쉽다. 예를 들면 액체식품이나 수분함량이 50% 정도인 식품에서는 미생물이 자유롭게 증식하고 조리된 식품은 65~70%의 수분을 함유하고 있으므로 세균의 증식이 잘 된다. 식품의 수분함량에 따라 부패에 관여하는 미생물의 종류도 달라진다. 식품 중의 수분에는 미생물이 이용할 수 있는 수분과 사용할 수 없는 수분이 있다. 즉 식품성분과 결합한 결합수는 이용할 수 없다.

미생물이 이용할 수 있는 수분은 보통 함량으로서가 아니고 수분활성(Aw)으로 표시하는데 수분활성은 식품이 나타내는 수증기압과 온도에서의 순수 수증기압과의 비인 P/P_0이다. 미생물의 증식에 필요한 최저 수분활성치는 미생물의 종류에 따라 달라서 일반세균은 0.91, 효모 0.88, 곰팡이 0.80인데 세균이 효모가 곰팡이보다 많은 수분을 필요로 하는 것을 알 수 있다. 수분활성치가 1.00~0.98의 범위에서는 거의 모든 미생물이 잘 발육하며 세균·효모 및 곰팡이가 공존할 때에는 세균 → 효모 → 곰팡이의 순으로 세균의 증식이 가장 활발하다.

(3) pH 및 염류농도

미생물은 일반적으로 온도나 수분이 알맞더라도 pH가 적합하지 않으면 제대로 발육할 수가 없다. 부패세균의 대부분은 pH 5.6~9.0의 범위에서 발육할 수 있으며 최적 pH가 6.5~7.6이고 또 대부분 식품도 pH가 6.0~7.6이므로 세균의 발육·증식에 적합하다. 그러나 일부 세균 중에는 초산균이나 유산균 같이 pH 5 이하인 산성식품 중에서 발육할 수 있는 것도 있다. 한편 효모나 곰팡이는 최적 pH가 4.0~6.1로 산성이나 당을 많이 함유하는 식품 또는 과일류에서 잘 번식하여 그 변패의 원인이 되기도 한다.

한편 식품 중의 식염이나 당류의 농도가 크면 일반적으로 미생물의 발육이 저해되나 접합효모균(Zygosacchamyces)은 식염함량이 큰 된장이나 간장 중에서 증식하고 내당성 효모는 잼이나 벌꿀 중에서 발육하여 이들 식품의 변패원인이 된다. 이와 같은 당류나 염류의 미생물 발육저지작용은 삼투압의 증대, 수분활성의 저하, 용존효소의 감소 등에 기인하며 특히 식염은 염소이온의 유해작용이 더 가세하기 때문이다.

(4) 산소와 산화·환원전위

미생물은 산소요구성에 따라 호기성, 통성혐기성, 편성혐기성으로 분류되는데 곰팡이와 대부분의 효모는 산소요구성이 크지만 세균은 종류에 따라 다르다. 식품 중의 산소와 산화·환원전위는 미생물의 발육에 영향을 주어서 식품의 부패 양상을 좌우한다. 산소분압 또는 산화·환원전위가 높으면 호기성 미생물이 반대로 낮으면 혐기성 미생물이 증식하기 쉽다. 그러므로 식품의 표면부에서는 곰팡이·효모 및 호기성 내지 통성혐기성균이 식품의 내부나 통조림식품 또는 공기유통이 거의 안 되는 plastic film 포장식품 등에서는 혐기성균이 발육하여 부패가 일어난다. 식품 중에 환원성 물질인 아스코르브산, 환원당, 메르캅토(SH)를 갖는 화합물 등이 많을수록 산화·환원전위는 낮아서 혐기성균의 활동이 활발해진다.

일반적으로 식품을 가열하면 환원성 물질이 파괴되고 성분이 변화하여 산소가 식품의 내부로 침입하기 쉽게 되므로 날 것에 비해서 부패하기 쉽다.

(5) 식품 중의 영양성분

미생물도 생명체의 하나이므로 생명을 유지하기 위해서 영양분이 필요하고 식품은 영양분을 함유하고 있으므로 대부분은 미생물의 영양원이 될 수 있다. 미생물은 고분자인 식품 성분을 저급화합물로 분해하여 이용하는데 그렇게 되면 물이 침투하기 쉽게 되어 세균이 증식하기 좋게 된다. 특히 생선·어패류는 세균의 오염도가 크며, 자가소화가 빨라서 가열한 어육보다 빨리 부패한다. 또 냉동식품은 조직이 파괴되므로 해동 후에는 세균이 증식하기 좋게 된다. 또 미생물은 식품의 성분이 저분자화합물일 때 쉽게 이용할 수 있는데 일반적으로 질소원으로 아미노산, peptone, 탄소원으로는 당류, 특히 포도당을 좋아한다.

4) 부패의 기구 및 산물

식품의 부패가 진행되면 단백질, 지방, 탄수화물 등이 분해하여 저분자 화합물인 아미노산, 지방산, 유기산 등으로 분해된다. 이것들은 다시 여러 경로를 거쳐 여러가지 부패산물을 생성한다. 예를 들면 수육에는 암모니아가, 해산어패류에는 암모니아와 polyethylamine이, 탄수화물이 풍부한 식품에는 유기산류가 생성된다. 아미노산은 부패세균이 생산하는 효소작용에 의해서 여러가지 분해생성물을 생성하는데 그 분해작용에는 탈산화반응, 탈아미노반응, 그리고 탈탄산과 탈아미노 혼합반응이 있다.

아미노산으로부터 주요화합물이 생성되는 반응 및 부패산물을 살펴보면 다음과 같다.

(1) 탈아미노반응: 미생물의 작용으로 아미노산에서 아미노기가 이탈하여 암모니아와 함께 그 아미노산에 대응하는 지방족, keto산, oxy산 등이 각각 생성되고 이들 산류 외에 알콜, 페놀 등이 생기기도 한다.

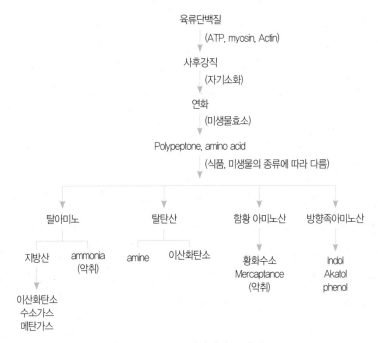

🍚 그림 6-1 단백질의 부패기구

(2) 탈탄산반응: 미생물의 작용으로 아미노산의 탈탄산 반응에 의해 유해아민이 생성되며 이것은 allergy성 식중독의 원인이 된다. 이때 작용하는 탈탄산효소는 식품이 산성에서 미생물이 증식할 때 만들어지고 중성·알칼리성에서는 작용하지 않는다.

(3) 탈아미노와 탈탄산의 동시반응: 아미노산이 미생물의 작용으로 가수분해, 산화 또는 환원을 받는 동시에 탈아미노 및 탈탄산되어 알콜, 지방산 혹은 탄화수소와 함께 암모니아와 탄산가스가 생긴다. 지방은 미생물이 생성하는 지방분해효소에 의하여 글리세린과 지방산으로 분해된다. 지방산, 특히 불포화지방산은 공기 중의 산소와 세균에 의해서 산화되어서 과산화물이 생성하여 독성을 나타내고 더욱 부패하여 알데히드나 저급지방산이 되어 특유의 산패취를 발생한다.

5) 부패취

식품의 부패는 우선 부패취에 의하여 쉽게 알 수 있다. 부패취 성분의 주요한 것은 암모니아, 트리메틸아민을 비롯한 각종 휘발성 amine이다. 이 때문에 고기나 생선과 같은 단백질이 풍부한 식품의 부패 정도를 아는 한가지 척도로서 휘발성 염기질소량(약칭 VBN, 분석치는 암모니아양으로써 표시)의 측정이 행해진다. 대부분의 경우, VBN이 30mg%까지 축적되면 초기부패, 50mg% 이상은 완전부패로 대충 기준으로 하고 있다. 주요한 부패취 성분의 생성경로는 아래와 같다.

(1) 트릴메틸아민(Trimethylamine)

어육의 부패취에는 암모니아와 함께 trimethylamine의 기여가 크다. trimethylamine은 특히 부패초기에 암모니아보다 먼저 발생하는데 생선의 종류에 따라 부패시의 발생량이 다르다. 이것은 trimethylamine의 모체인 trimethyl oxide가 어육중의 함유량이 10mg 이하에 의하여 trimethylamine으로 변한다. 또한, 히스타민(histamine), cadaverine 등 일급 amine은 α-amino acid로부터 세균의 탈탄산효소에 의하여 생산된다.

(2) 암모니아

상어, 가오리 등의 근육내에 대량으로 함유되어 있는 요소가 부패 세균인 우레아제(urease)에 의하여 분해되어 암모니아를 발생한다. 또한 부패세균이 생성하는 효소에 의한 탈아미노반응으로 아미노산으로부터 암모니아를 발생한다. 그 외 세균의 종류에 따라서 다르지만 아미노산을 분해하여 암모니아, CO_2를 발생함과 동시에 아소부틸알코올(isobutylalcohol), 아세트산(acetic acid), 메탄(methan) 등 부패시의 불쾌취의 원인물질도 발생한다.

(3) 함황아미노산 등의 분해에 의한 냄새 성분

황화수소, mercaptan, indole과 skatol(배변냄새의 성분: 주로 향료 제조용) 등이 있다.

6) 식품의 성분과 미생물에 의한 변패

변패의 형상이나 범위는 식품의 성분과 밀접한 관계가 있다. 저분자 식품의 성분들은 미생물에 직접적으로 빠르게 섭취되고, 따라서 저분자 영양물질 함량이 높은 식품은 고분자 화합물을 많이 함유한 식품보다 쉽게 변패나 부패가 일어난다.

단백질과 고분자탄수화물, 전분, 펙틴 또는 섬유소 등은 먼저 미생물들의 세포 분비효소(exoenzyme)들에 의하여 저분자화합물로 분해되어야 한다.

(1) 단백질 식품의 악변

아미노산, 저분자 peptide, 가용성 질소화합물(nucleotide, nucleoside) 등의 함유량이 높으면 높을수록 부패나 변패의 진행속도는 빨라진다. 그러므로 갑각류는 생선류보다, 생선류는 육류보다 더 쉽고 빠르게 부패가 진행된다.

세포의 분비 프로테아제(protease)를 가진 세균류 바실러스(Bacillus), 클로스트리듐(Clostridium), 연쇄상구균(Streptococcus), Pseudomanas속 및 장내세균과의 몇 종(예: Proteus vulgaris) 등은 이들 저분자 영양소들을 이용한 후에 다음으로 단백질을 분해하여 이용한다.

단백질 분해로 생성된 아미노산류는 세포 내로 흡수되어 직접 대사계로 들어가거나 또는 탈탄산, 탈아미노, 아미노기 전이(transamination) 등에 의하여 분해된다. 이 분해작용에 의하여 생성된 많은 종류의 분해산물인 수산화황(S_2H), 암모니아가스, 아민류(amin), 유기산류 등은 식품의 맛이나 냄새를 크게 악변시키는 동시에 식품의 색깔, 표면의 점성물질 생성, texture 의 붕괴 등을 일으킨다.

① 탈탄산 분해: 해당 아미노산의 탈탄산효소(decarboxylase)의 분해작용에 의하여 이산화 탄소를 생성하고, 그 일부는 매우 독성이 강하고 기분 나쁜 맛을 나타내는 제1아민 (biogene, amine)류, 즉 아미노산 hitidine으로부터 histamine을, tyrosine으로부터 tyramine 을, tryptophane에서 trypamune 등을 생성한다.

② 탈아미노 반응: 아미노산으로부터 ammonia 가스와 유기산을 생성한다. 또한 자주 amino acid-oxidase나 탈탄산수소효소(dehydrogenase)들에 의하여 산화적 탈아미노분해 를 하여 암모니아 외에 indol이나 skatol을 생성하기도 한다.

(2) 탄수화물 식품의 미생물에 의한 변패

거대분자의 탄수화물을 분해할 수 있는 세포의 분비효소를 가지는 많은 종류의 곰팡 이류와 세균들이 있다. 탄수화물을 미생물 세포 내로 흡수하기 위하여, 이들 다당류는 α -amylase에 의하여 분해되고, 이보다 작은 분자의 올리고당이나 이당류 및 단당류 등은 다른 gluconohydrolase에 의하여 분해된다. 악변의 두 번째는 색깔의 변화, 좋지 않은 냄새와 기질의 변화를 들 수 있다.

예를 들면, 사상균과 Bacillus subtilis 등에 의한 악변을 들 수 있다. pectinesterase와 polygalactronidase들에 의하여 많은 곰팡이와 혹종의 세균(Erwinia carotovora)들은 식물들의 세포벽 등의 펙틴을 분해하여 연부 시킨다.

(3) 당함유 식품의 변패

당함유 식품들은 대부분 혐기적으로 변패되는 경우가 많다. 당의 변패는 우선 유기산, 가 스, 알코올 등의 생성 및 기분 나쁜 냄새가 나는 지방산이 butylic acid 등을 생성한다. 효모 는 당을 에탄올과 이산화탄소로 하며, 이 알코올은 초산균에 의해 초산으로 산화된다. 이상 젖산발효젖산균은 당을 에탄올, 이산화탄소, 초산 등으로 산화시킨다.

Leuconostoc mesenteroides 같은 세균은 많은 당을 함유한 식품, 예컨대 잼, 과일 당조림, 농축 과일주스 혹은 설탕제조공장의 설탕 등에서 점질물을 만든다. 이 점질물은 polyglucose(dextran)로부터 다음과 같이 생성된다.

장내세균과 포함된 통성혐기성균들 Bacillus속의 몇 종, 혹종의 세균들은 당류를 발효하여 여러 유기산, 초산, formic acid(개미산), succinic acid, lactic acid 등과 이산화탄소, 수소 그리고 에탄올, acetoin(diacetyl) 및 2, 3 - butandiol까지 생성한다. 장내세균과의 혼합산생성 발효에서의 가스 생성은 개미산의 분해로 인한 이산화탄소와 수소의 생성에 기인한다.

(4) fat rich 식품의 변패

식품의 지질은 triglyceride이며, 세포의 분비 지질분해 효소(lipase)를 가진 곰팡이의 혹종인 효모와 세균들은 지질을 가수분해하여 산패시킨다.

$$중성지질 → glycerin + 3유리지방산 + 3H_2O \; lipase$$

이들 유리 지방산들, 즉 butylic acid(C4), capron acid(C6), capryl acid(C8) 또는 caprin acid(C10) 등은 지질함유 식품의 변패에서 시큼한 맛과 불쾌한 냄새의 원인이 된다. 계속되는 유리 지방산의 분해(β-산화)로 생성되는 산물들은 감각적으로 인지되는 methy-ketone, sec-알코올, 그리고 유리지방산의 순차적인 아세틸보효소A(acetyl CoA)의 분리로 생성되는 휘발성 지방산들이다.

7) 식품과 식품저장 중의 미생물

(1) 곡 류

곡류는 재배, 수확, 조제, 유통의 단계를 거쳐 식료로 사용되고, 이는 미생물과도 밀접한 관계에 있다. 곡립에 미생물이 착색하면 성분의 열화, 냄새의 부가, 외견적인 상품가치의 저하 등을 초래한다. 여기에 더하여 가해된 곰팡이가 mycotoxin생성균일 때는 피해의 정도가 적다고 해도 안전성을 잃어버리기 때문에 식료나 사료로도 공급할 수 없게 되는 사태가 발생한다.

(2) 곡류 가공품

① 쌀밥

쌀밥은 전분질을 주성분으로 하고 수분량이 많으므로 변해하기 쉽다. 여름기온에서 쌀밥을 그대로 두면 쉰냄새가 나고 실을 잡아당기는 것처럼 되어 먹을 수 없게 되지만 변패가 심해지면 쌀알갱이가 연화, 용해하는 것은 잘 알려져 있다.

쌀밥의 변패는 매우 단순하고 관계하는 균군도 복잡하지 않다. 그 이유는 첫째, 쌀밥의 성분조성은 전분을 주체로 한 단일화 식품이고 둘째, 100℃에서 익혔기 때문에 밥을 지은 직후의 오염세균은 소수의 호기성 유포자 세균에 한정되어 있고 셋째, 통기성이 있어서 혐기상태에 두는 것은 적으므로 혐기성균의 활동을 고려할 필요가 없다. 밥을 지은 직후의 쌀밥 1g중의 Bacillus속 포자수는 $10^{2\sim3}$로 여겨지지만 12시간 정도 후부터 온도가 높으면 증식하기 시작하고 여름철에는 수십시간내에 107~8/g에 달하고 가식성을 잃는다. 솥뚜껑을 열지 않고 그대로 보존하면 상당히 변패가 느려지는 점을 볼 때 밥지은 후의 공중에서 낙하하는균의 증식도 생각할 수 있으나 오히려 용기에 부착하고 있는 Bacillus속의 포자가 변패원인균으로서 중요하다. 즉 쌀 자체에 부착하고 있는 Bacillus속의 포자는 수세로 씻어지므로 그 수가 상당히 많지 않으면 빠른 변패 원인이 되지 않고 솥 등의 거친 내면에 밥의 미세편과 함께 부착하여 세정되지 않는 면포자가 밥을 지을 때 전체적으로 뿌려져 밥의 온도에서의 2차 오염에도 Bacillus속이 많은데 Micrococcus속 효모, Gram음성 간균도 있다. 쌀밥은 Bacillus속의 amylase에 의하여 가수분해되어 연화함과 동시에 특유의 쉰냄새를 발생하고 또 산성화한다.

② 떡

떡은 수분활성이 약 0.95 미산성식품으로 곰팡이의 발생뿐만 아니라 세균, 호모에 의한 변패도 발생하기 쉽다. 최근에는 각종 포장시스템을 도입하여 미생물제어를 행하는 포장떡이 제조되고 있다.

포장떡의 변패 원인균

포장떡은 polyethylene/polythylene, nylon/polyethylene, nylon/무연신 polypropylene적층 필름 등으로 포장되어 일반적으로 90~95℃에서 20~30분 살균처리가 행해지므로 무포장 제품에 비교하여 보존성이 있다. 그러나 떡제조의 주원료인 현미에서 비교적 내열성이 강한 유포자 세균이 난입해오기 때문에 현재의 가열조건에서는 포장떡의 완전살균은 곤란하고 여름철에 특히 6~9월에 제조된 것은 보존기간은 1~2주간으로 짧다.

포장판매 떡의 변패 원인균은 떡 표면 전체에 가루를 뿌린 것처럼 되는 Bacillus subtilis, 국부적으로 액화하고 붉은 자주빛을 띠는 B.coagulans, 또는 B.polymyxa, B.mycoides 등 모두 원료 떡쌀에서 유래하는 Bacillus속이다. 비교적 온난기에 제조한 것에는 B. coagulans가 그리고 추운시기에 제조하는 것에는 B.subtilis가 주변패 원인균이 된다.

③ 식 빵

식빵용 밀가루 반죽에는 기본적인 효모뿐만 아니라 다소의 세균도 혼재되어 있으므로, 이들의 발효 및 대사에 의해 빵의 풍미와 관계되는 많은 대사산물이 생성된다. 에탄올 및 이산화탄소 외에 iso-propanal, iso-butanol, iso-amylalcohol 등의 알코올류, 젖산, 초산 등의 유기산 및 ethyllactate 등의 ester류, 그 밖에도 여러 휘발성 성분들이 생성된다. 이들이 빵을 굽는 공정에서 생성되는 풍미물질의 전구물질이 된다.

그러나 빵반죽 상태에서 오래 두면 젖산균 혹은 대장균 등에 의한 과다한 유기산 발효가 일어나서 신 빵이 되거나, 단백분해성균에 의한 불쾌한 풍미가 생성되고, 빵을 부풀리는 역할의 가스에 대한 보전력도 약화된다.

• 곰팡이 변패

공기, 기구, 기계, 포장지 등에서의 2차적 곰팡이 오염이 가장 흔한 변패이다. 주로 빵에 잘 발생하는 곰팡이는 R. nigricans, Pen. expansum, Asp. niger, Neurospora sitophila 등이며, 간

혹 Mucor, Geotrichum속 균도 잘 발생한다.

- 세균에 의한 점질화

식빵의 점질화(rope)는 Bacillus subtilis 또는 Bac. licheniformis의 점질층(slime)에 기인하며, 소맥분의 gluten이 이들 균에 의하여 분해되고, 또 amylase에 의하여 전분에서 당이 생성되어 그 현상을 조장한다. 빵에 rope 균이 증식하면 과숙된 melon과 같은 불쾌한 냄새와 변색이 나타나고, 이어서 연화된다.

- 적색화 빵

습기가 많은 경우, 빵의 Serratia marcescens에 의해 영균(靈菌)이라 불리우는 균이 발생하며, 때로는 그 원인균이 Neurospora sitophila일 때도 있다. 또 표백하지 않는 곡류로 거칠게 빻아 만든 흑빵의 적색화균은 Geotricum aurantiacum에 의한다.

(3) 당 및 전분식품

① 설 탕

설탕의 변질과 발효에 관여하는 미생물은 곰팡이 Aspergillus glaucum, A. niger, Asydowi, Monilia spp., Penicillium glaucum과 Hormodeudron, Stemphyllium, sterigmatocystis 속 등의 효모가 관계한다.

② 과자류와 캔디

과자류는 각각의 수분함량과 당의 농도에 따라 차이가 있으나 제조 후 포장 및 저장 방법에 따라 미생물 오염과 변질의 정도가 다르다. 수분 20% 이상에서 곰팡이의 발생이 있고, 40% 이상에서 세균이 증식한다. 변패에 관여하는 미생물은 곰팡이 Aspergillus, mucor, Penicillium속, 내당성 효모와 세균 Bacillus subtilis와 Micrococcus, Streptococcus, Escherichia, Flavobacterium속 등이다. 생과자의 수분은 35%, 당 30~60%로 보존성이 좋지 않다. 곰팡이는 수분 25~45%, 세균은 35~45%에서 급속히 증식하고, 당의 농도가 낮으면 Bacillus와 같은 세균이, 당의 농도가 높으면 효모가 잘 발육하지만 효모에 의한 변질은 적다.

③ 벌 꿀

벌꿀은 수분이 25% 이하이고 70~80%의 당을 함유한다. pH 3.2~4.2로 일반 미생물은 증식하기 어려우며, 주로 내삼투압성 효모 sacch. mellis, Torula, Cryptococcus 등에 의한 발효가 일어날 수 있다. 곰팡이는 일반적으로 벌꿀에서 생육하지 못하지만, Penicillium, Mucor속 등은 벌꿀 용기 속에 생성되는 응축수에서 발생할 수 있다.

(4) 두 부

두부에는 Bacillus cereus, B. megaterium, B. subtilis가 산패 또는 반점을 발생하고, Lactobacillus, micrococcus, Pseudomonas속의 세균이 팽창을 일으키고, 물 또는 흙에서 혼입된 균 Achromobacter, Aerobacter, Flavobacterium 등이 존재한다. 변패을 방지하기 위하여 12~15℃로 포장하면 2~3일간 보존이 가능하다.

(5) 어패류

어패류의 부패경과는 매우 빨리 일어나는데 그것은 간에 glycogen 함량이 많고 혐기성세균이 많아 많은 유기산이 축적되어 pH가 급속히 저하되기 때문이다. 근육이 붉은어류는 유리 histidine양이 많으므로 부패가 진행되면 ammonia와 trimethylamine이 많이 생산된다. 미생물이 생산하는 색소는 식품의 변화에 큰 영향을 끼치고, 부패생성물은 아민류, 휘발산, 황화수소, indol, skatol, ketone과 미량의 함황 mercaptane이 검출된다. 맛에 영향을 주는 물질은 당류, 산, amine, 아미노산, alcohol, purine, pyrimidine 등이며 점액물질의 생산으로 촉감 및 외관상 변화(우유 응고와 같은)와 간접적인 부패도 있다. 색, 광택, 탄력의 상실과 냄새는 중요한 부패진행의 결과로 본다. 어패류의 표면에 존재하는 미생물로는 Moraxella, Flavobacterium, Pseudomonas를 주로 하여 Achromobacter, Aeromonas, Bacillus, Kurthia, Lactobacillus, Sarcinia, Streptococcus, Vibrio속과 대장균군이 검출된다.

(6) 과일 및 채소류

과일 및 채소류는 자기소화에 의해 부패가 시작되는 경우도 많지만 주로 미생물에 의해부패가 일어나며 채소는 Erwinia속, Rhizopus속, Pseudomonas속, Xanthomonas속 등에 의해 부패하며 과일의 부패균으로는 Monilia속, Penicillium속, Botrytis속, Alternaria속 등이 있다.

(7) 우유 및 유제품

효모, 곰팡이, 세균 등 거의 모든 미생물이 관여하며 Alcaligenes Viscolactis는 우유의 표면 점패균이며 Enterobacter aerogenes, Enterbacter cloacea, Streptococcus lactis, Lactobcillus bulgaricus, Lactobacillus plantarum, Lactobacillus casei 등은 전체 점패균이다. Serratia marcescens는 우유를 붉은 색으로 변화시키면서 불쾌한 냄새를 낸다. 저온 보관된 우유에는 Psedomonas fluorescens와 같은 균들이 우유의 부패에 관여한다.

(8) 육류 및 육제품

육류의 대표적인 변패균으로는 Pseudomonas, Achromobacter, Micrococcus, Streptococcus, Leuconostoc, Pediococcus, Lactobacillus, Sarcina, Serratia, Proteus, Flavobacterium, Bacillus, Clostridium, Shewanella속 등이 있다.

2 식품의 보존

1) 식품의 보존법

식품의 보존은 크게 물리적 보존법과 화학적 보존법, 복합처리법(물리화학적 보존법) 세가지로 크게 나뉜다.

(1) 물리적 보존법

① 건조법(탈수법)

미생물의 생육에 필요한 수분을 식품으로 부터 제거시켜 수분 활성을 낮추고, 삼투압을 증가시켜 미생물의 생육을 저지시키는 것, 일광건조법, 인공건조법이 있으며 과실류, 어류, 곡류, 육류 등의 보존에 이용 세균이 발육하는데 50%의 수분이 필요하고 40% 이면 미생물 번식이 완만하다.

· 일반적 세균: 15% 이하
· 곰팡이: 13% 이하

② 냉동, 냉장법(저온저장법)

과채류의 경우는 약간의 공기가 통할 수 있도록 하여 냉장 저장하여야 신선도를 오래 유지시킬 수 있다. 다만, 바나나 같은 열대과일의 경우는 냉장 저장시 검게 변색하는 등의 품질저하현상(저온장해) 일어날 수 있기 때문에 실온에서 저장하여야 한다.

> ※ 저온장해 : 생육에 알맞은 온도보다 낮았을 때 생기는 현상으로 갈변 또는 연화 등의 현상이 나타난다.

· 냉동: 0℃ 이하로 식품결빙 -4~6℃ 적당
· 냉장: 0~10℃ 범위내에서 식품보존

③ 가열법

식품에 부착된 미생물을 사멸시키고 조직 중의 각종 효소를 파괴시켜서 식품의 변질을 방지한다.

- 저온 살균: 61~63℃로 30분간 가열(우유, 술, 주스, 간장)
- 고온 살균: 95~120℃에서 30분간 가열

④ 밀봉법

식품을 외부의 공기와 차단시켜 산화 또는 흡습, 해충을 방지한다.

⑤ 통조림법

캔 속의 가스를 제거하여 밀봉 후 다시 가열 처리, 효소의 활성화와 세균의 발육을 억제한다.

⑥ 조사 살균법

- 자외선 살균: 2,500~2,700Å기구, 식품의 표면, 청량 음료, 분말 음료
- 방사선 살균: α, β, γ 중 γ선이 살균력이 강함

(2) 화학적 보전법

① 절임법

식품을 소금이나 설탕 또는 산성 pH에 저장하는 방법으로 식품이 탈수되어 미생물의 발육이 억제, 살균력은 없고 호염균, 호당균 등 절임상태에 적응하는 균들이 있으므로 절대적인 보존 방법은 아니다.

- 염장법: 10~20%의 소금농도에서 미생물 억제
- 당장법: 40~50%
- 산장(초절임)법: 세균 pH 4.9 이하, 효모 pH 3.1 이하

② 보존료 첨가

합성보존료나 산화제를 사용, 무독·무미·무취하고 미량으로 효과가 있어야 하며 허용

된 첨가물 사용과 허용량을 준수해야 한다.

(3) 복합처리법(물리화학적 보존법)

① 훈연법

육류와 어류에 주로 사용되는 훈연법은 연기에 함유된 성분들로 인해 살균 및 건조가 일어나 저장성이 향상될 뿐 아니라, 사용되는 훈연재료에 따라 독특한 향기와 맛이 생겨 제품성 또한 향상시킬 수 있는 방법이다.

> **ex** 베이컨, 햄, 생선, 조개 등

② 가스 저장법

호기성 부패세균을 억제하는 방법, 이산화탄소, 질소 이용한다.

> **ex** 어육류, 난류, 야채류

③ 기 타

유산균에 의한 발효한다.

> **ex** 치즈, 발효유

2) 식품의 식품보존료

(1) 식품보존료의 정의

식품의 보존성을 높이기 위해 첨가하는 화학물질이다. 보존료에는 부패세균의 발육을 억제시키는 방부제와 곰팡이의 발육을 억제시키는 방미제가 있다. 어느 것이나 식품 중의 미생물에 작용하여 보존효과를 나타낸다. 미생물의 발육을 억제시키는 작용이 있다는 것은 어느 정도 독성이 있다는 뜻이므로, 첨가할 대상 식품과 사용량에 대하여 엄격히 규제를 하고 있다. 허가된 품목은 독성이 약한 것들이지만 과잉사용은 식품위생에 위험하다. 또한 보존료의 식품보존 작용은 절대적인 것이 아니라 부패할 때까지의 시간을 얼마간 연장시키는 것이므로, 소비자는 보존기간에 대하여 주의 할 필요가 있다. 보존료는 세균성 식중독이 일어나기 쉬운 햄이나 소시지 등에 주로 첨가되고 있으며, 다량으로 자주 먹는 음식 즉, 주식인 쌀 같은 경우 사용이 허가되지 않고 있다. 또 그 식품이 일상생활에서 얼마나 자주, 그리고 어느 정도의 양이 소비되는지에 따라 식품마다의 사용량이 제한되어 있다. 섭취빈도가 높은 것일수록 첨가량을 낮게 제한시킨다.

(2) 식품보존료의 종류

소르브산류가 많은 식품에 사용이 허가되고 있는데, 소르빈산 칼륨, 벤조산나트륨, 살리실산, 데히드로 초산나트륨이 주로 쓰인다.

식육제품·어육연제품·땅콩버터·된장·고추장, 과일·채소의 절임류, 잼·케첩, 유산균음료·팥앙금류 등에 쓰인다. 데히드로 아세트산(dehydroacetic acid)은 치즈·버터·마가린에 사용이 허가되어 있다.

① 방미제

파라히드록시벤조산에스테르류(일명 paraben이라 한다)가 간장·식초, 탄산을 함유하지 않은 청량음료, 과일소스, 과일 및 채소의 표피 등에 허가되어 있다.

프로피온산염은 빵·양과자에 사용이 허가되어 있다.

② 살균제

표백분과 고도 표백분, 차아염소산나트륨

음식물용 용기, 기구 및 물 등의 소독에 사용하는 것과 음식물의 보존 목적으로 첨가하는 것이 있다. 살균제의 구비조건은 부패원인균, 또는 병원균에 대한 살균력이 강해야 하며 그 이외의 조건은 보존료와 같다.

- 기능: 어육제품을 살균하는데 사용하는 화학물질
- 사용 식품: 두부, 어육제품, 햄, 소시지
- 부작용: 피부염, 고환 위축, 발암성

③ 산화방지제

부틸히드록시아니졸(BHA), 부틸히드록시톨류엔(BHT) 등으로 지방의 산화를 지연시키거나 산화에 의한 변색을 지연시킬 목적으로 첨가되는 첨가물이다.

- 기능: 지방성 식품과 탄수화물식품의 변색을 방지하는데 사용하는 물질
- 사용 식품: 크래커, 수프, 쇼트닝, 쥬스 등
- 부작용: 콜레스테롤 상승, 호르몬제에서 발암성 유발, 유전자 손상, 염색체 이동, 체중 저하, 신생아 무뇌증 사례

④ 피막제

귤·레몬 등의 과일껍질에 피막을 만들어 건조나 열화를 방지하며 보존성을 양호하게 하기 위해 쓰인다. 보통 왁스라 한다. 옥시에틸렌고급지방족 알코올(oxyethylene higher aliphatic alcohol)·아세트산 비닐수지(Polyvinyl Acetate) 등이 허용되고 있다. 이 밖에 옥시에틸렌 고급지방족 알코올유화제로서 올레산나트륨이 허가되고 있다. 이들을 잘 씻은 과일의 표면에 얇게 발라 피막을 만든다. 이때, 피막제에 방부제를 섞어 과일의 보존성을 높이기도 한다.

⑤ 방충제

주로 곡류 보존 시에 쓰이는 것으로, 훈증방식에 사용된다. 사용이 가능한 것은 피페로닐부톡사이드(piperonyl butoxide)이며, 곡류 1kg당 0.024g 이하로 규정되어 있다. 반복사용하면 잔존량이 규정량을 웃도는 경우가 있으므로 장기간 보존하고자 할 때는 주의를 요한다.

그 밖에 살균작용과 세균의 발육억제작용을 하는 벤조산은 간장과 탄산을 함유하지 않은 청량음료에 허가되고 있다. 살리실산은 살균력이 강하여 오랫동안 주류의 혼탁방지용으로 사용되어 왔으나, 독성이 강하여 최근 사용이 금지되었다. 또한 식품에 합성보존료를 사용한 경우는 반드시 그 사실을 표시하도록 법으로 정하고 있다.

아질산염은 국내에서는 식품보존료로 사용이 허가되어 있으며, 이것은 고기의 염지에 있어 필수적인 성분으로서 현재까지 밝혀진 효과로는 전형적인 염지육색의 고정, 염지육의 풍미조성, 항산화 효과 그리고 식중독 미생물 발육억제 특히 보툴리누스균(Clostridium botulinum) 독소생성 및 성장억제 효과가 있다. 안식향산(염)은 청량음료수, 간장, 식초에 사용된다.

식품첨가물의 명칭	용 도
데히드로초산 데히드로초산나트륨 소르빈산 소르빈산칼륨 소르빈산칼슘 안식향산 안식향산나트륨 안식향산칼륨 안식향산칼슘 파라옥시안식향산메틸 파라옥시안식향산부틸 파라옥시안식향산에틸 파라옥시안식향산프로필 파라옥시안식향산이소부틸 파라옥시안식향산이소프로필 프로피온산 프로피온산나트륨 프로피온산칼슘	합성보존료
디부틸히드록시톨루엔 부틸히드록시아니졸 몰식자산프로필 에리소르빈산 에리소르빈산나트륨 아스코르빌스테아레이트 아스코르빌파르미테이트 이·디·티·에이이나트륨 이·디·티·에이칼슘이나트륨 터셔리부틸히드로퀴논	산화방지제
산성아황산나트륨 아황산나트륨 차아황산나트륨 무수아황산 메타중아황산칼륨 메타중아황산나트륨	표백용은 "표백제"로, 보존용은 "합성보존료"로, 산화방지제는 "산화방지제"로 한다.
고도표백분 차아염소산나트륨 표백분 이염화이소시아눌산나트륨	살균용은 "합성살균제"로, 표백용은 "표백제"로 한다.
아질산나트륨 질산나트륨 질산칼륨	발색용은 "발색제"로, 보존용은 "합성보존료"로 한다.

(3) 식품보존료의 특징 및 사용법

식품에 존재하여 식품의 변패를 야기 시키는 세균의 종류와 또한 발육억제와 살균을 일으킬 수 있는 물리, 화학적 조건을 이해함으로서 간편한 보존료 사용을 위해 식품에 상재하는 세균의 종류와 물리적 조건에 대한 저항성을 살펴보는 것이 중요하다.

우리나라에서는 13개의 화합물들이 허용되어 있는데 크게 피로피온산 그 염들, 소르빈산과 그 염들, 데히드로초산과 그 염들, 벤졸산, 즉 안식향산과 그 염들, 파라옥시안식향산의 에스터류 등으로 분류한다.

① 프로피온산과 그 염들

프로피온산은 빵류와 생과자류의 미생물들에 의한 부패, 또는 야채류의 소금절임 발효에 있어서 각종 미생물들에 의한 이차적 발효를 억제하는데 효과가 크며, 따라서 오래전부터 방부제로서 사용되어 왔다. 인체에 대해서는 자연에 존재하는 지방산들과 마찬가지로 쉽게 신진대사되는 장점이 있으며, 따라서 그 독성은 매우 낮다. 실제 방부제로서는 프로피온산의 나트륨 및 칼슘염이 우리나라에서는 사용이 허용되고 있다.

프로피온산나트륨은 백색의 결정, 과립 또는 결정성의 분말로서 냄새가 없거나 약간 특이한 냄새가 있는데 보관 중 분해된 것은 많은 자극적인 냄새가 발생한다. 무색의 결정으로 흡습성을 가지고 있으며 물, 에탄올에 온도에 따라 용해되는 양이 다르며 열이나 광선에 안정하다. 또한 나트륨염은 백색의 결정으로서 물에 잘 녹는다(100g/100mL). 주로 산성용액에서 방부력을 가지며, 곰팡이, 효모보다는 세균들에 대해서 더 강한 항균력을 나타낸다고 한다.

빵 또는 과자류에 프로피온산의 함량으로서 2.5/kg 농도, 즉 나트륨염으로서 3.24g/kg, 칼슘염으로써 3.14g/kg의 농도로 사용이 허용되고 있다.

칼슘염도 대체로 비슷한 성질을 갖고 있으며, 물에 비교적 잘 녹는다.

또한, 프로피온산칼륨은 백색의 결정, 과립 또는 분말로서 냄새가 없거나 또는 약간 특이한 냄새가 나는데 보관 중 분해된 것은 많은 자극적인 냄새가 발생한다. 단사계 판상결정으로 물은 온도에 따라 용해되는 양이 다르고 에탄올, 에테르에는 용해되지 않는다.

프로피온산 칼륨의 사용법

- 빵과 과자의 곰팡이 방지제로 사용하며 사용량은 프로피온산으로 2.5g/kg 인데 많이 사용할 경우는 특이한 냄새 때문에 풍미가 나가게 된다.
- 곰팡이와 호기성 포자 형성균의 발육을 저지하는데, pH낮을수록 효과가 크다.
- 빵에 사용할 경우 나트륨을 쓰면 알카리성 때문에 생지의 발효가 늦으므로 칼슘강화를 위해서라도 프로피온산칼슘을 쓰는 게 적당하고 반대로 과자류에 칼슘염을 사용하면 팽창제 중의 중조와 반응하여 불용성의 탄산칼슘이 생성되어 탄산가스 발생을 저하시키므로 과자에는 프로피온산 나트륨염을 사용하는 것이 좋다.

② 소오빈산(소르빈산)과 그 칼륨염

일반적으로 폴리불포화지방산들은 강한 향미작용을 갖고 있는 사실이 알려져 있다.

소오빈산은 탄소수가 비슷한 자연에 존재하는 다른 지방산들과 마찬가지로 인체내에서 쉽게 신진대사된다는 특징이 있다. 산도 다른 산성방부제들과 마찬가지로 산성용액에서만 그 효력을 나타낸다.

소오빈산은 무색의 침상결정 또는 백색의 결정성 분말로서 냄새가 없거나 또는 조금 자극적인 냄새가 있다. 물에 용해하기 어려우나 알코올, 아세톤에 쉽게 용해된다. 천연 마가목에 존재하는 것으로 알려졌고, 미생물의 발육저지 작용을 나타낸다. 산성보존료이기 때문에 작용효과를 고려하여 pH 5~6 정도로 조절하여야 한다.

또한 곰팡이, 효모 등의 미생물에 대해서 다같이 성장억제물질로 작용하나, 그 작용은 그다지 강력하지는 않다고 한다. 어육, 식육가공품, 된장, 간장 및 고추장, 잼, 케챱, 절임류 등에 널리 사용된다.

소오빈산의 나트륨염은 무미, 무취의 백색결정으로서 물에 비교적 잘 녹는다. 이 나트륨염의 방부효과와 사용용도는 소오빈산의 경우와 동일하다. 소르빈산 칼륨은백색~엷은 황갈색의 인편산결정 또는 결정성분말로서 냄새가 없거나 또는 조금 냄새가 있다. 물에 잘 융해되며 알코올, 아세톤에는 용해되지 않는다.

소르빈산 나트륨의 사용법

- 오징어, 어패 건제품 등에는 조미액, 조미료에 혼합하여 사용하거나 에탄올, 프로필렌글리콜의 용액을 직접 분무하여 사용한다.
- 어육햄 소시지의 pH는 어육연제품보다는 낮으나 소르빈산 단독으로는 충분한 효과를 거두기 힘드므로 말산나트륨과 혼용한다.
- 비엔나 소시지 같은 짐승 내장에 충진시킨 것은 보존성이 낮기 때문에 말산나트륨을 3% 첨가함으로서 Aw(수분활성)를 0.02 저하시킬 수 있다.
- 생(生) 성게는 염분이 20~30% 정도 함유되어 있기 때문에 세균에 의 부패는 일어나지 않으나 효모에 의해 발효가 일어나므로 소르빈산율 1/1000~1/500 정도 첨가하면 발효가 일어나지 않는다.
- 오징어, 낙지의 훈연제품 중에는 수분함량이 많기 때문에 소르빈산을 1/2000~1/1000 정도 첨가하면 된다.
- 어패건제품에는 곰팡이의 발생을 방지하기 위하여 소르빈산을 사용한다. 그러나 덜말린 어패건제품의 부패방지에는 효과가 없다.
- 조림에서 염분이 많고 점도가 높은 것은 부패의 염려가 적으나 곰팡이의 발생을 방지하기 위하여 소르빈산을 첨가하는 것이 좋다.
- 잼은 pH가 낮고 농도가 높은 것으로 부패되기는 어려우나 곰팡이의 발생률이 높기 때문에 1/4000~1/2000 정도 첨가하는데 휘산을 고려하여 마지막 단계에서 첨가하는 것이 좋다.
- 케찹은 마개를 열면 잼보다 부패가 용이하므로 1/2000 정도 첨가하면 완전하다. 이때 초산을 혼합하여 첨가한다.

소르빈산 칼륨의 사용법

- 어육연제품의 경우 곰팡이에 의한 변패를 억제하기 위한 것으로 pH가 6.8~7.2 정도로 낮아지면 탄력과 끈기가 저하되므로 소르빈산 대신 소르빈산 칼륨을 사용하여야 한다.

③ 데히드로초산과 그 염들

데히드로 초산과 그 나트륨염은 매우 효과적인 항미생물제로 알려지고 있다. 데히드로초산은 거의 무미, 무취의 백색 침상 또는 판상 결정이며, 융점은 109 내지 112이다. 물에 잘 녹지 않으며, 열에 안정하나 일사광선에 의해서 다소 분해된다. 세균뿐 아니라 곰팡이, 효모들에 대해서도 강하게 작용한다. 한편, 데히드로 초산과 그 나트륨염은 지금까지 설명해 온 프로피온산, 소오빈산들과 이들의 염 또는 에스터들과 같은 다른 산성 방부제들과는 달리 pH의 변화에 의해서 그 작용이 크게 변하지는 않으나, 역시 산성용액에서 그 작용이 더 강하다.

데히드로초산 나트륨은 백색의 결정성 분말로서 냄새가 없거나 조금 냄새가 있다. 물에는 비교적 잘 녹는다. 호기성 그램음성과 양성간균, 호기성구균, 소화기계통의 전염병원균, 혐기성포자균, 사상균, 효모 및 방녹균에 대하여 발육저지력이 있어 수산가공품, 식물성식품 등에 보존제로 사용하고 있다. 치즈, 버터, 마아가린, 청량음료, 된장, 팥앙금류, 야채류나 과실류의 소금, 간장, 식초 절임류 등에 사용된다. 사용용도는 데히드로초산과 같다. 다만 사용량은 나트륨염으로서가 아니라 유리산으로 계산되기 때문에, 데히드로 초산의 허용사용량은 1.24배가 나트륨염의 허용사용량이 된다.

④ 벤졸산, 즉 안식향산과 그 나트륨염

근래에 와서 벤졸산 즉, 안식향산과 그 나트륨염, 그리고 각종의 파라하이드록시벤졸산의 에스터들이 방부제로서 맥주, 설탕시럽, 발효음료 등에 사용되고 있다.

데히드로 초산 나트륨 사용법

- 산성형 보존료이므로 pH에 의하여 효력이 좌우된다.
- 혐기성의 젖산균과 클로스트리디움 속에는 효과가 없으나 곰팡이, 효모, 혐기성 그램양성균에는 같은 양으로 효과를 얻을 수 있다. 따라서 이들 미생물이 부패에 관여하는 식품, 즉 탄수화물을 주체로 한 식품의 부패에 효과가 있다.

우리나라에서 사용이 허용된 이 계통의 방부제들로서는 벤졸산의 나트륨염의 에스터들이다. 벤졸산 자체는 백색의 침상 결정이며, 그 융점은 121~123℃이다. 찬물에는 잘 녹지 않으며 뜨거운 물에는 어느 정도 녹는다. 특히, 뜨거운 알코올에는 잘 녹는다.

이 벤졸산의 살균작용은 용액의 pH에 의해서 크게 변한다. 실제 살균력을 가진 부분은 비해리형이기 때문에 산성일수록 효과는 크다.

일반적으로 pH3 에서의 벤졸산의 살균력은 pH7.0인 용액의 경우보다 10배나 더 크다고 한다. 주로 청량음료, 간장, 된장 등에 대해서 0.6g/kg 이하의 양이 사용된다. 벤졸산의 나트륨은 백색 결정분말이며, 물에 잘 녹는다. 벤졸산의 나트륨 작용, 독성, 사용용도는 벤졸산과 대체로 같다. 다만 벤졸산보다 물에 잘 녹으므로 수용성 용액에서는 사용이 편리하다.

안식향산 나트륨은 백색의 알갱이 또는 결정성 분말로 냄새는 없으며 맛은 약간 단맛이 나는 수렴성을 나타낸다. 물에는 온도에 따라 용해되는 양이 다르고 유기용매에는 용해되기 어려우나 에탄올에 용해하는 안정된 화합물이다. 세균과 곰팡이의 발육을 저지하는 작용을 가지고 있는 산성형 보존료로 pH에 따라 효과가 현저히 다르며 곰팡이, 효모 등 여러 종류의 미생물에 효과가 있는데 특히 향균 범위가 넓다.

⑤ 파라하이드록시벤졸산의 에스터류(파라옥시안식향산)

파라하이드록시벤졸산의 에스터류, 예로서 메틸, 프로필, 아이소프로필, 부틸과 아이소부틸에스터들은 인체에 거의 해가 없는 농도에서도 세균이나 효모, 곰팡이들의 성장을 억제하여 주는 작용을 갖고 있기 때문에 우리나라와 미국, 일본 등을 비롯하여 많은 나라에서

안식향산 나트륨의 사용법

- 캐비어(caviar)에 2.5g/kg, 청량음료와 간장에 0.6g/kg, 알로에즙에는 0.5g/kg로 허가되어 있다.
- 일반적으로 안식향산은 물에 용해되지 않아 안식향산 나트륨을 많이 사용하는데 안식향산 나트륨 1g은 안식향산 0.847g에 상당한다.

🍽 파라옥시 안식향산 부틸의 사용법

- 식초의 백탁방지를 위하여 사용한다. 유효량은 0.1~0.15g/L인데 0.1g/L 이상 첨가하면 낮은 온도에서 결정체가 석출하게 된다.
- 과일소스는 부패가 용이한데 0.2g/L 정도 초산에 용해하여 사용한다.

식품방부제, 즉 식품보조료로서 현재 널리 사용되고 있다.

용도는 간장, 식초, 청량음료, 과실 소스류, 과실류와 과채류 표피의 살균, 야채류나 과채류의 간장절임 된장절임, 소금절임 등이다. 파라하이드록시벤졸산의 부틸에스터는 실제로는 노르말부틸에스터, 아이소부티에스터, 제이급 부틸에스터의 세종류의 이성체들이 있으나 모두 부틸 에스터로서 그 사용이 허용되고 있다.

파라옥시 안식 향산 부틸은 무색의 결정 또는 백색의 결정성 분말로서 냄새가 없다. 보존료로 사용되며 미생물의 발육저지 작용이 다른 것에 비하여 강력하고 살균작용도 있다. 그러나 그램 음성균과 젖산균에 대한 효과는 다른 세균에 비하여 약하다.

(4) 식품보존료에 대한 올바른 이해

사람들은 흔히 민감해야 할 때에는 둔감하고 둔해도 괜찮을 때에 과민하여 생각과는 다른 결과를 초래하는 경우가 많다.

우리가 먹는 빵에는 곰팡이 발육 억제물질인 프로피온산칼슘을 첨가할 수 있도록 정부에서 허가해 놓고 있다. 즉 빵 반죽 1Kg에 2.5g을 사용하여도 좋다고 되어 있으나 빵을 주식으로 하는 미국에서는 그런 규정이 없다.

이와는 약간의 차이가 있지만 글루타민산 나트륨, 사카린, 그리고 아질산염의 경우에도 문제가 많았다. 아질산염을 예를 들면 육류의 색보전과 향미를 향상시키고 보트리니움 식중독의 위험을 줄인다는 이득이 있는 반면 발암성이 있다는 과학적 증거가 축적됨에 따라

식품보존료의 구비조건

1. 인체에 유해한 영향을 미치지 않을 것
2. 소량으로도 사용목적에 따른 효과를 충분히 나타낼 것
3. 식품의 제조가공에 필수불가결할 것
4. 식품의 영양가를 유지할 것
5. 식품에 나쁜 이화학적 변화를 주지 않을 것
6. 식품의 화학분석 등에 의하여 첨가물을 확인할 수 있을 것
7. 식품의 미관을 좋게 할 것
8. 식품을 소비자에게 이롭게 할 것

식품보존료가 필요한 이유

1. 식품보존료가 없으면 많은 가공 식품은 생산될 수가 없다. 한 예로 베이컨을 절이는 데에는 질산염과 아질산염을 필요로 한다.
2. 식품 보존료가 없으면 식품의 저장 수명이 매우 짧아진다.
3. 식품 보존료가 없으면 음식의 손실, 낭비, 품질의 불안정 및 식중독 등이 빈번하게 된다.
4. 식품 보존료가 없으면 상품으로서의 가치가 '제로화' 된다.

안전성규제의 이슈로 되어왔다. 그런데 미국의 통계에 의하면 미국인은 평균 한 사람당 하루에 100mg의 질산염과 11mg의 아잘산염을 섭취하는데 질산염의 85%는 채소에서 오며, 아질산염의 75%는 침에서 그리고 21%는 숙성시킨 육류소비에서 온다고 하였다. 아질산염에 대한 노출비율을 보면 장내에서 82%, 침에서 15%, 식품첨가물에 유래하는 것은 3%에 지나지 않는다. 질산염을 많이 섭취하여 이득이 없다고 채소를 먹지 말라고 할 수는 없는 것이다.

① 방부제

소비자들의 의식이 높아짐에 따라 요즘은 국내에서 생산 유통되는 많은 식품들에서 '무

방부제'라는 표식을 발견할 수 있다. 하지만 장기간 보관이 필요한 식품들이나 수입되는 식품의 경우 방부제로부터 벗어나기는 불가능하다. 사진은 무 보존료라고 쓰인 햄 제품들 중 하나이다. 무 합성보존료라고 적혀있지만 실제로는 성분 중에 아질산나트륨이 포함되어 있다. 아질산나트륨은 발색제이기도 하지만 합성보존료이기도 하다.

또한 밀가루가 영양만점의 좋은 식품인 것은 부정할 수 없는 사실이지만 우리가 사용하는 밀가루가 미국의 식당이나 가정에서 사용되고 있는 것과 같은 상태의 밀가루라고 생각한다면 큰 오산이다. 예를 들어 곡류를 오래 보관하면 벌레가 생기기 마련이지만 수입산 밀가루에 벌레를 집어 넣으면 벌레가 바로 죽어 버린다. 생산지에서 우리나라 소비자들의 손에 들어오기까지 길게는 2년씩이나 걸리는 기나긴 기간 동안 습하고 더운 기후를 견디면서, 더구나 통곡류도 아닌 밀가루가 부패하지 않고 버틸 수 있는 비결은 오로지 방부제에 의지하는 것이다. 최근들어 빵을 만드면서 방부제를 쓰는 사람은 없어진 듯하지만 원재료가 수입산 밀가루를 사용할 수 밖에 없는 실정이니 제품의 생산과정에서 '방부제를 사용하지 않았습니다.'라는 문구는 이미 의미가 없다. 또한 방부제는 이미 여러 연구에서 알려진 것처럼 많은 부작용이 있다. 알려진 부작용으로는 아소산과 반응하여 중추신경마비, 출혈성 위염, 간에 악영향, 발암성, 염색체 이상, 눈, 피부 점막을 자극하는 등 여러 가지가 있다.

② 사료에 쓰이는 보존료

보존료는 세균이나 곰팡이의 발육을 억제하는 기능을 한다. 미생물의 발육을 억제한다는 것은 어느 정도 독성이 있다는 뜻으로, 다량으로 섭취할 경우 위험할 수 있다. 인간용 식품의 경우에는 보존료를 첨가할 수 있는 대상과 사용량에 대하여 엄격히 규제하고 있다. 주식인 쌀과 같이 다량으로 먹을 기회가 많은 것에는 사용이 거의 금지되어 있다. 그 식품이 일상생활에서 얼마나 자주, 그리고 어느 정도의 양이 소비되는지에 따라 식품마다 사용량이 제한되어 있으며, 섭취빈도가 높은 것일수록 첨가량을 낮게 제한시킨다.

대부분의 개와 고양이가 평생동안 오직 사료만을 먹는다. 그럼에도 불구하고 인간용 식품보다 그 허용치가 훨씬 높거나, 심지어는 인간에게는 허용되지 않는 보존료가 허가되어 있기도 하다. 반려동물이 사료를 주식으로서 매일매일 먹는다는 점을 생각한다면, 사료를 고르는 데 있어서 아무리 까탈스럽게 굴어도 지나치지 않는다고 본다. 승인이 되어있는 보존료라 하더라도 10년 이상을 꾸준히 섭취했을 때의 영향에 대해서는 아무도 장담할 수 없다.

보존료의 주된 목적은 지방의 산화를 막는 것이지만, 지방에만 사용되는 것은 아니고 제품 전체에 사용되기도 한다. 캔이나 파우치는 용기 자체가 보존성을 높이기 위해 개발된 것이므로 건사료에 비해 보존료의 사용이 적다. 원료에 이미 보존료가 첨가되어 사료회사에 공급되기도 하고, 사료회사가 제품을 만들 때 보존료를 첨가하기도 한다.

보존료에는 자연적인 보존료와 합성된 보존료가 있다. 자연적인 보존료로는 주로 비타민E(토코페롤/mixed tocopherols)와 비타민C(아스코르브산/ascorbate), 로즈마리(rosemary) 오일 등이 항산화제로서 사용된다. 자연상태에서 발견해낼 수 있다는 뜻에서 "자연적"인 보존료라 하는 것일뿐, 실제로는 대부분 합성하여 만든다. 자연적인 항산화제는 안정적이지 않아 사료의 가공과정 중에 파괴되기 쉬우며, 항산화효과가 떨어지는 편이다.

합성보존료 중 BHA와 BHT, 엑토시킨(ethoxyquin)이 항산화제로서 건사료에 많이 사용된다. 자연적인 보존료와는 달리 매우 안정적이며 가공과정 중에 파괴되지 않는다. 소프트사료에는 프로필렌 글리콜(propylene glycol)이 보습제로 많이 사용된다.

③ BHA와 BHT

BHA(Butylated HydroxysAnisole)와 BHT(Butylated HydroxyToluene)는 둘이 함께 사용될 때 매우 효과적이다. 연구결과, 오랜 기간에 걸쳐 많은 양의 BHA와 BHT를 섭취하였을 때 유해한 영향이 나타나는 것으로 밝혀졌다. 동물에게 있어서는 간과 신장의 손상, 방광암과 위암을 일으킬 수 있다. 또한 기형아 출산, 성장 결핍, 이상행동, 대사의 이상, 콜레스테롤치의 증가, 알러지, 털빠짐, 뇌의 결함 등과도 관련이 있는 것으로 여겨지고 있다. 사료에 대한 허용치는 200ppm이다.

④ 엑토시킨

엑토시킨(ethoxyquin)은 그 안전성에 대하여 매우 논란이 많은 물질이다. 엑토시킨은 안정성과 효율성의 측면에서 가장 효과적인 항산화제이다. 자연적인 항산화제는 사료의 가공과정중의 열이나 압력에 의해 파괴되는 데 비해 엑토시킨은 영향을 받지 않는다.

미국의 농림부에서는 제초제로, OSHA(직업 안전 위생 관리국)에서는 위험한 화학물로 다룬다. 보존료 이외의 용도로는 고무강화제, 살충제 및 제초제로 사용된다. 베트남전 때 사용되었던 고엽제의 성분이기도 하다.

엑토시킨의 유해성에 대해서 명확히 밝혀진 바는 없다. 엑토시킨을 만드는 제조사나 이것을 사용하는 사료회사, FDA에서는 엑토시킨이 동물에게 유해하다는 과학적인 증거가 없으며, 안전하다고 주장한다(엑토시킨의 제작사인 Monsanto가 실시한 개를 대상으로 한 실험에서 유해한 영향은 없는 것으로 보고되었다. 고양이를 대상으로는 안전성이 연구되지 않았다). 그러나 많은 동물보호단체와 수의사, 반려인들은 엑토시킨이 오늘날 반려동물에게 나타나는 여러 질병들과 깊은 관련이 있을 것이라고 믿고 있다.

고무공장에서 엑토시킨에 노출되어 일하는 노동자들이 간과 신장의 손상, 심각한 피부질환, 탈모, 시력 상실, 백혈병, 기형아 출산, 만성적 설사 등의 질환이 나타났다. 동물에 있어서는 면역결핍증, 위염, 간암과 깊은 관련이 있는 것으로 여겨지고 있다. 또한 가려움, 무기력, 털빠짐, 갑상선의 이상, 생식 장애, 기형아 출산 등에도 영향을 미치는 것으로 사람들은 생각한다. 피부, 신경, 생식기능에도 문제를 일으키는 것으로 생각되어 유럽의 많은 나라에서는 사용이 금지되어 있다. 일본에서는 인간용 식품에는 물론 농약으로도 사용할 수 없다. (하지만 동물사료에는 사용할 수 있다)

FDA에서 설정한 허용치는 150ppm이나, 최근 FDA에서는 사료회사에 자발적으로 75ppm 이하로 사용하도록 권고하고 있으며, 사료회사들은 대부분 30~60ppm을 사용한다. 인간의 경우, 계란, 육류, 과일과 같이 일상적으로 섭취하는 식품에 대해서는 0.5ppm(동물 허용치의 1/300)으로 제한되어 있다.

⑤ 프로필렌 글리콜

프로필렌 글리콜(propylene glycol)은 주로 소프트사료에 사용되는데, 보습작용 및 제균작용, 열량원으로써 이용된다. 이 물질을 건사료에 사용하면 보존기간이 5년까지로 늘어나고, 습사료에 사용하면 무기한으로 늘어난다. 부동액, 왁스의 성분이기도 하다.

프로필렌 글리콜은 나쁜 세균의 발육만을 억제하는 것이 아니라 소화기관에서 영양분의 흡수를 돕는 미생물의 발육마저도 억제시켜 버린다. 또한 소화기관의 수분을 감소시켜 장폐색과 장손상을 일으킬 수 있다. 프로필렌 글리콜을 섭취한 개는 피모의 손상, 털빠짐, 모질의 저하, 설사, 체중 증가등을 보였으며, 심지어는 죽음에 이르기도 하였다. 고양이에게서는 하인츠소체의 증가나 적혈구 수의 변화 등 적혈구에 이상변화를 일으켰다. 또한 고양이는 이 보존료가 포함된 사료에 중독될 수 있다고 한다.

왜 사료회사들은 이토록 유해한 물질을 사용하는가? 합성보존료가 자연적 보존료에 비해 값이 싸고 보존기간을 늘리는 데 있어서 매우 효과적이기 때문이다. BHA나 BHT는 비타민E(토코페롤)에 비해 그 효과가 3배 이상 강하며, 엑토시킨은 5배 이상 강하다. 사료가 공장에서 만들어진 후 반려동물의 밥그릇에 담기기까지는 상당히 많은 시간이 걸린다. 공장에서 출하되어 구매자에게 건네진 후 모두 소비될 때까지의 기간을 고려하여 사료회사에서는 가능한 유통기한을 늘리고 싶어한다.

한가지 알아둘 것은, 라벨에 표기되어 있지 않다고 해서 그 물질이 사용되지 않았다는 것을 보장해주지는 않는다. 미국의 사료회사들은 겉포장에 표기하지 않고도 그러한 화학물들을 사용할 수 있다. 사료회사는 자신들이 직접 사료에 넣은 것만 표기하면 된다. 만일 사료회사가 합성보존료가 첨가된 원료를 구입하여 사용한다면 그들은 라벨에 표기하지 않아도 된다는 것이다.

미국의 반려동물들의 건강은 지난 몇십년간 점차적으로 악화되었다. 과거에는 오직 나이든 동물에게서만 나타나던 병이 이제는 어린 동물들에게서도 나타난다. 대학을 갓 졸업한 젊은 의사들은 이 사실에 대해 절감하지 못할 수도 있지만, 오랜 기간 동물들을 돌보아온 노련한 수의사들은 동물들의 건강이 악화되었다는 것을 안다. 이러한 변화에 대해 미국의 많은 수의사들은 사료에 첨가된 화학적 첨가물이 그 원인이라고 믿고 있다.

관련 기사 1

🍜 🍴 🥤

음료류에 사용되는 보존료인 안식향산나트륨, 과다 섭취 우려

보존료, 색소, 조미료… 가공식품의 생산과 유통을 위해선 많은 식품첨가물들이 필요하다. 이렇게 '필수불가결'이라는 이유로 사용되는 식품첨가물은 법적으로 615가지나 허용되어 있다.

반면, 최근 자라나는 우리 아이들은 아토피 유병률이 갈수록 급증하고 있어 민감 계층에 대한 보호 또한 적극적으로 요구되고 있으며, 이에 식품에 첨가되는 화학물질인 식품첨가물로 인한 위해성에 대한 제기 또한 증가하고 있다.

우리나라 사람들은 이러한 식품첨가물 중 특히 방부제, 즉 합성보존료에 관심이 많다. 보존료는 미생물이나 곰팡이의 세포를 죽여 미생물의 번식 등으로 인한 음식의 부패를 방지하는 목적으로 사용되는 첨가물이다.

하지만, 이러한 보존료는 많이 섭취할 경우 우리 몸에도 이와 같은 작용을 하기 때문에 체내에 악영향을 줄 수 있어 가능한 한 섭취를 최소화하는 것이 좋다.

이들 보존료 중 국내에서 주로 사용되는 것은 안식향산 계와 소르빈산 계의 두 종류로 축약된다. 그 중에서도 식품의약품안전청(이하 식약청) 연구 결과(2000년) 안식향산나트륨은 국민 1인당 하루 평균 섭취량이 85.65mg으로 조사되어 섭취량 재조사의 필요성이 제기된 바 있다. 이것은 사용기준의 개정 필요성을 의미하는 것이기도 하다.

안식향산나트륨(Sodium Benzoate)은 벤조산을 용해하기 쉽게 나트륨 염을 첨가하여 만든 첨가물로 눈의 점막 등 점막을 자극하거나 기형을 유발하는 가능성 등이 경고된 보존료로(WHO 보고서 등) 그 위해성이 인정되어 다른 보존료에 비해 하루허용섭취량(ADI)이 낮으며 주로 음료류나 쨈류, 알로에 가공 식품 등에만 제한적으로 사용할 수 있게 허용되어 있다. 이러한 안식향산나트륨의 주요한 섭취원은 음료인 것으로 조사되었다.

최근 대부분의 음료들이 무 보존료 추세로 가고 있는 것에 비해 판매가 증가하고 있는 건강을 위한 기능성 음료에 오히려 첨가되어 이로 인한 안식향산나트륨의 섭취량 또한 증가하고 있다.

서울환경연합은 판매량이 높으며 잘 알려진 기능성 음료들과 의약품 중에서 안식향산나트륨을 주로 사용하는 제품인 자양강장제류 등을 중심으로 제품별 함유량을 조사하였다. 그 결과 음료류의 경우 국내 기준인 600mg/kg를 기준으로 할 때에는 조사제품 모두 50% 이하로 사용하고 있어 국내 기준을 준수하였으나, 유럽연합의 기준인 150mg/kg과 비교해 볼 때 2배 가까운 양을 사용하고 있는 것으로 드러났다.

자양강장제류 및 드링크 소화제 류에서도 이러한 결과는 크게 다르지 않아 법적인 기준치 이하로 사용하고 있었으나 기능성음료의 두 배 가까운 양의 안식향산나트륨을 사용하고 있었고, 특히 자양강장제류를 의약품이기 보다는 마치 건강 음료처럼 마시는 우리의 현실을 감안하면 이는 보존료의 과다 섭취를 의미하게 된다.

또한 이 양은 비록 국가적 기준치에 부합하나 몸무게가 상대적으로 작은 유아나 어린이들이 섭취할 때 위험할 수 있는 것으로 드러났다. 이에 서울환경연합은 어린이집에 다니는 유아들을 대상으로 기능성 음료 섭취에 대한 설문조사도 시행하였는데, 유아 225명 중 171명이 섭취해본 경험이 있는 것으로 드러나 약 76%의 유아들이 기능성 음료에 노출되어 있는 것으로 밝혀졌다.

국민들의 요구와 기업들의 노력에도 불구하고, 우리의 기준만 안전하다고 주장하고 있다. 납 김치도 기준치 이하이니 안전하다고 밝히고, 말라카이드도 사용 후 일주일만 지나면 반감기가 지나 안전하다고 주장하는 식약청의 '안전성' 기준은 국민들로부터 식약청을 불신하게 만드는 큰 원인 중 하나라는 점을 식약청은 깨달아야 할 것이다.

우리나라 식품의약품안전청도 말로만 안전하다고 주장을 계속 할 것이 아니라 국민들의 식생활에 근거한 자료의 제시와 이를 통한 기준치의 재조정을 서둘러야 할 것이다. 국민들의 이해와 눈높이에 맞춘 안전성 제시 및 기준치 설정은 식약청을 불신의 늪에서 헤어 나올 수 있게 하는 열쇠가 될 것이다.

관련 기사 2

'마법의 가루' 식품첨가물

〈과자 내 아이를 해치는 달콤한 유혹〉이 과자를 중심으로 엉터리 재료, 설탕의 과잉섭취, 향료, 색소를 비롯한 첨가물 그리고 인공조미료 등의 문제점을 종합적으로 지적한 책이라면, 아베 쓰카사가 쓴 〈인간이 만든 위대한 속임수 식품첨가물〉은 '첨가물'로 인한 위험과 첨가물로 만들어내는 여러 가지 가짜식품으로 인한 위협을 집중적으로 조명한 책이라고 할 수 있다.

식품첨가물이란 무엇인가? 아베 쓰카사는 한마디로 '마법의 가루'라고 정의한다. 식품 첨가물은 식품제조업자가 원하는 모든 조건을 다 만족시켜 줄 수 있다는 것이다.

"식품의 보존 기간을 늘려주지요."

"원하는 색상을 내 줍니다."

"품질을 향상시킵니다."

"맛을 좋게 합니다."

"비용을 절감시켜 줍니다."

식품첨가물만 있으면 식품을 가공하는 업자들의 모든 고민을 해결해줄 수 있다는 것이다. 더 값싼 원료를 사용하여도 식품첨가물을 사용하여 가공하면, 질 낮은 원재료의 흠을 감쪽같이 감추고 빛깔 좋고 맛도 좋은 가공식품으로 마술처럼 바꿀 수 있다는 것이다. 게다가 소비자들에게는 값싸고 맛있는 식품을 제공해줄 수 있는 그야말로 '미다스의 손'과 같은 역할을 할 수 있다는 것이다.

그렇지만, 식품업계의 빛과 같은 이 마법의 가루들은 어두운 그림자도 함께 가지고 있는데, 그것은 바로 인체에 미치는 해악과 독성 그리고 우리의 입맛을 붕괴시키는 위험을 말한다. 그렇기 때문에 식품가공업에 종사하는 사람들은 자기가 만든 제품을 먹지 않는다는 것이다.

FOOD
HYGIENE

Chapter 07 주방의 위생관리 및 안전

주방의 위생관리 및 안전

FOOD
HYGIENE

위생이란 건강의 보전·증진을 도모하고 질병의 예방·치유에 힘쓰는 일로 간단하게 정의되고 넓은 의미에서는 여기에 사회 환경을 좋게 하는 일도 포함된다. 구체적인 종류에는 개인위생·공중위생·식품위생·정신위생·환경위생 등이 있다. 개인위생과 공중위생은 대립되는 개념으로, 전자는 개인을 대상으로 하는 위생을 말하고 후자는 사회일반의 건강을 위한 위생을 말한다. 즉, 공중위생은 지역사회나 공장·학교 등에서 사람들의 건강 유지와 증진을 위해 행하는 조직적인 위생활동이며, 활동내용은 상수도·하수도에 대한 환경위생, 공해에 대한 대책, 전염병 예방, 모자보건, 정신위생, 불량음식물 단속 등 그 범위가 넓다. 이 활동은 주로 국가나 지방자치단체가 하며, 각 시·군에 보건소를 두어 운영하고 있다.

식품위생은 식품·첨가물·기구 및 용기와 포장을 대상으로 하는 음식에 관한 위생이다. 음식물로 인한 위생상의 피해를 미리 막기 위해 필요한 수단과 조처(措處)를 베푸는 일을 말하며, 식중독, 기생충 오염, 유독 동식물의 자연독, 식품첨가물의 독성, 농약의 해독, 환경공해 등으로 인한 피해를 막는 여러 가지 예방법과 법적인 조치가 있다. 정신위생은 정신건강의 유지와 증진을 촉진하여 더 나은 인간관계를 이룩하는 일이다. 넓은 뜻으로는 사회적으로 정신적 건강을 해치는 요인을 없애는 일을 뜻하며, 좁은 뜻으로는 정신의학의 한 분야로서 정신건강의 유지를 위한 연구와 실천을 뜻하는 말이다. 구체적으로는 이상의 조기발견, 대인관계의 개선, 인격발달의 지도, 노동환경의 개선정비 등을 들 수 있다. 또한 환경위생은 생활환경의 위생을 유지함으로써 사람들의 건강을 유지·증진하는 것을 말한다.

1 주방위생

1) 주방위생관리

주방 및 주방과 관련된 사람, 물건이 질병을 일으키지 않도록 청결하게 유지, 관리하는 것을 말한다. 즉, 오염된 것이 눈에 보이지 않으며 병원균이 거의 모두 제거되도록 하여야 하며, 인체에 유해한 화학물질이 없어야 한다.

외식업소의 주방에서 만들어져 손님에게 제공되는 음식은 모두 안전해야 한다.

즉, 주방에서 각종 가열 기구에 의해서 음식이 될 식재료들이 우선적으로 세균이나 기타 질병의 전염원에 오염되어 있지 않아야 한다.

음식물의 품질과 안정성은 매우 중요한 요소인데 맛이 변질된 음식이나 오물이 묻은 음식물, 상미기간(賞味期間)이 오래되어 불결한 음식물은 손님들을 만족시킬 수 없을 것이다.

위생관리의 최종목적은 식재료를 가공하여 손님에게 판매할 음식을 만드는 공정에서 주방설비 및 장비, 조리종사원, 서비스 종사원들이 최종 판매음식에 위해가 가해지지 않도록 충분하며 위생적으로 관리하기 위한 것이다.

(1) 청결한 작업이 용이하도록 주방 내의 준비시설과 1차 가공처리 지역을 합리적으로 설계
(2) 식재료 양 정확한 측정과 실행이 필요
(3) 주방 작업장에 위생규칙을 매뉴얼화하여 표준화
(4) 정확하게 실행할 때 위생적이고 안전한 음식물을 가공
(5) 조리종사원의 올바른 위생교육과 임무부여를 통하여 최상의 음식의 안전도 유지

2) 주방위생관리의 중요성

산업이 발달하고 경제 환경이 변화하면서 음식을 먹는 행위가 가정 식사위주에서 외식 위주로 바뀌어 질 수 밖에 없게 되었다.

이런 변화의 가장 큰 요인은 생활수준이 점차 높아짐에 따라 음식과 관계되는 외식행위가 인간의 문화생활 중 가장 중요한 여가활동의 하나로 자리잡아가고 있기 때문이다. 외식업소를 방문한 손님들은 유·무형의 서비스를 최상으로 기대한다.

즉 영양이 풍부하며 우수한 맛과 청결하고 안전한 음식, 최상의 서비스, 아늑하고 편안한 업소분위기, 편리한 주차, 친절한 종업원의 태도 등을 통하여 외식을 하는 즐거움을 즐기게 되는 것이다.

외식업소를 이용하고 있는 손님들은 음식의 맛과 영양, 업소의 분위기 등도 중요하게 생각하나 음식의 안전한 구입과 섭취에 가장 큰 관심을 가지고 있다. 이러한 손님들의 기대를 만족시키기 위한 위생적이며 안전한 음식을 제공하기 위해서는 먼저 주방의 올바른 설계를 계획하는 것이다. 또한 위생적이고 청결하게 식재료를 가공 및 처리를 할 수 있는 공간의 확보 및 구획정리가 필요하다. 그리고 그러한 공간에서 업무를 하는 조리종사원과 서비스종사원들의 위생적인 업무처리가 가장 중요하다. 물론 대부분의 외식업소들은 손님에게 안전하고 유독하지 않은 음식을 제공하기 위해 최선을 다하고 있다. 하지만 매뉴얼화 되어 있고 합리적인 위생처리기준을 계획하지 않고 실행하지 않으면 주방과 서비스구역에서의 효율성이 떨어지게 된다. 이것은 종사원들의 질병감염과 손님들의 감소 그리고 매출의 하락과 같은 일련의 좋지 못한 결과와 악순환을 초래하게 되는 것이다.

주방에서 음식을 다루는 주방종사원들과 서비스종사원들은 손님에게 제공되는 음식과 직접적으로 관련이 있는데, 위생메뉴얼과 위생관념에 대해 철저한 교육이 필요하다. 위생관리의 범위는 외식업체, 호텔의 서비스 및 조리업무의 전반적으로 구성된다. 특히 주방에서 업무를 하는 주방종사원들은 항상 개인 청결과 위생 관념 및 위생적 작업을 준수해야 한다. 그리고 주방에 설치되어 있는 각종 장비와 설비 및 배수 시설을 위생적으로 청결히 유지해야 전염성이 강한 세균과 중금속의 오염을 막을 수 있다. 한편, 주방 종사원들과 시설들은 위생적으로 관리되어진다고 해도 구입되는 식품의 검수 및 조리과정이 비위생적이면 관리의 효과는 없어질 것이다.

즉 주방종사원과 서비스종사원의 개인위생 및 주방시설들의 청결유지, 구입식품의 안전성 등의 모든 요소들이 위생관리에 소홀함이 없어야 한다.

3) 싱크대 위생관리

(1) 싱크대 상판의 기름때

설거지용 중성 세제, 락스, 물을 1 : 1 : 25의 비율로 섞거나 주방 전용 세정제를 스펀지에 묻혀 싱크대 조리대를 여러 번 닦는다. 뾰족한 드라이버, 젓가락 등을 활용해서 틈새나 모서리까지 완벽하게 누런 기름때를 제거하도록 한다. 스테인리스 스틸로 된 부위는 까칠까칠한 전용 수세미로 닦아야 기름때를 떼어낼 수 있다. 또한 치약을 사용하면 깨끗이 청소를 할 수 있다.

(2) 싱크대 상판의 물때

물 얼룩뿐 아니라 식품을 씻고 손질하는 과정 중에 나오는 오염이 많다. 스프레이 타입의 주방 세제를 살짝 뿌린 후 감자 껍질, 파, 레몬 등의 야채를 이용해서 문지르는 것도 좋은 청소 방법이다. 버리는 음식물 쓰레기 재활용도 되고, 깔끔한 싱크대도 유지할 수 있다. 실제로 이런 야채와 과일은 세정력이 생각보다 매우 우수하다.

(3) 싱크대 개수대

거름망의 음식 찌꺼기는 그때그때 처리해서 불쾌한 냄새가 나거나 벌레가 생기는 것을 막도록 한다. 특히 여름에는 매일 비워야 한다. 거름망은 쓰지 않는 칫솔이나 주방전용 솔을 이용하여 중성 세제나 베이킹 소다를 묻혀서 구석구석 닦아낸 후 뜨거운 물을 흘려 보낸다. 식초를 붓는 것도 살균 소독에 효과적이다. 시판되는 배수구 샷이나 배수구 캡을 사용해도 좋다.

(4) 싱크대 아래쪽

배수관이 있는 싱크대 아래쪽은 냄새가 나기 쉬우므로 자주 문을 열어 놓는다. 신문지를 깔아 습기를 흡수하게 하는 것도 좋은 방법이다. 배수관에는 음식 찌꺼기가 섞인 물이 수시로 내려오기 때문에 청소하기 어렵더라도 뜨거운 물과 세제를 이용해 때를 제거한다. 희석하지 않은 락스를 조금씩 흘려 보내는 것도 곰팡이와 세균 제거에 도움이 된다.

(5) 싱크대 타일 벽의 곰팡이

싱크대 타일 벽의 타일 틈새가 까맣게 변한 것은 곰팡이가 원인으로 타일 틈새는 항상 솔로 싹싹 문질러 청소해야 한다. 베이킹소다나 식초 등을 이용해서 닦아도 좋지만 곰팡이 전용 제품을 사용하는 게 더 깔끔하다. 곰팡이 전용 제품을 헝겊에 묻혀 때가 낀 부위를 닦아주거나 흠뻑 젖게 스프레이하고 다음날 물로 씻어내면 깨끗하게 닦인다.

(6) 싱크대 타일 벽의 음식 얼룩

주방 타일에 붙은 음식 얼룩, 아무리 오래된 것이라도 휴지에 주방용 세정제를 묻혀 하룻밤 정도 붙여 두었다가 닦으면 말끔하다. 또한 가스레인지 주변 타일 벽은 기름 때문에 누렇게 변하는데 잘 지워지지 않으므로 일주일에 한 번 정도는 꼭 청소를 해야 한다. 티슈에 주방용 세정제를 적셔 벽에 붙이고 2~3시간 후 수세미로 닦으면 된다.

(7) 싱크대 가스레인지 상판

상판은 조리하다가 여기저기 튄 음식물들로 더러워져 있는 경우가 많다. 음식 찌꺼기가 굳어버리기 전에 닦아주어야만 찌든 때로 변하는 것을 막을 수 있다. 기름때가 묻은 경우에는 밀가루를 뿌리고 키친타월이나 마른 행주로 닦아낸다. 눌어붙은 음식물은 중성 세제를 이용해 닦아내고 마른 행주에 식용유를 묻혀 마무리하면 말끔하다.

(8) 싱크대 가스레인지 후드

온갖 음식 냄새들을 없애주는 가스레인지 후드는 먼지와 기름때가 엉겨 붙어 있어서 수시로 체크해야 하며 가스레인지를 어느 정도 가열한 후 가스레인지 위에 신문지를 덮고 후드 청소를 하는데 주방용 세정제를 뿌리고 수세미와 칫솔을 사용해 구석구석 묻어 있는 때를 제거하고 나서 마른 걸레질로 마무리하는 게 순서이다. 필터는 두 달마다 교체한다.

4) 도마 위생관리

(1) 식중독 걱정 없는 소독과 관리

① 습기가 남지 않게 씻은 즉시 건조

곰팡이가 좋아하는 습기와 더러움은 철저하게 제거해야 한다. 일단 사용한 뒤에는 즉시 씻어서 잘 소독시켜 말린다. 2~3일에 한번 꼴로 일광 소독을 하면 완벽하다.

② 굵은 소금으로 세척

조리가 끝난 도마 위에 굵은 소금을 뿌려놓고 솔로 박박 문질러가며 닦아준다. 그런 후 뜨거운 물을 끼얹어 씻어 말리면 베어있던 음식 냄새도 제거되고 살균의 효과도 얻을 수 있다.

③ 소금 탄 식초물로 소독

도마를 깨끗이 닦고 그 위에 페이퍼 타월을 깐다. 물에 식초와 소금을 적당히 섞은 후 도마 위에 뿌린다. 1시간 정도 방치했다가 페이퍼 타월을 걷어내고 물에 헹군다.

④ 마무리에는 언제나 살균 소독

뜨거운 물이나 식초를 끼얹거나 표백하면 청결을 유지할 수 있다. 나무 도마는 곰팡이가 생기기 쉬우므로 2~3일에 한 번은 소독을 겸해 햇볕을 쪼여주고, 2주일에 한번은 표백한다.

5) 도마에 밴 음식 냄새 제거하기

① 생선냄새는 레몬으로 없앤다.

생선을 다듬은 도마는 찬물에 헹군 뒤 세제를 사용해서 나일론 솔로 박박 문질러 닦는다. 그 다음 레몬 조각으로 문지르면 생선 비린내가 사라진다. 레몬 대신 식초를 사용해도 좋다.

② 녹차 찌꺼기로 닦는다.

음식이나 식품의 냄새가 배어 있는 도마에 녹차를 활용, 녹차 찌꺼기를 도마 위에 놓고 수세미로 문지른 뒤 물로 헹궈내고 마무리로 햇볕에 건조시키면 냄새가 사라진다.

도마가 깨끗해지는 3가지 습관

① 여러 개의 도마를 갖춰 청결 관리

보통 도마 하나로 요리를 끝내는 경우가 많다. 그러나 음식물이 직접적으로 닿는 도마는 건강과 직결된다. 쾌적하고 위생적인 주방을 만들고 싶다면 무엇보다 여러 개의 도마를 갖춰두는 것이 중요하다. 특히 육류나 생선처럼 물기가 많고 세균 걱정이 심한 식품을 위한 도마는 반드시 따로 구비해둘 것을 권한다. 또한 조금 번거로워도 사용 후에는 즉시 소독해주도록 한다.

② 햇볕에 말릴 수 없다면 가스 불을 활용

도마를 소독하는 데 가장 이상적인 것은 역시 일광 소독. 햇볕에 말려 보송보송하게 건조시키는 것은 물론 세균까지 죽이는 것이 원칙이다. 그러나 습관이 되지 않는다면 음식을 만들 때 도마를 가스레인지에 데워주는 방법으로 대신해보자. 가스레인지의 불을 켠 상태에서 도마를 불 근처에 대고 앞뒤로 달궈주는 것. 어느 정도의 살균 효과를 얻을 수 있다.

③ 도마는 볕이 드는 곳에서 보관

도마를 보관해두는 장소에 세심한 관심을 기울여보자. 늘 쓰는 도마를 빛이 전혀 들지 않고 통풍이 이루어지지 않는 싱크대 속에 넣어두고 사용하는 것은 금물 매일 사용하는 도마를 햇볕에 일광 소독하는 일이 좀처럼 실천에 옮겨지지 않는다면 도마의 보관함을 햇볕이 잘 드는 다용도실 등으로 옮겨보는 것도 한 가지 방법이 된다.

③ 김치 냄새와 물드는 것을 예방

김치, 생선, 육류를 썰 때 우유팩이나 라면봉투 등을 올려놓고 사용한다. 김치물이 들었을 때는 염소계 표백제를 희석한 물에 담갔다가 햇볕에 바싹 말린다.

④ 찬물, 더운물 순으로 씻는다.

물을 적셔서 행주로 닦고 사용한다. 사용한 후에는 반드시 찬물로 씻은 다음 더운물로 닦는다. 바로 더운물을 쓰면 단백질이 응고하여 냄새와 더러움이 쉽게 없어지지 않는다.

6) 칼의 위생관리

육류나 생선 비린내가 밴 칼은 식초를 희석한 물로 씻은 다음 녹 방지를 위해 무 조각으로 닦아내고 마른 천으로 닦은 후 그늘진 곳에서 바짝 말린다. 또 과일이나 야채 전용 칼과 육류용, 생선용 등 용도별로 칼을 여러 개 준비하여 사용하는 것이 위생적이며 매일 사용한 후 햇볕에 바짝 말려야 세균이 번식하지 않는다. 또한 레몬으로 문질러 닦은 뒤 햇볕에 말리면 표백은 물론 살균 효과까지 있다.

구 분	방법 및 주기	비 고
세 척	·주기: 사용 후 ·세제: 중성·약알카리성세제 ·방법 · 40℃ 정도의 먹는물로 깨끗이 씻은 후(도마는 전용솔 이용), 수세미에 세제를 묻혀 잘 씻는다. · 40℃ 정도의 먹는물로 세제를 씻어낸다.	
소 독	·약품소독 · 도마: 염소액(50ppm)에 장시간 침지 후 먹는물로 씻어내어 건조시킨다. · 칼: 요오드액(25ppm)에 5분 이상 침지 후 먹는물로 씻어내어 건조시킨다. ·열탕소독: 100℃에서 5분 이상 소독한다. ·자외선소독: 자외선소독고 30~60분간 소독한다. ·소독후 청결한 보관고에 보관한다.	·소독조에 담궈 두는 것도 가능 ·열탕소독 가능

7) 수세미 및 행주의 위생관리

(1) 수세미의 위생관리

수세미를 사용하고 난 후에는 표면에 붙어 있는 찌꺼기, 때, 주방세제 등을 깨끗이 제거해야 한다. 세제는 세정효과는 있지만 살균력은 없다. 수세미에 주방세제가 남아 있으면 균의 영양분이 되어 세균이 쉽게 번식하기 때문에 깨끗이 헹궈내야 한다. 락스류의 살균제품을 풀어 놓은 물에 수세미를 30분 이상 담가 놓은 후 물로 충분히 헹구고 햇빛에 건조시키면 된다. 보관할 때는 통풍이 잘되는 철제 수납장에 보관하면 된다.

(2) 행주의 위생관리

하루 한번씩 꼭 살균소독을 해야 한다. 세제로 깨끗이 빨아 표면에 붙은 찌꺼기를 없앤 다음 락스 등의 주방용 표백제를 풀어 놓은 물에 30분 이상 담가둔다. 삶는 것도 잊지 말아야 하며 햇볕에 잘 말려서 사용한다. 식기용, 싱크대 및 식탁용, 식품용 등으로 용도를 나누어 사용하고 잘 말린 행주를 정리할 때는 안쪽부터 채워두고 사용할 때는 앞쪽의 행주부터 사용하면 된다.

8) 가스레인지의 위생관리

(1) 가스레인지 본체에 분말이나 액상 클렌저를 뿌리고 수세미로 닦아낸다. 이때는 청소하기 20분 전 쯤 클렌저를 미리 뿌려 음식 찌꺼기를 불려놓으면 청소하기가 한결 편리하다. 주 의할 점은 입자가 고운 수세미나 부드러운 스펀지를 이용해야 표면이 긁히지 않는다.

(2) 버너도 절대 빼먹으면 안 되는 부분이다. 버너는 칫솔이나 주방 청소용 솔로 문지른 후 마른 천으로 닦아내고, 막힌 구멍은 이쑤시개를 사용해서 뚫어준다.

(3) 가스레인지 받침에 눌어붙어 안 떨어지는 더러움은 액상 클렌저를 뿌려 음식물 찌꺼 기 등을 제거하기도 하지만 달걀 껍데기로 쓱쓱 닦으면 신기할 정도로 깔끔하게 더러 움이 제거된다.

구 분	방법 및 주기	비 고

세척
및 소독
	· 주기 : 1회/주, 사용 후
	· 세제 : 중성세제
	· 방법
	 · 가스밸브를 모두 잠근다.
	 · 상판이나 외장은 사용할 때 마다 세척한다(물이 들어가지 않도록 주의).
	 · 버너 밑에 있는 물 받침대, 용기 받침대 등 분리가 가능한 것은 전부 분리
	  하여 세제를 사용하여 세척한다.
	 · 세척액에 헹군 후 건조시킨다(기름을 발라 녹이 슬지 않도록 함).
	 · 가스 호스, 콕, 가스개폐손잡이 등에는 기름때 제거용 세제를 분무하여 지
	  시된 시간만큼 방치해 둔 다음 뜨거운 물을 천에 적셔 닦아낸다.
	 · 버너는 불구멍이 막히지 않도록 솔을 사용하여 가볍게 닦는다(먼지, 물이
	  들어가지 않도록).	

(4) 조리하다 보면 음식물이 튀어 지저분해지는 가스레인지 벽면 역시 닦아주어야 한다. 이럴 때는 벽면에 랩이나 투명시트를 붙여두고 더러워질 때마다 떼어내면 깔끔하게 주방타일을 관리할 수 있다.

9) 싱크배수구의 위생관리

(1) 악취방지법

저녁 설거지 후 배수구에 뜨거운 물을 부어주면 악취제거 및 살균효과가 있다. 또는 주방용 크리너를 이용해서 솔이나 칫솔로 닦아주고 식초와 물을 희석하여 흘려 부으면 악취가 사라진다. 배수구에 물때나 이물질로 더럽혀졌을 경우 끓는 물을 붓고 식초를 약간 뿌려준다. 그런 다음에 솔이나 칫솔로 닦아내면 쉽게 닦아진다.

기름기가 많은 음식물은 가급적 분리하여 사용하되 부득이 사용했을 경우 주방크리너를 이용해서 솔이나 칫솔 등으로 닦아낸 후 식초물을 희석해 흘려 부으면 장기간 악취없고 깨끗한 배수구가 유지된다.

장기간 사용으로 인하여 오염된 배수구 및 변색된 배수구 호스의 경우 교체 후 상기 방법으로 유지 관리 하면 오랫동안 악취방지 효과를 볼 수 있으며 배수능력 향상에도 도움이 된다.

(2) 청결위생법

① 씽크개수대

날마다 빈번하게 사용하는 곳으로 꼼꼼한 관리가 필요하다. 설거지가 끝난 뒤에는 중성세제로 깨끗히 닦는다. 개수대나 벽 주위도 때가 잘 끼므로 수시로 닦아준다. 살균세제로 한번 더 소독해 불쾌한 냄새를 없앤다.

② 배수구

오물통과 악취방지캡을 들어낸 후 끓는물을 붓고 물때나 이물질은 주방용크리너를 이용해서 한달에 한번 정도 솔이나 칫솔로 닦아준다.

③ 배수구 오물통

음식물 찌꺼기가 끼어 있으면 세균의 온상이 되기 쉽다. 설거지를 끝낸 후 신문지를 깔고 칫솔로 오물통 홈이 파인 곳에 낀 더러운 물질을 털어내고 닦아준다. 배수구 전용스펀지나 수세미에 중성세제를 묻혀 오물통을 닦아준다. 수시로 끓는 물을 부어주면 살균 및 악취제 거에 효과적이고 배수구 막히는 것도 방지할 수 있다.

(3) 배수구 각 부위 청소방법 및 관리요령

① 배수구통

배수구 뚜껑과 오물통을 분리 들어낸 후 악취방지캡을 뺀다. 주방용 크리너나 중성세제를 사용 안쪽 바닥구석, 조임스텐카바, 연결너트 부위를 부드럽게 닦아준다.

> ※ 배수구 외부를 청소할 경우 마른 걸레로 가볍게 닦아줄 것
>   이때 연결 너트 부위에 과도하게 충격을 가할 경우 누수의 우려가 있으니 주의할 것

② 오물통

오물통에서 오물을 분리할 경우 오물통 옆면을 휴지통 모서리나 각진 곳에 대고 충격을 가할 경우 오물통 파손의 원인이 되므로 주의하여 사용한다. 그리고 오물통은 배수구전용 스펀지나 수세미에 중성세제를 묻혀 내·외부를 골고루 닦아준다.

> ※ 락스나 기타 유용액에 담가 두었다가 사용하는 것은 일체 삼가할 것(변형 파손의 원인)

③ 악취방지캡

악취방지캡도 오물통과 마찬가지로 배수구전용 스펀지나 수세미에 중성세제를 묻혀 내, 외부를 골고루 닦아준다. 대형배수구의 악취방지캡은 배수구 안쪽바닥에 고정되어 있으므로 왼쪽으로 약간 돌려 분리되면 빼낸다(조립시 반대). 중소형 배수구의 악취방지캡은 스텐조 임카바에서 오물통과 마찬가지로 위로 들어올려 빼낸다(조립시 반대).

④ 뚜껑

배수구 뚜껑은 물로 가볍게 헹구어 사용할 것(뚜껑 날개부위에 고무가 있으므로 세제로 닦지 않도록 할 것) 뚜껑고무변형 및 스텐변형 등 보관에 주의한다.

> ※ 주의: 설거지 후 가급적 뚜껑을 닫아두면 악취 방지 효과가 훨씬 증대된다. 장기간 외출시에는 필히 뚜껑을 닫아 두고 외출할 것. 배수구안 수분증발로 악취발생에 원인이 된다.

생활 속의 위생

1) 10원짜리 동전으로 음식악취 완벽해결

특히 여름철에 물때와 음식찌꺼기로 씽크대 배수구가 미끈미끈 악취까지 나게 되면 정말 골치거리가 아닐 수 없다. 씽크배수구의 음식찌꺼기 오물통에 이런 음식물 찌꺼기의 부패와 악취를 막는데는 10원짜리 동전이 좋다. 못쓰는 스타킹에 동전을 4~5개 넣어서 오물통에 매달아 두면 된다. (1~2개월)동전의 구리 성분이 음식물을 부패하게 하는 박테리아 활동을 억제하기 때문이다.

또한 씽크배수구에 생기는 미끈미끈한 물때는 주방세제로 닦아낸 뒤 찻잎이나 감자껍질로 문지르면 금새 사라진다. 저녁 설거지 이후에는 씽크 배수구에 뜨거운 물을 부어주는 것이 좋다. 뜨거운 물이 살균은 물론 악취까지도 제거하기 때문이다.

2) 비닐을 이용한 악취제거 방법

우선 하수구 오물받이에 끼울만한 크기의 얇은 원통형 비닐을 구해 약 30cm 정도의 길이로 자른다. 이렇게 자른 비닐의 한쪽을 오물받이에 끼우고 고무줄로 단단히 묶은 다음 하수구에다시 꽂는다. 물 한 바가지를 부어 비닐이 서로 달라 붙게 한다. 비닐이 서로 달라 붙으면 어떻게 될까? 그렇다 하수구와 주방의 통로가 차단된다.(완전밀착형 하수캡역할) 따라서 더이상 악취가 올라오지 않게 된다.

3) 씽크개수대(스텐상판) 청소는 무즙을 이용

씽크개수대가 더러워지면 무에 클린저를 묻혀서 닦으면 흠집도 나지 않고 놀랄 정도로 잘 닦인다. 쉽게 더러워진 배수구도 이런식으로 닦으면 잘 닦아진다.

2 주방의 구조 및 설비

1) 주방의 구조

주방은 위생적, 능률적, 경제적인 면의 순서를 고려하여 설비해야 한다. 다음과 같은 상황을 고려하여 구조를 잡아야 한다.

(1) 건물구조는 독립된 건물이거나 다른 용도의 시설과 구획되는 구조이어야 하고, 내구력이 있어야 한다.

(2) 급수시설은 수돗물 또는 공공시험기관에서 음용에 적합하다고 인정한 것이어야 한다.

(3) 주방의 조명은 50Lux 이상이어야 한다.

(4) 창문, 조리장, 출입구, 화장실, 배수구에는 쥐 또는 해충을 막을 수 있는 방충시설을 하여야 한다.

(5) 객석, 조리장 및 화장실에는 충분한 환기시설을 갖추어야 한다.

구 분	방법 및 주기	비 고
세 척	· 주기 : 1회/일 이상, 사용 후 · 세제 : 중성, 약알카리성세제 · 방법 · 주변을 정리한 후 40℃ 정도의 먹는물로 씻는다. · 수세미에 세제를 묻혀 상단, 옆부분, 받침대를 포함한 아래 부분을 골고루 문지른다. · 작업찬장의 경우 구석, 모서리 부분까지 깨끗이 씻어낸다. · 40℃ 정도의 먹는물로 잔류 세제를 닦아낸다. · 물 빠짐이 안되는 경우(찬장 등)는 청결한 행주를 사용하여 물기를 닦아낸다.	
소독	· 약품소독 · 요오드액(25ppm) 또는 염소액(100ppm)을 구석까지 빈틈없이 분무하고 1분 이상 자연건조시킨다. · 혹은, 알콜(70%) 분무 후 자연건조시킨다.	

(6) 조리장은 객석에서 그 내부를 볼 수 있는 구조를 되어 있어야 한다. 단, 관광진흥법시행령에 의한 관광호텔의 조리장은 예외이다.

(7) 조리장의 바닥과 내벽은 바닥으로부터 1m까지 타일, 콘크리트 등 내수성 자재로 하여야하고, 배수청소가 쉬워야 한다. 단, 대중음식점, 유흥음식점의 경우에는 백색 타일 구조여야 한다.

2) 주방의 설비

(1) 조리장 바닥의 배수로에는 덮개를 설치하여야 한다.

(2) 조리장 내에는 입식조리대, 식기류 세척시설, 폐기물 용기, 종사원의 손씻는 시설을 각각 설치하여야 한다.

(3) 조리장에는 주방용 식기류의 살균소독기 또는 열탕세척 소독시설을 설비해야 한다.

(4) 음식물이나 식기류의 위생 보관할 수 있는 시설과 냉장시설을 갖추어야 한다.
  • 반찬통, 식판, 국통 및 소규모 기구류(집게, 수저, 국자, 가위 등)

구 분	방법 및 주기	비 고

세척	• 주기 : 1회/일 이상
	• 세제 : 중성, 약알카리성 세제
	• 방법
	  • 용기를 종류별로 나누어 남아있는 음식찌꺼기를 제거
	  • 40℃ 정도의 먹는물로 씻는다.
	  • 세제로 세척한 후 40℃ 정도의 먹는물(흐르는 물)로 잔류 세제없이 헹군다.	

소독	• 수저 : 100℃ 열탕에서 5분이상 소독하거나 전기소독기로 소독하여 수저표면 온도가 75℃ 이상이 되도록 한다.
	• 식판, 국통 : 열탕소독 100℃에서 5분 이상한다.
	• 플라스틱, 고무 : 요오드(25ppm) 또는 염소(100ppm) 소독
	• 금속제
	  • 열탕소독(100℃ 이상에서 5분 이상)후 건조시킨다.
	  • 요오드(25ppm)소독 후 건조시켜 먹는 물로 헹군 다음 건조 후 보관한다.	

보관	• 소독한 후 지정된 청결한 장소에 보관한다. • 찬통, 식판, 국통 등을 선반에 보관할 경우 바닥의 물이 튀지 않는 높이 (60㎝ 이상)에 겹치지 않게 엎어서 보관	

3) 식기류 세척과 폐기물처리

(1) 식기류의 세척시설은 세척과 헹굼, 열탕소독의 3단조 세척시설이 바람직하다. 업소 면적에 따라 3단조 세척시설의 설치가 불가능하다면 가급적 2단조 시설을 갖추어야 한다.

(2) 식기류는 항상 깨끗한 물에 여러 차례 헹구어 씻되, 고인 물보다는 흐르는 물에 씻는 것이 효과적이며, 씻을 때는 찌꺼기를 잘 닦아내고, 세정제(물비누) 등을 이용하여 잘 씻 어낸 다음, 다시 헹구어 75~82도의 헹굼물에 살균열탕소독을 한 후 찬장에 보관하여 야 한다.

(3) 표면이 닳았거나 이가 빠진 식기류는 세척이 잘 되지 아니하므로 새 것으로 바꾸고, 행주로부터 세균이 오염될 수 있으므로 자연건조를 시켜야 한다.

(4) 식기를 씻는 세제는 살균성이 있어야 하고, 부식방지와 세척력이 있어야 한다.

(5) 세제는 연성세제(물비누)를 사용하여야 하며, 가루세제와 같은 독성 있는 강력세제를 사용해서는 안된다.

(6) 쓰레기나 폐기물은 주방에 쌓아 두지 말고 악취가 나지 않도록 자주 치워야 하며, 객 실이나 주방 외의 폐기물통은 주방으로 운반되는 일이 없도록 하여야 한다.

3 주방의 안전관리

1) 주방안전관리

주방에는 각종 시설물과 기물 및 전기시설, 가스 등 종사원에게 위해를 가할 수 있는 여러 가지 요소들이 도처에 배치되어 있다. 즉 이러한 내 외형적인 위험요소들은 종사원들의 안전에 위해를 가할 뿐 아니라 회사의 전체적인 재산에 피해를 줄 수가 있다. 따라서 각 파트에서 근무를 하는 종사원들은 항상 안전사고와 화재 및 재해방지에 올바를 지식을 갖추고 있어야 하며, 예방 및 사고 후 처리에 신속한 행동을 이행해야 한다.

주방의 안전 및 재해사고를 방지하기 위해서는 무엇보다도 주방설비의 올바른 시공이 중요하며, 종사원들의 전체적이고 올바른 교육과 업무수행에 있다.

주방에서 재해가 일어나는 경우는 다음과 같다.

(1) 주방시설의 노후화

(2) 주방시설의 관리부재

(3) 주방바닥의 미끄럼방지 설비부재

(4) 종사원들의 재해방지 교육부재

(5) 주방시설과 기물의 올바르지 못한 사용

(6) 가스 및 전기의 사용부주의

(7) 과중한 업무로 인한 종사원의 집중력 부재

(8) 종사원들의 육체적, 정신적 피로

2) 안전사고에 대한 관리

(1) 개인안전수칙

① 칼을 사용 할 때는 정신을 집중하고 안전한 자세로 작업에 임한다.

② 주방에서 칼을 들고 다른 장소로 옮겨갈 때는 칼끝을 정면으로 두지 않으며 지면을 향하게 하고 칼날은 뒤로 가게 한다.

③ 주방에서는 아무리 바쁜 상황에서도 뛰어다니지 않는다.

④ 칼로 캔을 따거나 기타 본래 목적 외에 사용하지 않는다.

⑤ 칼을 보이지 않는 곳에 두거나 물이 든 싱크대에 담가두지 않는다.

⑥ 칼을 떨어뜨렸을 경우 잡으려 하지 않는다. 한걸음 물러나면서 피한다.

⑦ 칼을 사용하지 않을 때는 안전함에 넣어서 보관한다.

⑧ 뜨거운 용기를 이동할 때는 마른행주를 사용한다.

⑨ 뜨거운 용기나 스프를 옮길 때는 주위 사람들을 상기시켜서 충돌을 방지한다.

⑩ 청결하고 몸에 맞는 유니폼과 안전화를 착용한다.

(2) 일반안전수칙

① 손에 물이 묻어 있거나 바닥에 서 있을 때는 전기장비를 만지지 않는다.

② 전기장비를 다룰때는 스위치를 끈 다음 만진다.

③ 스위치를 끈 것을 확인하고 기계를 조작하거나 닦는다. 기계가 작동을 멈출 때까지 기계에서 음식을 만지지 않는다.

④ 전기장비와 전기장치를 점검하고 전기코드를 꽂을 때 기계 자체에 부착이 된 스위치가 꺼져 있는가를 먼저 확인한다.

⑤ 미트 슬라이서를 청소할 때는 절단하는 칼날에 손이 닿지 않도록 거리를 두고 기계를 사용하지 않을 때는 칼날을 닫아 놓고 스위치는 항상 꺼야 한다.

⑥ 호스로 물을 뿌릴 때 전기플러그, 각종 기계의 스위치에 물이 튀지 않도록 주의한다.

(3) 주방바닥

주방은 늘 물을 사용하기 때문에 바닥은 항상 물기가 없도록 하여야 한다. 물과 기름이 주방바닥에 흘려져 있을 경우 즉시 대걸레나 종이류로 물을 제거하고 작업을 한다. 튀김요리를 하는 파트의 주변은 조리를 하는 도중 기름이 바닥에 엎질러지지 않도록 유의하며 떨어진 기름은 즉시 제거한다.

(4) 식당안전수칙

① 맨처음 출근자는 먼저 가스 누출과 냄새가 나고 있는 지의 여부를 확인한다.

② 소방시설물 부근에는 장애물을 두지 말아야 한다.

③ 소화기는 잘 보이는 곳에 비치하고 사용 가능한 소화기인가를 확인한다.

④ 근무 중에는 이상한 냄새, 연기 그리고 소리에 주의를 기울여야 한다.

⑤ 이상이 있을 때는 크고 작고를 가리지 않고 응급조치를 한다.

⑥ 위험물 및 유해물은 식품과 별도로 안전한 곳에 보관한다.

⑦ 최종근무지는 화기단속 및 모든 사항을 확인한다.

(5) 가스안전수칙

① 도시가스는 냄새가 있어 새는 것을 쉽게 알 수 있으며 공기보다 가벼우므로 가스가 세면 높은 곳으로 몰리기 때문에 사용 전 반드시 환기하여야 한다.

② 연소기기 부근에는 불붙기 쉬운 가연성 물질을 두어서는 안된다.

③ 가스의 누출을 알기 위하여 콕과 연결부, 호스를 비눗물로 수시 검사해 보아야 한다.

④ 가스사용을 중단할 경우에는 연소기구의 콕밸브를 확실하게 닫아두고, 야간에 가스를 사용한 후에는 주밸브와 용기밸브를 꼭 닫아둔다.

⑤ 가스가 새어 냄새가 날 때는 즉시 부군의 화기를 꺼버림과 동시에 콕, 주밸브, 용기밸브를 모두 닫고 창이나 출입구를 열어 통풍을 시키며 비상관제실에 통보한다.

⑥ 가스 사용할 때 자리를 비우지 말고 끓는 것이 넘쳐 불이 꺼지지않도록 감시하여야 한다.

⑦ 가스가 나오면서 호스, 배관에 화재가 났을 경우 먼저 가스중간밸브를 차단하고 소화기로 소화한다.

(6) 기계설비 안전수칙

① 제반작업은 운전 및 작업기준에 준하여 행한다.

② 모든 기구는 정확하고 철저한 점검을 행한다.

③ 기계설비 작업 및 운전방법은 정확하게 숙지한다.

④ 각종 기계의 이상음과 타는 냄새에 주의한다.

⑤ 운전 중인 모든 기계는 기준치 대로 가동중인가를 확인한다.

⑥ 교대 및 인수인계를 확실히 한다.

⑦ 근무지를 무단 이탈하거나 졸지 않는다.

⑧ 흡연 및 음주를 금한다.

⑨ 항상 자기 주변을 깨끗이 청소하고 폐기물은 지정된 장소에 버린다.

⑩ 공동 작업시는 상호간 연락 및 신호를 확실하게 한다.

⑪ 출입이 제한된 곳에는 지정된 자 외에는 통제한다.

⑫ 작업 지시와 보고 계통을 확립하고 준수한다.

(7) 위험물 안전수칙

① 위험물 취급자는 위험물 보안 감독자의 감독 아래에 위험물을 취급한다.

② 위험물 취급자는 매 시간 순찰을 행하여 이상 유무를 확인한다.

③ 위험물 취급장소에서는 담배를 피우거나 화기를 다루지 않는다.

④ 분말소화기의 장비점검을 철저히 한다.

⑤ 발화성 및 인화성 물질 또는 폭발 우려가 있는 물질은 통풍을 시키고 시설 등이 정상 작동되도록 수시 점검한다.

⑥ 탱크에서 기름이 새지 않는지를 확인한다.

⑦ 주위를 항상 깨끗이 한다.

⑧ 위험물 취급자 외에는 출입을 금한다.

외부출입자 관리

(1) 식품취급지역에 들어오는 방문객 및 공사관계자 등은 식품을 오염시키지 못하도록 외부인 전용의 위생복, 위생모를 착용케 하여야 하며, 출입 시에는 신발 소독 조를 반드시 통과하도록 하고 이를 준수하지 아니한 자를 출입케 하여서는 아니 된다.

(2) 외부인에 대해서도 장신구 및 식품에 오염을 줄 수 있는 물건 등을 착용하지 못하게 한다.

FOOD
HYGIENE

Chapter
08 개인 위생관리

개인 위생관리

FOOD
HYGIENE

음식은 사람의 손에 의해 만들어지므로 조리종사자는 건강한 사람이어야 하며, 기본적인 위생관리 방법을 숙지하여 위생관념을 익히고 실천하는 것을 생활화하여야 한다. 청결 단정한 용모, 개인의 위생관리는 안전한 식품의 조리에 있어서 가장 기본적이면서도 매우 중요한 요소이다. 이 장에서는 종사자의 건강진단, 개인 위생관리, 복장 등에 대한 기준을 제시하였다.

1 건강진단

식품위생법 제 26조 제4항에 의하여 질병에 걸린 자는 채용에 제외한다.

1) 채 용

건강진단채용 시 일반채용신체검사서와 식품위생법시행규칙 제34조에 의한 건강진단을 통하여 건강상태를 확인한다. 또한 건강문진서와 건강 이상 시 보고할 것에 대한 동의서를 받는다.

   (1) 전염병예방법 제2조 제 1항의 규정에 의한 제1종 전염병중 소화기계 전염병: 콜레라, 장티푸스, 파라티푸스, 세균성이질

(2) 전염병예방법 제2조 제 1항의 규정에 의한 제3종 전염병중 결핵 및 성병

(3) 피부병 및 화농성 질환자

(4) B형간염(전염 우려가 없는 비활동성 간염은 제외)자 등

2) 정기 건강진단

(1) 조리종사자는 식품위생법시행규칙 제34조 규정에 의거 1년에 한번씩 건강진단을 받아 그 내용을 건강진단 결과서에 기록하여 관리한다.

(2) 건강진단 결과서에는 성명, 다음 검진일, 이상여부가 기록되어야 한다.

3) 임시 건강진단

전염병 유행 시 또는 필요시에는 임시 건강진단을 받도록 하여 조리종사자의 건강이상 여부를 확인한다.

일일 건강상태 확인

· 매일 조리작업 전에 영양사는 조리종사원의 건강상태를 확인한다.

· 설사·발열·복통·구토하는 자는 식중독이 우려되므로 조리작업에 참여시키지 않으며, 의사의 진단을 받도록 한다.

· 본인 및 가족 중에서 법정전염병(콜레라, 이질, 장티푸스 등) 보균자가 있거나, 발병한 경우에는 완쾌 시까지 조리작업을 금지한다.

· 손, 얼굴에 상처나 종기가 있는 자는 가급적 조리업무를 담당하지 않도록 업무를 조정한다.

※ 조리사는 년 1회 정기적으로 건강검진을 받아 그 내용을 건강진단관리표 등에 기록하여 관리하여야 하며, 본 건강진당관리표에는 성명, 기검진일, 다음검진일, 총인원수 등을 기록하여 별도 보관철의 맨 앞장에 보관토록하며 개인별 건강진단결과서를 순서대로 보관, 관리한다.

2 개인위생관리

개개인의 장신구와 복장은 절대 식품취급지역에 두어서는 안되며, 조리장에서 일하는 모든 사람은 작업 전, 작업 중에 최대한 개인청결을 유지해야 하고, 그 작업의 특성에 따라 맞는 청결상태를 유지하여야 하며 이를 개인위생점검일지에 기록 관리한다. 조리종사자 등 식품을 취급하는 자의 개인위생이 식품의 안전성에 큰 위험을 초래하는 오염원이 될 수 있으므로 조리실에 들어서는 순간부터 나갈 때까지의 전 과정을 위생원칙에 입각하여 행동하고 개인위생 수칙을 철저히 지켜 생활화 되도록 노력해야 한다.

1) 위생교육

(1) 현장관리자는 모든 식품취급자에게 위생적인 식품취급과 개인위생에 대해 적절하고 계속적인 교육을 실시하여 식품취급자가 식품오염을 막는데 필요한 주의사항을 이해하도록 한다.

(2) 영양실장, 조리실장 또는 위생관리 담당자는 월 1회 1시간 이상 조리원에게 위생교육을 실시하고, 교육내용, 참석자, 불참자 등을 확인하고, 그 내용을 위생교육 일지 등에 기록한다.

(3) 일지 작성 시에 교육실시시간은 항시 정확하게 기록하며, 교육 내용 자료가 많을 경우 별첨하여 보관하여도 무방하다. 교육 불참자에 대해서는 추후 별도 교육 후 기록한다.

2) 일반위생

(1) 두발은 짧고, 청결하게 하며, 수염은 매일 깎는다.

(2) 손톱은 짧게 깎고, 청결하게 관리하며, 매니큐어를 하지 않는다.

(3) 위생복, 위생모, 위생화, 앞치마 등은 조리작업 전용의 규정된 것을 올바르게 착용하

며 항상 청결하게 유지한다. 특히 위생모의 경우 머리카락이 밖으로 나오지 않도록 착용한다.

(4) 위생화는 평상화와 별도의 전용 보관함에 보관하여 교차오염을 방지하도록 하며 별도의 전용 보관함이 없는 경우에는 주방 출입 시 신발소독 및 보관함의 청결관리에 주의하도록 한다.

(5) 시계, 반지, 목걸이, 귀걸이 등의 장신구는 하지 않는다.

(6) 진한 화장은 삼가며 향수, 향비누 등 식품에 영향을 미치는 제품의 사용을 금한다.

(7) 식품을 취급하는 동안 식품을 오염시킬 수 있는 행동(취식이나 흡연, 껌 씹기, 이쑤시개 사용 등) 또는 침 뱉기 같은 비위생적인 행위를 하여서는 아니 된다.

(8) 담배는 지정된 장소에서만 피우도록 하며, 창고, 조리장내에서는 절대 금연토록 한다.

(9) 주머니에 물건을 넣어 두지 않는다.(포켓온도계 등 부득이 하게 지참하는 경우에는 이탈되지 않도록 각별히 주의한다.)

(10) 오염구역에서 비오염구역으로 이동시에는 손 씻기, 신발 소독, 앞치마 교체 또는 소독 등으로 최대한 교차오염 방지에 주의한다.

3) 손위생

(1) 손의 청결

개인위생은 기본은 손 청결관리이며, 손 세척에서 시작하여 손 세척으로 끝난다.

손세척이라 함은 세제를 이용한 세척 및 소독까지의 과정을 말한다. 우리 손에는 육안으로는 확인되지 않는 많은 미생물들이 존재하여, 조리작업 과정에 식재료, 식기구, 음식 등에 오염되어 식중독을 일으킬 수 있다. 이러한 미생물들은 제거하기 위해서는 올바른 손 씻기가 중요하다.

이를 위해서는 합리적인 손 세척 방법의 설정, 적절한 세제와 살균 소독제의 선택과 사용, 설정된 방법에 따른 충실한 손세척이 필수적이다.

🔔 손바닥 세척 후 건조필름배지(Petrifilm) 배양 결과

(2) 올바른 손 세척 방법

① 흐르는 따뜻한 물로 팔꿈치까지 물을 묻힌 후 비누를 사용하여 손을 서로 문지르면 서 회전하는 동작으로 비누거품을 충분히 낸다(약 30초간). 특히 손가락 사이, 손끝, 주름부위 등을 철저히 씻는다.

② 손톱브러쉬를 이용하여 손가락과 손톱주위를 깨끗이 씻는다.

③ 흐르는 물로 비누거품을 충분히 헹구어 낸다(약 20초간).

④ 페이퍼타올 또는 온풍건조기로 물기를 완전히 제거한다.

⑤ 손전용 소독제(70% 알코올 등)를 손에 분무하여 문질러서 건조한다.

· 소독제가 함유된 손전용 세척 액상비누(역성 비누 등)를 사용할 때에는 상기의 방법으로 비누 액을 사용하여 손 세척 후 별도의 소독과정을 생략할 수 있다.

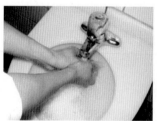

· 손톱 솔은 적당히 부드러우면서도 손톱 밑과 주위의 오물을 쉽게 제거할 수 있고, 피부를 상하게 하지 않는 솔을 사용해야 한다. 이러한 솔을 세면대에 부착해 두고 조리원들이 사용할 수 있도록 해야 하는데, 이 솔도 소독액에 담가 소독 해 주지 않으면 미생

물의 서식지가 되어 오히려 2차오염 등의 문제를 일으킬 수도 있다.

· 손의 건조시에는 온풍건조기를 사용하여 손을 비벼가며 건조시키는 방법이 바람직하나 여건상 미비시에는 1회용 페이퍼타올을 사용하여 물기를 닦아내도록 한다. 페이퍼타올 사용 시에는 별도의 페달식 휴지통을 구비하여 사용토록 한다.

· 최종 손 소독용 알코올은 손 세척 후 완전히 건조된 상태에서 분무하여야 소독의 효과 및 알코올성분의 휘발이 용이하다. 별도의 기계식 알코올분무기가 있는 사업장에서는 항시 기계의 정상 작동 여부 및 소독액 잔량에 대해 점검하며, 기계식 알코올분무기가 없는 사업장에서는 알코올성분 소독제를 분무기에 넣어 손 세척 후 최종 소독에 사용토록 한다.

(3) 손 세척시 유의점

① 위생적인 손 세척을 위해서는 합리적인 손세척방법의 설정, 적절한 세제 또는 살균·소독제의 선택·사용 및 설정된 방법에 따른 충실한 손세척이 필수적이다.

② 고형비누 보다는 액상비누가 더욱 효과적이며 액상비누의 경우 3~5㎖ 정도로 충분하다. 손 세척 시간은 비누 또는 세정제, 항균제 등과 충분한 시간 동안 접촉할 수 있어야 하고(30초 이상), 양손을 비벼서 마찰을 증가시키거나 솔을 사용할 경우 비상재성세균의 감소율이 크다.

③ 손 세척에는 더운물(37~43℃)의 사용이 효과적이며 높은 온도에서 세척·살균제의 활성도가 높다. 물이 차가울 경우에는 비누를 사용하더라도 피부 표면의 비상재성세균만 제거될 뿐, 피부속의 상재성세균은 전혀 제거되지 않는다.

④ 오랜 시간 동안의 손 세척은 상재성세균의 유출에 따라 피부표면의 미생물수 증가를 초래한다는 연구결과도 있다.

⑤ 또한 너무 잦은 손 세척(하루 25회 이상)은 피부가 갈라지거나 염증을 일으키며 피부의 일반적인 보호기능에 장애를 줄 수 있다(피부 pH변화, 피부지방제거, 수분감소 등).

(4) 손 세척이 필요한 경우

① 주방에 들어올 때

② 오염작업구역에서 비오염작업구역으로 이동한 경우

③ 조리작업 시작 전

④ 식품에 직업 접촉하는 작업을 하는 경우(장갑사용시도 적용)

⑤ 배식 작업 전

⑥ 화장실 이용 후

⑦ 야채류, 육류, 어패류, 난류 등 미생물 오염의 위험성이 큰 재료 접촉 후

⑧ 머리나 얼굴을 만진 후

⑨ 휴식 후, 흡연·식사 후

⑩ 상처(화상, 자상 등)치료 직후

⑪ 조리기구 이외의 물품(전화기 등)을 만진 후

⑫ 기계류 작업 후

⑬ 잔반, 쓰레기 등 처리 후

(5) 손 세척 도구의 setting

① 세면대(온수 공급, 손 비접촉식 권장(페달식, 전자감지식 등))

② 비누(향이 강한 비누 자제, 손 세척 전용 액상비누 권장)

③ 손톱솔

④ 온풍건조기 또는 1회용 페이퍼타올(페달식 쓰레기통 함께 구비)

⑤ 소독용 알코올분무기(기계식 또는 분무식)

⑥ 손 세척관련 안내문 : 손 씻는 방법 및 손 씻는 경우 작성 부착

(6) 손 세척용 세제 및 소독제

① 비 누

비누는 항균효과가 있는 항균비누(antimicrobial soap)와 항균효과 및 살균효과가 전혀 없는 일반비누가 있다. 일반비누는 살균력은 없지만 먼지 및 미생물을 물리적으로 제거한다. 반면 항균비누는 비상재성 및 상재성 미생물 제거에 더욱 효과적이다. 항균비누를 사용할 경우에도 손을 자주 세척하여야 한다.

② 클로르헥시딘(Chlorhexidine)

글루콘산클로르헥시딘(Chlorhexidine gluconate: CHG)은 비상재성세균은 물론 상재성세균, 병원성미생물, 곰팡이에 효과가 있으나 바이러스에 대해서는 효과가 없다. 지속적인 항균효과가 뛰어나다.

③ 알코올

알코올은 세균에 대해 신속하게 효과를 나타낸다. 그러나 바이러스에 대해서는 효과가 적으며 지속성이 떨어진다. 지나치게 잦은 알코올 소독(하루 25회 이상)은 피부지방 제거 및 염증을 유발할 수 있으므로 사용상 주의를 요한다. 알코올은 세척 효과가 없기 때문에 소독 이전에 반드시 비누로 충분히 손을 세척하여야 한다.

④ 요오드살균제(Iodophor)

요오드살균제는 비상재성세균의 감소(99.2-99.5%)에 효과를 나타내지만 글루콘산클로르헥시딘과는 달리 지속효과는 없다. Iodophor는 손세척시 살균제로 사용하나 고농도의 제품(0.75% 이상)은 잔류에 따른 이취발생 및 피부착색을 유발하기 때문에 사용의 제한을 받는다.

⑤ 트리클로산(Triclosan)

트리클로산은 그람양성 및 대부분의 그람음성 세균에 대하여 광범위하며 신속한 살균효과가 있을 뿐만 아니라 유기물에 의한 영향이 거의 없으며 1.5%의 트리클로산은 비상재성세균에 대하여 지속적인 살균효과를 나타낸다.

⑥ PCMX(Para-chloro-meta-xylenol)

PCMX는 그람양성 미생물에 대해서는 효과가 있지만 그람음성 미생물에는 효과가 떨어진다. 또한 바이러스, 일부 곰팡이 및 결핵균에 대하여 좋은 효과를 나타낸다. 유기물에 의한 영향을 받지 않으며 수 시간 동안 지속성이 있다.

⑦ 손톱솔

손끝과 손톱 밑 부분 및 손톱주위의 청결을 위해 손톱 솔의 사용이 필수적이며 비누와 동시에 사용하여야 효과적이다. 손톱 솔을 사용한 후 비누세척을 한 경우 처음 세척 시는 잔류 미생물수가 1/1000 정도 감소하며, 다음 세척 시는 잔류미생물의 1/100이 추가적으로 감소된다. 식품관련 종업원이 작업을 변경하거나 화장실을 사용한 후에 반드시 손톱 솔을 이용한 손 세척을 하여야 한다.

(7) 손의 건조

접촉에 의한 미생물의 오염은 건조한 손보다는 젖은 손에 의해 더욱 쉽게 이루어진다. 따라서 손 세척 후 손에 남아있는 수분은 세균 및 바이러스를 오염시키는 주된 역할을 하므로 세척한 손을 건조시킬 수 있는 시설을 구비하여야 한다.

① 온풍건조기

건조효과는 건조속도, 손세척정도, 건조정도 등에 의하여 영향을 받는다. 충분히 건조하지 않았을 경우 종사자는 손을 옷 등에 닦는 경우도 있기 때문에 성능이 우수한 온풍건조기의 설치가 필요하다. 온풍건조기는 천타월을 사용할 경우보다 대장균(E. coli) 및 로터바이러스 등의 감소에 효과적이다.

② 종이타월/천타월

손을 건조시킬 때 종이타월이나 천타월을 사용할 경우 물리적 마찰로 인해 박테리아가 제거되기 때문에 상당한 미생물 감소효과가 있다.

종이타월 및 천타월을 사용하여 건조할 경우 각각 29%, 26%의 미생물 감소효과가 있다. 천타월의 경우 지속적으로 사용되기 때문에 이전 사용자의 사용에 따른 잔류 미생물로 인한 교차오염의 우려가 있다. 이는 이전사용자가 손으로 수건을 돌리거나 끌어당기는 과정에서 오염이 발생되거나 부적절한 세탁으로 미생물이 잔류하기 때문이다. 따라서 종이타월의 사용이 보다 바람직하다. 수돗물로 세척한 후 종이타월로 잘 닦을 경우 황색포도상구균의 95% 정도가 감소된다.

(8) 장갑의 착용

장갑을 착용하는 주된 목적은 위해미생물이 식품취급자의 손을 통해 식품으로 오염되는 것을 방지하는 것이다. 장갑을 착용하기 전과 벗은 후에는 반드시 철저한 손 세척을 하여야 한다. 손 세척을 하지 않은 상태로 장갑을 착용하는 경우 장갑의 미세한 구멍을 통해 손에 잔류하는 위해미생물이 식품으로 오염될 수 있기 때문에 반드시 손 세척 후 장갑을 착용하여야 한다. 장갑을 통한 미생물 오염율은 비닐장갑이 고무장갑보다 더욱 높다.

너무 헐렁한 장갑을 착용한 경우에는 작업에 방해가 될 뿐 아니라 미생물 오염의 개연성이 크며, 너무 끼는 장갑을 착용한 경우에는 땀의 발생과 온도상승으로 인해 미생물의 증식이 활발해질 수 있다. 따라서 장갑의 착용 전에는 반드시 철저한 손 세척을 하고 충분히 건조시키며, 적어도 2~3시간 마다 새것으로 교환하여야 한다. 또한 강도 높은 작업을 할 경우에는 장갑에 구멍이 생기기 쉽기 때문에 더욱 자주 교환하여야 한다. 점성이 높은 식품의 표면 및 포장하지 않은 식품과 직접 접촉하는 작업에 종사하는 자는 면장갑을 착용하지 않는 것이 바람직하며 사용한 장갑을 다시 사용할 경우 반드시 적절한 방법으로 세척·살균한 후 사용하여야 한다.

장갑을 착용함으로써 미생물오염이 낮아진다고 생각할 수 있기 때문에 손 세척을 소홀히 하거나 식품종사자들이 장갑을 착용한 채 오염된 접촉면, 입 또는 코를 만지는 경우가 빈번하므로 오히려 장갑의 착용에 따른 미생물의 오염 및 교차오염이 발생할 경우도 있다.

4) 복장위생

(1) 영양사

① 조리실내에서는 위생복, 위생모, 위생화를 착용한다.
② 외부 또는 화장실 출입시에는 위생복장을 벗어 둔다.

· 위생모는 머리 전체를 덮어야 하며, 긴 머리의 경우 망사를 통해 흘러내리지 않도록 한다.
· 전 직원은 깨끗한 조리복과 앞치마, 위생모를 착용해야 한다.
· 즉석식품을 다룰 때 반드시 손 세척 후 장갑을 착용해야 한다.
· 모든 위생물품은 착용하기 쉬워야 한다.
· 신발은 착용하기 용이하며 미끄러지지 않아야 한다.

(2) 조리종사자

① 위생복의 색상은 더러움을 쉽게 확인 할 수 있는 흰색이나 옅은 색
   상으로 하고, 위생복을 입은채 조리실 밖으로 나가지 않는다.

② 앞치마는 조리용, 배식용, 세척용으로 구분하여 착용한다.

③ 위생모는 머리카락이 모자 바깥으로 나오지 않도록 머리를 뒤로
   넘겨 확실하게 착용하고 긴머리의 경우는 반드시 묶는다.

④ 음식의 배식시 기침이나 재채기를 통한 세균오염을 방지하기 위하
   여 필요시 위생마스크를 착용한다.

위생복 착용

주방 전용의 탈의장에서 깨끗한 백색의 조리복과 앞치마를 착용해 업무에 임해야 한다.

■ 위생복 착용법

① 위생모, 스카프
  · 머리카락이 위생모에 완전히 들어가며 귀를 덮지 않는다.

② 상의
  · 체형에 맞는 사이즈를 골라 입는다.

③ 하의
  · 하의 끝부분이 복숭아뼈를 가릴 정도의 길이로 한다.

④ 앞치마
  · 벨트선 이상으로 올라오지 않도록 위치를 조정한다.
  · 끈이 너덜거리지 않도록 한다.

⑤ 머플러
  · 고객 앞에 나설 때 항상 목에 착용한다.

⑥ 안전화
  · 안전장치가 필히 있어야 한다.

⑤ 장갑은 생식품 취급용과 조리된 식품 취급용으로 구분하고, 매일 전용 소독조에 담궈 소독한 후 사용토록 한다.

⑥ 위생화는 신고 벗기에 편리하고 발이 물에 젖지 않으며 바닥이 미끄러지지 않는 모양 과 재질을 선택하여 사용한다.

⑦ 위생화는 전용 소독건조기를 비치하여 세척한 후 건조하여 사용하도록 한다.

⑧ 위생화를 신고 외부로 나가거나 화장실 출입을 금한다.

(3) 방문객

① 조리실 입구에 방문객 전용 위생복, 위생모, 위생화를 비치하고 청결하게 관리한다.

5) 조리작업 금지 또는 작업 변경

🍽 청결한 상태로 작업한다.

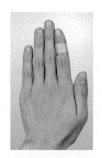

🍽 손에 상처가 있을 때는
반드시 적절한 조치를 해야 한다.

(1) 손의 상처(화농성 질환)

상처부위를 소독하고 반창고나 고무골무 등의 보호조치를 취한 후 반드시 고무장갑을 착용한 후 조리에 임하며 가능하면 조리에 직접 관련되지 않는 업무로 조정한다.

(2) 감기(기침, 재채기)

마스크 등의 보호조치를 취한 후 조리에 임하며 가능하면 조리에 직접 관련되지 않는 업무로 조정한다.

(3) 설사, 발열

전염병이 우려되므로 일단 업무를 중지시키고 검진을 받은 후 검진결과에 따라 업무 조정, 휴직 등의 적절한 조치를 한다.

(4) 작업 중 사고 및 조치

가벼운 화상, 자상(칼 등에 비는 것) 등이 발생하였을 경우 즉시 응급처치를 행한 후 현장관리자의 판단에 따라 작업 지속여부를 결정한다. 작업을 계속하는 경우에는 반창고, 위생장갑 등을 사용하여 각별히 식품취급을 하도록 한다.

조리사의 위생준수사항(10훈)

① 정기적인 신체검사와 예방접종
② 청결한 복장
③ 매일 목욕한다.
④ 손 관리에 유의하며 깨끗이 한다.
⑤ 건강에 유의한다(과로, 과음, 과식, 수면부족)
⑥ 사람이 많은 장소를 피한다.
⑦ 질병예방에 따른 지식을 습득
⑧ 주방에 관계되지 않는 사람의 출입을 금한다.
⑨ 술이나 담배를 삼가한다
⑩ 외모를 단정히 한다.

FOOD
HYGIENE

Chapter
09

HACCP
시스템

HACCP은 Hazard Analysis Critical Control Point의 약어로 우리나라 보건복지부에서는 '식품위해요소중점관리기준'으로 정의하고 있다. 그러나 HACCP 시스템은 제품의 위생관리에 필요한 특정의 규격이나 기준이라기보다는 보다 효율적으로 식품 위생을 관리 할 수 있는 총체적인 시스템의 기획 및 이행을 의미하는 것이라 할 수 있다. 기존의 식품 위생검사 방식이 최종 제품에 대한 안전성 검사에 초점을 맞춘 것으로 간주할 때, HACCP 시스템은 보다 안전한 제품의 생산 및 유통을 보장하는데 필요한 예방적 관리 체제로 제품의 가공 후 검사보다는 위해 발생의 예방에 중점을 두는 것이다. HACCP은 식품의 원재료 생산에서부터 제조, 가공, 보존, 유통단계를 거쳐 최종 소비자가 섭취하기 전까지의 각 단계에서 발생할 우려가 있는 위해 요소를 규명하고, 이를 중점적으로 관리하기 위한 중요관리점을 결정하여 자주적이고 효율적인 관리로 식품의 안전성을 확보하기 위한 과학적인 위생관리체계이다. 위해요소분석(Hazard Analysis)이란 생산, 가공, 유통 단계에서 발생할 수 있는 위해 요소에 대하여 위해의 정도와 관리 방법 등을 분석하는 것이며, 중요관리점(Critical Control Point)이란 각 단계에서 확인된 위해를 적절히 관리함으로써 최종 식품의 위생안전을 보장할 수 있는 공정 또는 단계를 지칭하는 것이다.

HACCP의 개요

1) HACCP의 정의

'Hazard Analysis Critical Control Points'의 머리글자로서, 일명 '해썹'이라 부르며 식품의약품안전청에서는 이를 '식품위해요소중점관리기준'으로 번역하고 있다. HACCP은 위해분석(HA)과 중요관리점(CCP)으로 구성되어 있는데, HA는 위해가능성이 있는 요소를 찾아 분석·평가하는 것이며, CCP는 해당 위해 요소를 방지·제거하고 안전성을 확보하기 위하여 중점적으로 다루어야 할 관리점을 말한다. 종합적으로, HACCP이란 식품의 원재료 생산에서부터 제조, 가공, 보존, 유통단계를 거쳐 최종 소비자가 섭취하기 전까지의 각 단계에서 발생할 우려가 있는 위해요소를 규명하고, 이를 중점적으로 관리하기 위한 중요관리점을 결정하여 자주적이며 체계적이고 효율적인 관리로 식품의 안전성(safety)을 확보하기 위한 과학적인 위생관리체계라 할 수 있다.

2) HACCP의 배경

HACCP 개념은 우주식품 개발에 참여한 미국 Pillsbury社에서 보다 안전한 우주식품 개발을 목표로 최초로 적용한 이후 1970년대 초에 관련 학회 등에 보고되어 식품위생관리 관계자들의 관심을 집중시켰으며, 그 후 많은 연구와 노력으로 1980년대에 일반화되었다. 1985년 미국과학원(National Academy of Science, NAS)에서는 HACCP 제도가 가장 합리적인 식품 위해관리방법으로 평가하여 전 식품산업에 이를 활용할 것을 권장한 바 있다. 그리고 1993년 FAO/WHO의 국제식품규격위원회(Codex Alimenterius Commission, CAC)에서도 HACCP 개념을 식품 위생관리 지침으로 채택한 바 있다. 한편 미국의 식품의약품안전청(Food and Drug Administration, FDA)에서는 1997년부터 HACCP 제도를 모든 자국내에서 유통되는 모든 수산식품에의 강제적 적용을 결정한 바 있으며, 1996년 7월에는 미국 농림성(USDA)의 식품안전검사국(Food Safety and Inspection Service, FSIS)에서 식육과 가금육에서 발생할 수 있는 위해요소 예방을 위한 HACCP 제도 적용과 병원균 감소 규제에 관한 강제조항을 발표한 바 있다. 우리 나라에서는 1995년 12월 개정된 식품위생법에 HACCP의 근거가 마련되고 보건복지부에서는 1996년 12월 5일 식품위해요소 중점관리기준을 확정 고시하였으며(보건복지부 고시 제 1996-75호, 1996. 12. 5), 1996년에는 식육제품에 적용을 시작으로 1997년에는 어육연제품, 1999년 냉동식품, 2000년부터 식품 전반에 확대 적용되고 있으며, 강제 적용을 배제하고 자율적으로 적용하는 방향으로 지도하고 있다.

3) HACCP의 특징

HACCP 제도는 식품 위생상의 위해발생을 예방하기 위한 제도이다. 위해발생 후 대응하는 것이 아니라 생물학적, 화학적, 물리적인 위해 발생을 방지하기 위한 관리상의 도구이다. 식품의 안전성을 침해할 가능성이 있는 위해발생 빈도를 최소화하고 중요한 공정(CCP)을 특정하여 해당공정의 관리상황을 연속적 또는 상당한 빈도로 모니터링 함으로써 위해의 발생을 미연에 방지하고 안전성을 보증할 수 없는 제품이 유통과정에 들어가는 것을 차단한다.

4) HACCP의 역사

HACCP은 40년 전 영국의 화학공업에서 HAZOP(Hazard and Operation Study)에 의해 무결점(zero defect)인 제품을 생산하던 개념에서 유래되었다(Snyder, 1991). 식품산업에 응용된 계기는 1960년대 미국 미 항공우주국(NASA)과 미 육군 나틱(Natick)연구소 및 Pillsbury사는 이 시스템을 적용하여 위생적으로 안전한 식품을 만들기 시작했고, 1971년 미국 식품보호위원회(National Conference of Food Protection)에서 최초로 공표되었고, 1973년 FDA에 의하여 저 산성 통조림의 규제에 도입되었다. 1985년 미국 과학아카데미(National Academy of Science)는 HACCP이 가장 합리적인 식품 위해관리방법으로 평가되므로 전 식품산업에 이를 적극 활용할 것을 권장하였다. 이를 계기로 1988년 미국국가미생물기준 자문위원회(NACMCF)는 1989년에 그 원리를 체계적으로 정리하여 수정, 보완함으로써 현재의 과학적인 위생관리 형식을 내놓았다.

국제적으로는 1993년 FAO/WHO의 국제식품규격위원회(CAC)는 HACCP 개념을 Codex가

가이드라인으로 채택하여 식품의 안전을 보증하는 가장 효과적인 방법으로 국제적인 인정을 하게 되었다. 1995년부터 유럽연합에 수출하는 모든 수산식품에 대해 HACCP시스템 적용이 의무화 되면서 대규모의 식품산업체 뿐만 아니라 소규모의 배달 식품업체까지도 적용하려는 움직임이 일게 되었다. 미국 식품안전국(FDA)에서는 1993년 HACCP 방법론을 급식판매업체에 소개하여 적용을 권장하였으며, 급식소에서의 식품취급상의 오류, 즉 조리 전 식품의 부적절한 냉각, 부적설한 온도에서의 식품 보관, 급식종사원의 부석설한 개인위생 등이 식중독과 관련 있다고 하였다. 소매단위의 식품조리 및 판매업체의 위생관리 권장사항을 정하고 있는 FDA Food Code는 1993년에 제정되어 모든 급식업체에서 HACCP 적용을 적극 활용하도록 권장하였으며, 2년 후인 1995년에는 HACCP 적용을 더욱 강화하여 급식업체 소매점, 자판기 운영업체에 적용할 수 있는 HACCP 가이드라인을 제시하고 있다. Food Code 1999년에서는 HACCP 원칙을 소매단위의 급식업체에 적용하기 위한 가이드라인을 제시하였다.

2 HACCP의 필요성과 도입현황

1) HACCP의 필요성

식품 중에 오염되거나 존재할 수 있는 병원미생물(microbial pathogen), 생물독소(biotoxin), 화학물질오염(chemical contaminant)으로 인한 식품매개성 질병은 인간의 건강에 커다란 위험이 되고 있다. 외국뿐 아니라 우리나라에서도 크고 작은 다양한 식품안전사고들이 있어 왔고 그로 인한 영향은 아래 그림 (I)과 같이 정부나 기업 소비자에 이르기까지 생각보다 큰 것으로 경험한 바 있다. 정부는 신뢰를 잃고 대외 신인도도 하락했으며 관련기업은 도산하거나 수출 감소 등의 피해를 입고 소비자들도 직·간접적 피해와 함께 불안감이 확산되었다. 선진국이라 할 수 있는 미국의 경우를 보더라도 전인구의 약 30%의 국민이 매년 식품매개성 질병에 이환되고 있다고 추계하고 있다. 물론, 개발도상국의 경우 그 비율은 보다 커질 수 있음을 예상할 수 있다. 특히, 재흥(re-emerging), 신흥 병원미생물(newly recognized pathogen)의 대부분은 식품으로 유래하거나, 음식물을 통하여 전파될 가능성이 있다. WHO의 보고에 의하면 식품의 안전성에 크게 영향을 미치는 요인으로는 인구의 증가, 인구의 고령화, 무계획적인 도시 개발 및 이주, 식품의 대량 생산, 식습관의 변화를 들고 있다. 또한, 관광여행자의 증가(6억), 식품 및 가축사료의 국제 교역량의 증가에 따른 병원미생물의 확산도 큰 몫을 한다고 한다.

앞으로 식품의 안전성 확보를 위해서는 이와 같은 식품매개성 위해를 특정(identify)하고, 감시(monitor) 및 평가(assess)하는 새로운 방법은 물론 그 관리 시스템과 기술의 개발이 필요하다. 이와 같은 시대적 상황과 요청에 부응하기 위하여 선진국에서는 HACCP시스템을 도입하는 계기가 되었다. 특히, 식품안전성에 대한 도전은 국가적 차원의 중요 역할로 정착되어야 하며, 이를 위한 정부 당국의 구체적인 프로그램의 제시는 물론 사업의 효율적 추진을 위한 적절한 수단과 방법을 강구하여야 한다. 한편, 식품의 안전성 관리는 영업자의 자율적 대처에 의해서만 성공할 수 있다. 즉, 스스로 그 필요성을 인식하여 자주적으로 위생관리를 실천함으로서 소비자에게 보다 안전한 식품을 제공할 수 있다는 자세가 요구된다. 더욱이, 미래지향적 식품산업의 경영마인드는 과거와 같이 생산성 향상과 소비시장 확충이 우선시

되는 양적 팽창 지향시대는 지나간바 있으며, 품질보장과 위생적 안전성 확보를 경영 목표로 한 질적 경쟁시대로 접어들고 있다. 즉, 「Food Safety is Good Business」란 개념이 시대적 당위성으로 대두되고 있다. HACCP 시스템에 의한 위생관리는 생산단계인 농장에서 부터 시작하여 제조·가공·처리·유통과정을 거쳐 소비에 이르기까지, 즉 「농장에서 식탁까지 : From Farm To Table」의 모든 단계를 거친 관리에 그 목표를 두고 있다. 또한, 이 제도는 어디까지나 자율적이며, 능동적인 입장에서 실천할 때 비로써 그 효율성은 배가되며, 성공의 가능성도 높아지는 것이다. 즉, 지금까지의 정부기관의 지도 감독과 단속에 의존하는 체질에서 벗어나 HACCP개념에 입각한 제품을 자율적으로 생산함으로써 소비자에게 인정을 받게 하자는데 그 목적이 있다.

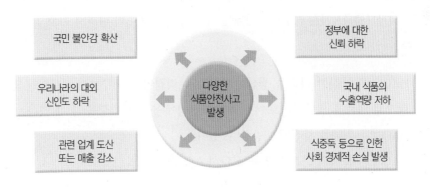

다양한 식품안전사고의 영향 (Ⅰ)

HACCP 지침은 세계적으로 가장 보편화된 식품안전관리지침으로 사용되고 있으며, 미국과 EU 지역에서는 HACCP 지침을 일부품목에 대하여 의무적으로 적용하도록 요구하는 경우도 있다. 그러나 그 이외에도 여러 가지 측면에서 HACCP의 필요성을 다음과 같이 정리해 볼 수 있다.

(1) 최근 세계적으로 대규모화되고 있는 식중독 사고 발생에 대한 위해 미생물과 화학물질 등의 제어에 대한 중요성 대두
(2) 새로운 위해 미생물의 출현
(3) 환경오염에 의한 원료의 이화학적, 미생물학적 오염증대

(4) 새로운 기술에 의해 제조되는 식품의 안전성 미확보

(5) 국제화에 대응한 식품의 안전대책 강화요구(규제기준조화)

(6) 규제완화에 의한 사후관리강화

(7) 정부의 효율적 식품위생감시 및 자율관리체제 구축에 의한 안전식품공급

(8) 식품의 회수제도, 제조물배상제도 등 소비자 보호정책에 적극적인 대처

(9) 제조공정에서 위해예방과 관련되는 중요 관리점을 realtime(즉시처리)으로 감시시스템
   위해발생 예방

식품업체 측면에서 식품의 안전성 확보가 기본적인 책임으로 되고 있는 영업자도 HACCP 방식이 업체 스스로가 책임을 지고 일상적으로 위생관리계획을 세우고 엄격한 관리체계를 만들어서 실시하는 자주위생관리체계에 사용되는 도구로써 편리하고 효과적인 방법임을 인식할 수 있다.

① HACCP은 안전한 식품을 생산하기 위해 논리적이고 명확하며 체계적인 과학성을 바
   탕으로 제품을 생산함으로써 식품의 안전성에 높은 신뢰성을 줄 수 있다.

② HACCP은 위해를 사전에 예방할 수 있다.

③ HACCP은 문제의 근본 원인을 정확하고 신속하게 밝힘으로써 책임소재를 분명히 할
   수 있다.

④ HACCP은 원료에서, 제조, 가공 등의 식품 공정별로 모두 적용되므로 종합적인 위생대
   책시스템이다.

⑤ 일단 설정된 이후에도 계속 수정, 보완이 가능하므로 안전하고 더 좋은 품질의 식품
   개발에도 이용할 수 있다.

또 다른 측면에서의 필요성으로는 정부의 식품안전관리대책 측면에서 볼 때 식품위생감 시원이 현장 검사시 HACCP에 근거하여 보관되고 있는 기록을 조사함으로써 시설의 일상적 인 위생관리 실태를 쉽게 파악할 수 있고 효율적이고 편리하게 감사업무를 수행할 수 있어 종전의 검사시스템보다 많은 인적, 물적 경비를 절약할 수 있다. 수입식품의 경우 현재의 방 식은 수입되는 시점의 극히 한정된 식품안전성만 검사되므로 그 이전에 생산된 것이나 앞으

로 생산될 식품의 안전성에 대해서는 확신할 수 없으나, HACCP의 기록체계를 통한 확인은 과거 및 앞으로 생산될 식품의 안전성도 가능하다는 점이다. 따라서 정부는 위생적이며 안전한 식품을 요구하고 있는 소비자들에게 감독관으로서 인정을 받을 수 있도록 확신감을 줄 필요가 있다. 또한 2001년 1월 제정된 제조물 책임법(product liability : PL)이 시행되고 있는데, 이것은 제조물의 결함으로 인해 발생한 손해에 대해 판매자나 제조자가 손해배상책임을 지도록 규정하는 법으로 급식소의 음식에 의해 발생하는 식중독 등의 위생사고시에도 이제는 배상이 따라야 하는 상황이다. 따라서 HACCP의 도입은 지금까지의 검사방법과 비교하여 대단히 효과적인 PL대책이라 할 수 있다.

지금까지의 필요성을 종합하면 식품안전사고의 예방차원과 함께 국제적 요구에 부응하고, 식품업체의 자주관리를 유도하며, 정부의 효율적인 식품안전관리대책을 가능하게 하고, PL에 대한 대책 등 다양한 측면에서 HACCP의 도입의 필요성은 타당하다고 볼 수 있다.

그러나 HACCP 적용사업장이 점차 확대되는 등 식품업계 전반에도 해당 제도의 필요성에 대한 일반적인 인식은 공유되고 있으나 구체적인 해당 사항의 인식과 이해의 부족은 아직까지 HACCP 활성화의 걸림돌로 작용하고 있다고 지적되고 있다.

2) HACCP의 도입 현황

우리 나라는 식품안전성 확보와 식품의 국제기준·규격과의 조화를 위하여 1995년 12월 식품위생법 제32조의2항(위해요소중점관리기준)의 규정을 신설함으로써 HACCP을 도입할 수 있는 법적 기틀을 마련하였다. 이 제도는 HACCP의 효율적인 적용을 위하여 업종별로 희망하는 업체에 한하여 일정한 절차를 거쳐 승인해 주는 자율적인 지정제도의 형태로 운영되고 있다. 이러한 기본방침에 따라 '식품위해요소중점관리기준'을 고시함으로써 본격적인 HACCP의 적용체제를 구축하였으며 적용대상품목으로 식육가공품(식육햄류·소시지류), 어육가공품(어묵류), 냉동수산식품(어류·연체류, 패류, 갑각류, 조미가공품), 유가공품(우유, 발효유, 가공치즈, 자연치즈), 냉동식품(기타 빵 및 떡류·면류·일반가공식품중 기타가공품) 및 빙과류로 단계적으로 확대하여 개정고시 하였다. 이러한 추진결과 식육햄·소시지의 시범적용업체였던 제일제당 이천공장이 최초의 HACCP 적용업소로 지정되었고, 롯데햄·롯데우유 청주공장, ㈜대상, ㈜성남공장이 지정을 받았으며, ㈜강동, ㈜삼진물상, 부산공장(냉동수산식품)이, ㈜비락 진천공장을 비롯한 유가공업체 12개사 26개 공장이, 그리고 ㈜대림수산 안산공장(어육가공품)이 HACCP 적용업체로 지정받아 18개사 32개 공장이 HACCP 적용업체로 지정되었다. 한편, 한국보건산업진흥원을 HACCP 교육·훈련 및 기술지원기관으로 지정하여 HACCP에 관한 식품업체 종사자와 식품위생관련공무원의 체계적인 교육·훈련을 실시함으로써 효과적인 기술지원 및 관리체계를 구축하였으며, 그 외에도 소비자를 대상으로 한 홍보물 작성 및 HACCP 표시로고를 개발 등 HACCP 홍보활동을 강화하였다.

③ HACCP의 특성과 역할

1) HACCP의 특성

국제식품미생물 규격위원회(ICMSF)에 따르면 현장 감시에 의한 관리방법으로는 용어에 구체성이 없고, 현장감시 시점에서의 상황 밖에 파악할 수 없는 등의 결점이 있다. 또한 최종 제품의 시험검사만을 하는 관리방법으로는 최종 제품에 대한 시험을 전 제품에서 행하는 것은 불가능하며 특히 미생물검사는 많은 시간과 비용이 요구되는 결점을 갖고 있는데, 이 결점을 극복하기 위하여 만들어 낸 방법이 HACCP제도라 할 수 있다.

즉, HACCP제도의 목표는 중요한 관리점을 거의 연속적으로 감시함으로써 관리점에서의 척도가 최종 제품의 안전성을 보증하는 허용범위를 초과하는 경우에는, 즉시 대치하게 됨으로써 위해를 가진 제품의 유통을 미연에 방지하는데 있다. 지금까지는, 식품제조의 위생관리는 일부 식품을 대상으로 하여 그 규격기준과 위생관리규칙 아래 표와 같다. 그리고 지방자치단체에 의한 감시기준에 근거하여 시행되었다. 이 기존의 위생관리방법에서의 결점은 상기의 ICMSF가 지적한 것과 공통되는 부분이 있다. 예를 들면 위생관리규칙은 그 내용이 일반적 범위에 머물러 있는 바, 이점은 제품 및 제조방법별로 구체적으로 관리방법을 정하는 HACCP제도를 적용함으로써 극복할 수 있을 것이다. 또한, 규격기준 중 성분규격의 준수는 최종 제품의 미생물검사에 의존하지 않을 수 없지만, 전 제품에 대한 검사가 불가능하므로 위해를 가진 제품을 놓칠 가능성이 있으며, 따라서 위해를 가진 제품이 유통되는 것을 미연에 방지하는 데는 한계가 있다. 그러나 이점도 연속적인 감시를 특징으로 하는 HACCP제도에 의해 극복할 수 있을 것이다.

후술하는 HACCP제도에서 기존의 내용을 이용할 수 있는 것은 위생관리 규칙 아래 표의 「시설 및 설비의 관리」의 일부 및 「식품 등의 취급」 「검사」, 「검사 후의 조치」, 「검사기록의 보존」, 그리고 규격기준에서의 제조·보존·가공·조리의 각 기준이 해당된다. 위생관리부분으로 보아 HACCP제도의 관리기준과 검증을 위한 기준 등을 설정함으로써 종래의 위생관리 대상을 모두 포함시킬 수 있다. 또 개개의 제품 및 제조방법별로 보다 정확한 위생관리가 가능하게 될 수 있다.

🔔 위생관리규칙의 내용

---

1. 시설설비
- 시설 주위의 환경, 위생동물의 침입방지, 제조시설(구조설비, 기계시설의 구조), 배송시설(구조설비 · 기계시설의 구조), 판매시설(구조설비 · 기계시설의 구조)

2. 시설설비의 관리
- 시설 주위(청소 · 보수 · 구제 · 살충, 기타), 시설설비(청소 · 보수 · 구제 · 살충 · 손 씻기, 기계장치 기구류의 점검과 보수 · 수질검사와 소독, 실내온도와 습도, 조명, 공조, 포장자재의 보관, 냉장냉동실의 관리, 계기류 · 기구의 관리, 배수구, 운반용 차량, 빈소, 폐기물, 청소 용구

3. 식품 등의 취급
- 원재료구입, 제조가공중인 식품 등(오염방지 · 계기류 확인 · 첨가물 사용방법 · 수세 · 냉각 · 포장방법 · 제품의 중심온도 · 냉각방법
- 보관온도 · 조리방법, 기타), 제품(이불 · 세균수 · E coil · 황색포도상구균
- 대장균군 · 보관방법 · 배송방법), 표시 등 판매시설에서의 진열보관

4. 검사
- 보존용 검체 · 영업자의 검사(빈도 · 검사대상 · 항목 · 식품첨가물)

5. 검사 후의 조치(원재료 · 제품 등)

6. 검사기록의 보존

7. 위생관리체계(영업자 · 식품위생관리자 · 종사자)

---

2) HACCP의 정부의 역할

식품안전관리의 일차적 주체는 식품을 제조 · 가공하고 유통 판매하는 식품영업자로서 그에 따른 책임은 당연히 식품업자의 몫이다. 그러나 이차적인 관리주체로서 정부 역시 식품위생관리에 그 역할을 가지고 있다. 따라서 HACCP제도의 경우에도 정부는 식품업계에 감시자로서의 기능과 도움을 주는 자로서의 이중적 기능을 가지고 있다. 식품관리행정당국의 기본적인 역할은 여러 식품분야에서 HACCP 기본활동의 적절한 적용을 보장해 주고 HACCP의 적용이 실제적이고 필요한 것이 되도록 도와주는 것으로써 식품업계와 정부당국의 협력이 필요 불가결하다. 정부당국은 식품 제조 · 가공업소가 HACCP의 기본활동을 받아

들이고 촉진하도록 함으로써, 식품위생관리에서의 지도력을 발휘할 의무가 있다. HACCP 적용에 강제성을 부여할 것인가 아니면 자발적으로 할 것인가와 관리당국(감시당국)의 개입 필요성 여부는 현행 관리계획과 그 국가 및 지역수준의 조건에 따라 달라질 수 있으며 안전한 식품의 생산은 일차적으로 식품업소의 책임이나 식품관리 행정당국은 감시자로 또한 도움을 주는 자로서의 의무가 있다. 따라서 정부당국은 식품업계가 보다 원활하게 HACCP을 도입할 수 있도록 법령, 정책 등을 반영하여야 할 것이며 또한 감시자로서, 감시당국은 HACCP 적용계획의 적절성을 평가하고, 그들이 적절히 계획되었고 효과적으로 적용되고 있는지를 확인할 의무가 있다. HACCP의 효율적인 적용을 위하여 HACCP 기본활동 및 방법에 대한 지나치게 엄격한 해석, 적용 및 강제는 피하여야 한다.

제품, 처리과정 및 가공공정의 범위와 형태에 따라 나타나는 특정 식품안전성 위해에 따라서 감시와 관련된 HACCP 적용시의 엄격성, 기록유지 및 문서화 정도, 확인활동의 강도를 정하여야 한다. 따라서 감시당국이 어떤 가공공정의 확인방법을 설정할 때에는 이와 같은 특성을 숙지하고 있어야 한다. 따라서 HACCP을 도입하고 있는 시설에 대한 감시는 재래적인 감시방법과는 근본적으로 다르며 HACCP을 관리하는 당국은 HACCP에 대한 훈련을 강화하여야 하고, 물리적 요인을 강조하여 왔던 재래적 접근방식 보다는 HACCP의 개념에 다른 감시방법을 배워야 한다. 또한 정부당국은 식품업계가 HACCP 계획을 적절히 수립하고 이를 적용함에 있어 HACCP 훈련을 제공하고, 개별 HACCP Plan개발에 협력하여 영업자가 HACCP 실시에 필요한 식품 위생상의 지식, 기술 등을 충분히 이해, 습득한 자를 기업 내에 배치하도록 HACCP 교육훈련의 기회를 제공해야 한다. 그리고, HACCP이 적절히 실시되는지의 검증에 있어서 행정에 의한 검증 역시 정부당국의 중요한 역할이다. 감시원은 HACCP에 의한 위생관리가 적절히 적용되는지 그 실시내용에 관한 상황 전체를 검증하여야 하며 이러한 검증결과를 토대로 감시원은 전문적인 입장에서 HACCP팀에게 지도 및 조언을 할 필요가 있다.

그러나 현재 우리나라는 HACCP 도입 초기 단계로서 각 식품업체에서는 HACCP제도를 적용하기 위하여 많은 시설·설비 투자 등이 진행되고 있으나 HACCP제도에 대한 이해의 부족으로 HACCP관리체제 구축이나 실질적 운영에 많은 헛점을 보이고 있어 정부는 HACCP 기본활동의 적절한 적용을 보장해 주고 HACCP 적용이 실제적이고 필요한 것이 되도록 도와주는 역할이 강조되고 있다. 따라서 정부는 HACCP제도를 전 업체에 일률적으로 의무적으로 하는 것이 아니라 업종별 적용 희망업체의 신청에 따라 시범사업을 실시하고 또한 적용업체에 대하여 우대조치를 마련함으로써 업체의 자발적인 적용을 유도하는 자율적인 지정제도의 형태로 도입하고 있는 것이다.

(1) 국가차원의 정책적인 프로그램 제시 및 실천

우리나라의 경우 미래지향적 정책비전이나 추진계획 없이 당면문제에 대한 현안에 급급하는 무계획적인 행정행위를 되풀이하고 있는 것이 현실이다. 즉, 미국의 국가식품안전정책(National Food Safety Initiative (FSI) : Food Safety from Farm to Table), 캐나다의 식품안전성 강화계획(Food Safety enhancement Program)과 같은 정부차원의 기본적인 국가정책을 수립하여 실천에 옮겨야 한다. 물론 HACCP시스템의 성공여부도 먼저 국가적인 실천의지와 수행노력이 선행된 다음 보다 선진적이고 현실적인 시책이 효율적으로 추진될 때 가능한 것이다.

(2) HACCP시스템의 적용대상 차등화

현재까지는 1차적인 도입단계수준이었으나 앞으로는 본격적인 제2의 실천단계를 맞는 시기라고 판단된다. 물론 국가에 따라 차이는 있으나 궁극적인 목표는 식품안전성 관리의 도구(tool)로서 HACCP은 그 활용가치가 있기 때문이다. 상대적으로 식품의 위해성이 높은 동물성 식품(수산물·축산물 등)은 선진국과 마찬가지로 정부가 직접 주도하여 전 품목을 의무 적용하는 방향으로 수행함이 원칙이다. 즉 대상업소 전부에 대한 적용목표를 수립하여 연차적으로 적용하되, 미적용업소에 대한 과감한 도태가 함께 수행되어야 한다. 한편 일반식품(식약청 소관)의 경우는 정부가 주관하되 그 운영과 집행은 공적 자율기능에 맡기는 것이 효율적이라 판단된다. 즉 현상태로 HACCP을 적용한다면 몇몇 특정 대규모 식품산업체에 국한되는 시책이 될 수 밖에 없으며 그 적용규모도 한정될 수밖에 없기 때문이다.

(3) 국가 주도에서 민간 자율관리 시스템으로 가도록 정부가 지원

앞으로 HACCP적용 대상 품목의 확대, 미적용 품목의 자율적 적용 풍토 조성, 자주적 품질보증제도의 태동, 제조물책임법(PL법)의 시행과 소비자 보호운동의 확산 등 제반 여건 변화에 과연 정부가 얼마나 대응할 수 있느냐를 현실감 있게 판단하여야 한다. 즉 현행과 같이 정부 주관하에 HACCP업무를 집행한다는 것은 담당부서의 여건(능력 및 인력 등)으로 보아 한계성이 있음은 사실인 것이다. 따라서 민간기관 중 공적기능이 있는 관리기관(예: 한국보건산업진흥원 등)이나 연구단체(예: 한국HACCP연구회 등), 또는 업계의 동업자 단체(관련 협회 등) 등에 위임하여 자율적으로 관리하는 것이 효과적이다(예: 공업표준화법에 의한 농산물 KS관리를 농림부에서 한국식품개발연구원이 주관 관리케하는 제도). 이러한 예는 선진국에서는 이미 보편화되어 있는 현상으로서 특히 비적용품목의 자율적 적용확대를 유도하는 지름길이 될 수 있으며, 가능한 다종류의 식품을 대상으로 한 HACCP실시와 소비자 보호차원에서 심도있게 검토할 여지가 있다고 본다. 이 경우 정부는 HACCP의 기본정책을 수행함을 원칙으로 하되, 실직적인 집행과 부수적인 행정행위 까지도 주관기관에 위임하는 과감한 조치가 필요하다. 즉 지정승인 및 취소, 사후평가 및 검증, 시설자금 알선 및 지원 등 실질적인 업무는 주관기관에서 직접 집행하며, 현장적용을 위한 관련기술의 개발(Generic Model, Guideline 등) 및 현장지도 및 자문(Consulting), 그리고 전문가 및 실무자 양성과 이들의 교육 훈련 등 HACCP수행상 필요한 사항은 민간자율 기능에 그 역할을 분담·연계시키는 제도가 확립되고 그 실천방법이 제시되어야 한다.

(4) HACCP에 대한 지원체제

선진국의 경우 여러 가지 형태의 지원체제(고도화 시설자금 융자 및 알선, 컨설팅 비용의 분담 등)를 법적·제도적으로 확립함으로서, 업계가 HACCP 도입에 능동적으로 참여 할 수 있는 동기를 부여하고 있다. 우리나라에서도 농림부 소관의 축산물 HACCP의 경우, 시설 설비 또는 Consulting비용의 자금알선 등 어느 정도의 지원책이 실천되고 있으나, 식약청의 일반식품 분야의 경우는 아직까지 여사한 조치가 정부차원에서 마련되어 있지 않기 때문에 강력한 추진이 어렵다고 본다.

3) HACCP의 식품영업자의 역할

(1) 영업자의 경영의식의 전환과 자주적인 실천의지

한마디로 HACCP은 의무적용 대상이나 지정품목을 제외하고는 정부가 의무적으로 책임지고 수행 할 기본적인 행정행위는 아닌 것이다. 그러나 국가는 모든 식품산업 영업자의 식품안전성 관리수준을 과학화하고 국내외 시장경제 원리에 입각한 경쟁에서 자주적인 우월성을 발휘할 수 있는 수단을 제공하는데 그 역할이 있다고 본다. 또한 HACCP시스템의 수용여부는 영업자 스스로의 판단과 실천의지에 달려있는 것이지, 정부가 관여할 성질의 것도 아니다. 선진국의 경우 동업자 집단끼리 업종별 협력체제를 구축하여 활성화에 필요한 시스템을 구축함으로서 자사의 발전은 물론 자기분야의 HACCP정착에 기여하고 있다. 그러나 우리 나라의 경우 오랜 정부 주도형 관습에서 벗어나지 못한 기업경영마인드가 변화되지 못하다 보니 새롭고 독자적인 도입의지가 결여되고 있다고 본다. 적용업종의 경우도 그렇지만 적용대상이 아닌 식품업종의 경우는 거의 무관심 상태라고 하여도 과언이 아니며, 더욱이 식품업계의 대부분을 차지하는 중소기업의 경우 더욱 문제가 있다 보니 HACCP의 적용확대에 한계가 예상된다.

(2) 국내 식품산업의 국제 경쟁력 제고를 위한 수단으로서 그 활용가치 인식

앞으로 WTO협정의 본격적인 시행으로 국내 식품산업계에 미치는 영향은 식품산업의 미래를 염려하지 않을 수 없다. 즉 중국 농산물 시장의 국내진출은 물론, 수출 선진국의 축산물을 비롯한 각종 수입식품류의 시장소비 점유율(열량기준 40~50% 추정)이 점차 높아지고 있는 현실을 볼 때 그 전망이 밝다고 볼 수 없다. 따라서 HACCP시스템의 활용은 바로 국내식품산업의 보호는 물론 소비자에 대한 식품안전성 확보차원에서 정책적인 배려가 이루어져야 한다. 특히 수입식품과 국내 생산식품과의 차별화는 물론 식품산업의 수출제고를 위한 수단으로 그 활용가치는 충분히 있다고 판단한다.

4 HACCP의 7원칙과 12절차 및 적용대상

1) HACCP의 7원칙과 12절차

국제적 식품위생관리 시스템으로서 전 세계 공통적으로 HACCP은 7원칙 12절차에 의한 체계적인 접근 방식을 적용하고 있다.

HACCP 7원칙이란 HACCP 관리계획을 수립하는데 있어 단계별로 적용되는 주요 원칙을 말한다. HACCP 12절차란 준비단계 5절차와 HACCP 7원칙을 포함한 총 12단계의 절차로 구성되며, HACCP 관리체계 구축 절차를 의미한다(식품의약품안전청, HACCP 기술지원센터). 자세한 내용이 다음과 같다.

(1) HACCP팀 구성

(2) 제품설명서 작성

제품명, 제품유형, 성상, 품목제조보고연월일, 작성자 및 작성연월일, 성분배합 비율, 포장단위, 완제품규격, 보관·유통 상의 주의사항, 유통기한, 포장방법 및 재질, 표시사항 등을 표시한다.

(3) 용도 확인

어떤 소비자가 어떤 용도로 이용하는가 파악한다.

(4) 공정흐름도 작성

식품특정 품목의 생산 또는 제조에 사용되는 단계나 공정의 순서를 체계적으로 표현한 것을 작성한다.

(5) 공정흐름도 형장확인

작성된 공정흐름도가 현장과 일치하는지를 확인한다.

(6) 위해분석(원칙 1)

위해요소의 분석과 위험평가는 계획 작성의 기본 작업이며 제품에 따라 발생할 우려가 있는 모든 식품위생상의 위해에 대해서 당해 위해의 원인이 되는 물질을 명확히 한 다음, 그것의 발생요인 및 방지조치를 명확히 하는 것이다.

(7) 중요관리점(CCP) 설정(원칙 2)

위해분석 결과 명확해진 위해의 발생을 방지하기 위하여 특히, 중점적으로 관리해야 할 공정을 중요관리점으로 정하여야 한다. 즉, HACCP 시스템에 의한 위생관리라 함은 중요관리점을 늘 관리하는 것이 특징이므로 중요관리점은 공정에서 반드시 관리가 필요한 개소에 한정하고, 그 관리를 집중시키는 것이 필요하다.

(8) 한계기준 설정(원칙 3)

한계기준이라 함은, 중요관리점에서 준수하여야할 기준이다. HACCP에 의한 식품위생관리의 특징은 중요관리점에서 위해가 적절히 배제(制御)되어 있는지 여부를 즉시 판단할 수 있는 것이다. 따라서 관리기준은 기본적으로 온도, 시간, pH, 색조 등, 계측기계를 사용하여 상시 또는 상당한 빈도로 측정할 수 있는 지표를 사용한 기준으로 하는 것이 필요하다.

(9) 모니터링방법 설정(원칙 4)

모니터링의 목적은 중요관리점에서 위해발생을 방지하기 위한 조치가 확실히 실시되고 있는지를 확인하는데 있다. 예로서 '온도계를 사용하여 온도를 측정하는 것'이 모니터링 방법이 된다. 모니터링 방법은 기본적으로 중요관리점에서 모니터링의 측정치가 관리기준을 이탈한 경우, 그것을 눈 등으로 즉시 확인할 수 있는 방법이어야 한다. 제조과정이 허용한 계치 이내에서 운영되고 있음을 보증하기 위해서는 실질적인 가공공정의 감시가 이루어져야 한다. 제품이 허용한계치 이내에서 계속적으로 생산되고 있음을 신뢰하기 위해서는 감시가 자주 이루어지고 결과도 빨리 나와야 한다.

(10) 개선조치 설정(원칙 5)

HACCP 시스템에는 중요관리점에서 모니터링의 측정치가 관리기준을 이탈한 것이 판명된 경우, 관리기준의 이탈에 의하여 영향을 받은 제품을 배제하고, 중요관리점에서 관리상태를 신속·정확히 정상으로 원위치 시켜야 한다.

(11) 검증방법 설정(원칙 6)

HACCP 시스템에서는 검증에 의하여 HACCP에 의한 위생관리의 실시계획이 적절히 기능하고 있는지를 계획의 작성시 및 실시 후에 계속적으로 확인, 평가 하여야 한다.

(12) 기록유지 및 문서작성 규정 설정(원칙 7)

'기록되지 않은 것은 발생했던 사실이 없는 것이다.'라는 말이 있다. 제조과정이 관리상태 하에 있었다는 것을 입증할 수 있는 유일한 길은 모니터링의 결과를 기록하는 것이다. 마찬가지로, 개선조치가 적절하게 취해졌음을 입증할 유일한 방안은 개선조치에 관한 기록을 유지하는 것이다. 실수가 재발하는 것을 방지할 수 있는 방법은 무엇이 왜 발생했는지를 기록하는 것이다. 이는 후에 잠재적인 문제와 관련해서 유용한 정보를 제공해줄 수 있고, HACCP 플랜을 작성하는 이유에 대한 해답을 제시해준다.

2) HACCP 적용대상

(1) 한국 HACCP 적용 대상

HACCP 의무적용 대상품목은 위생수준과 개선필요성 등에 따라 자율적용과 의무적용이 있는데, 그 중 자율적용은 식품위생법 또는 건강기능식품에 관한 법률에 의하여 영업허가를 받거나, 신고한 업종 중 HACCP 적용을 원하는 영업자를 말한다. 의무적용은 식품위생법 제32조의 2규정에 의하여 HACCP을 준수해야 하는 영업자이며, 식품의약품안전청은 위해발생 우려가 높고 제조가공시설의 위생상태 개선이 필요한 7개 품목류를이지 정하여 단계적으로 의무적용을 추진하고 있다. HACCP 의무적용대상 품목은 어육가공품(어묵류), 냉동수산품(어류, 연체류, 조미가공류), 냉동식품(피자류, 만두류, 면류), 빙과류, 비가열 음료, 레토르트식품, 배추김치로 위해발생 우려가 높고 제조가공시설의 위생상태 개선이 필요한 7개 품목류를 지정하여 규정에 의한 의무 적용 시기는 업소별로 연매출액과 종업원 수에 기초하여 단계적으로 의무적용을 추진하고 있다. 그리고 2011년 11월 1일에 식품의약품안전청은 '소규모업체용 HACCP 표준관리기준서'를 개발·보급한다. 이번에는 HACCP 표준관리기준서는 소규모업체에 알맞도록 국민이 많이 소비하는 과자, 빵, 떡류, 음료류, 다류, 두부, 고춧가루 총 7개 품목을 대상으로 작성됐다.

🔔 HACCP 의무적용 대상품목

대상품목	적용기준
1. 어육가공품(어묵류) 2. 냉동수산품(어류, 연체류, 조미가공류) 3. 냉동식품(피자류, 만두류, 면류) 4. 빙과류 5. 비 가열 음료 6. 레토르트식품	연매출 20억 이상이고 종업원 51인 이상(2006. 12. 01) 연매출 5억 이상이고 종업원 21인 이상(2008. 12. 01) 연매출 1억 이상이고 종업원 6인 이상(2010. 12. 01) 연매출 1억 이상이고 종업원 5인 이상(2012. 12. 01)
7. 배추김치	연매출 20억 이상이고 종업원 51인 이상(2008. 12. 01) 연매출 5억 이상이고 종업원 21인 이상(2010. 12. 01) 연매출 1억 이상이고 종업원 6인 이상(2012. 12. 01) 연매출 1억 이상이고 종업원 5인 이상(2014. 12. 01)

출처: 식품의약품안전청, HACCP 제도 설명자료, 2006.

(2) 외국 적용 대상

HACCP의 외국사례를 보면, 미국은 어류제품과 주스류, 육류 및 가금육, 학교급식프로그램은 의무적용을 하고 있으며, 유제품 신선 가공과일 및 채소 등은 자율적용하고 있었다. 일본은 유제품, 청량음료수 및 레토르트식품, 식육제품, 어육제품 등이 적용대상이며, EU는 1차 생산물(곡물, 과일, 야채, 달걀, 우유 등)을 제외한 모든 제조·조리·유통 단계의 식품을 적용대상으로 정하고 있다. 그리고 캐나다는 육류 및 가금류, 어류를 적용대상으로 정하고 있으며, 낙농제품, 계란 및 알 가공품, 기타 가공품(꿀, 메이플 시럽 등)은 자율 적용으로 하고 있다.

수입식품의 경우 미국은 어류 및 어류제품(해산물), 주스를 수입식품에 대해 HACCP을 적용하도록 요구하고 있으며, EU는 모든 회원국으로 하여금 HACCP을 적용하도록 하고 있다. 캐나다는 육류 및 가금류, 어류에 대해 HACCP을 적용 요구를 하고 있고, 일본은 수입식품에 대한 적용은 없다.

🍙 외국 HACCP 의무적용 대상품목

국 가	적용대상	적용의무	비 고
미 국	• 어류 및 어류제품(해산물) • 주스류(살균 및 다비살균 과일 및 채소 주스) • 육류 및 가금육, 학교 급식프로그램 ※ 유제품, 신선 가공과일 및 채소 등은 자율 적용	의무 적용	어류 및 어류제품(해산물), 주스류 수입식품에 대해 HACCP적용 요구
일 본	• 우유, 산양유, 탈지유 및 가공유·유제품(크림, 아이스크림, 음료수 등)·청량음료수·레토르트식품 • 식육제품(햄, 소세지 등)·어육제품(어육햄, 어육소세지 등)	권장 적용	수입식품에 대한 적용 없음
EU	• 1차 생산물(곡물, 과일, 야채, 달걀, 우유 등)을 제외한 모든 제조·처리·유통 단계의 식품	의무 적용	EU 회원국과 동일하게 수입식품에 HACCP 적용
캐나다	• 육류 및 가금류, 어류 ※ 낙농제품, 계란 및 알 가공품, 기타 가공품(꿀, 메이플시럽 등)은 자율 적용	의무 적용	육류 및 가금류, 어류에 대해 수입식품HACCP 적용 요구

출처: 식품의약품안전청 (HACCP 제도 설명자료), 2006.

⑤ HACCP의 발전 방안

1) 식품안전관리 체계의 개선

식품의 안전성 제고를 위한 노력이 지속되었음에도 불구하고 현재와 같이 다원화된 관리체계를 유지하고 있어 식품안전관리의 효율성이 저하되고 있다. 99년 민간기관에 의한 정부의 조직·기능 진단 시에도 우리나라의 식품안전관리 다원화 문제가 중점적으로 연구되었지만 결과적으로 국가적 차원에서의 식품안전관리업무 효율화보다는 부처 이기주의 등으로 안전관리 일원화가 무산되었다. 외국의 사례에서도 보는 바와 같이 식품안전관리업무의 일원화는 장기적으로 볼 때 식품안전관리의 과학화·효율화는 물론 통합에 따른 이익이 추가로 소요되는 경비보다 크다. 통합된 식품안전관리조직은 소비자 보호기능을 강화하고 업무협조를 통한 식품관련산업과 유기적 협조체계 구축으로 단일기관과의 접촉을 통한 서비스의 질 향상, 업무중복의 감소, 식품안전관리의 효율성 제고 및 농장에서 식탁까지의 모든 단계에서 전반적인 지도·감독을 가능케 하며 식품의 안전성제고로 국제시장의 접근을 용이하게 한다. 그러나 식품안전관리 통합문제는 각 부처의 조직·기능개편과 직결되기 때문에 아주 예민한 문제로써 일원화를 위해서 우선 각 부처의 이해당사자가 변화에 대한 공감대형성이 필요하다. 정부조직·기능의 개편은 인력의 감축과 직결될 수 있기 때문에 변화에 공감대 형성이 가장 긴요하며 공감대 형성이 이루어지지 않을 경우의 일원화는 오히려 부처간 논란만 가중시켜 협조체계 구축에 더욱 나쁜 영향을 미칠 뿐 실익이 없다.

따라서 일원화에 대한 주장은 현재 식품안전관리업무를 담당하는 각 부처에서 주장하기보다는 국회, 정부차원 또는 시민·소비자단체 등 제3의 객관적인 기관·단체에서 주장하는 것이 가장 바람직하다. 또한 일원화를 위하여 반드시 수반되어야 하는 것은 부처의 이해관계가 서로 상충되는 문제가 발생할 수 있기 때문에 일원화에 대한 정책결정권자의 강력한 의지와 지도력이다. 비록 공감대는 충분히 형성되었다 할지라도 권한 있는 자의 강력한 의지가 결여될 경우 반대부처의 논리에 희석되어 기대효과를 나타낼 수 없다. 캐나다의 경우에도 초기의 통합시도는 상당히 고무적이었으나 일부 기관의 반대로 상당한 논란이 있었고 결국에는 강력한 지도력을 바탕으로 일원화를 도모할 수 있었다. 다음으로 중요한 문제는 전담작업반 구성과 합리적인 운영이다. 각 부처를 대표할 수 있는 핵심인력으로 일원화를 추진하는 전담작업반을 구성하여야 하며 각각의 구성요원은 누구에게도 간섭을 받지 아니하고 독립적으로 업무를 추진할 수 있는 권한이 부여되어 작업반의 운영방식 또한 객관성과 투명성이 보장되어야 한다. 그 외에 일원화 추진을 위하여 고려하여야 할 사항으로써는 일원화를 위하여 소요되는 충분한 예산의 확보와 의사결정의 투명성 및 일원화에 따른 효과를 평가할 수 있는 평가방법의 개발 등이다.

(1) 완전일원화 방안

식품안전관리업무의 완전일원화란 식품관련 행정 및 연구·검정을 완전히 통합한 단일기관을 설립하여 모든 식품안전관리업무를 단일기관에서 수행케 하는 방안이다. 예를 들어 우리나라의 경우 식품의약품안전청, 보건복지부, 농림부, 해양수산부, 국세청 및 환경부 등으로 분산된 식품안전관련 업무를 통합하여 한 개의 기관에서 모든 식품의 안전관리업무를 담당토록 하는 방안이다. 이 경우 식품안전관리업무의 일원화를 통하여 인력·예산 등 국가자원의 효율적인 운용이 가능하고, 식품안전관리업무 수행의 신속성·능동성·일관성이 제고될 것이며 책임행정 수행이 가능하게 되어 생산자·소비자의 편의제공이 가능케 하는 등 많은 장점을 지니고 있으나 정부부처의 다양한 이해관계로 실행되기까지 많은 논란이 있어왔다.

(2) 부분적 일원화 방안

식품안전관리업무는 일반적으로 행정, 관리업무와 조사·연구·검정 등 기술업무로 구분될 수 있다. 따라서 부분적 일원화란 현재 각 부처에서 분산된 조사·연구·검정업무만 우선 통합하는 방법이며 97년 4월 캐나다가 이 방법을 채택하여 부분적 일원화로 이루었다. 우리나라의 경우에는 식품의약품안전청의 조사·연구·검정기능, 농림부의 수의과학검역원, 동·식물검역소, 해양수산부의 수산물검사소 등 각 부처에 분산되어 있는 조사·연구·검정기능을 통합하는 방안으로 이 경우에는 유사 조사·연구·검정업무 통합수행에 따른 업무의 효율성·연계성 제고와 고가분석장비의 이용율을 제고시킬 수 있는 등 상당한 예산절감의 효과가 기대된다.

(3) 부처간 중복업무의 조정 방안

각 부처의 식품안전관리업무는 식품위생법, 축산물가공처리법 및 농수산물품질관리법 등에서 정하고 있는 규정에 따라 소관업무를 수행하고 있으나 각각의 개별법에서 수행하고 있는 업무범위를 일부 조정하여 식품안전관리업무의 효율성을 제고하는 방안이다. 즉, 축산물가공처리법에서 규정하고 있는 조제분유, 동물성유지는 1차 축산물로 생산된 제품을 주원료로 하여 제조되는 제품이기 때문에 축산물로 분류하여 농림부에서 관리하는 것이 불합리하다. 농수산물품질관리법에서 규정하고 있는 가공식품의 원산지표시 등 지리적 표시업무도 대부분 가공식품의 품질 및 위생관리업무를 규정하고 있는 식품위생법으로 이관하여 관리할 경우 유사업무의 중복수행에 따른 비효율성을 개선하여 국민의 편익을 제고할 수 있을 것으로 판단된다.

2) 식품안전관리의 효율적 관리

(1) 중앙·지방간 기능 재 배분

현행 식품위생법에 의한 관리대상업소의 99.96%가 기존 지방자치단체에 이관되어 있어 실질적 관리가 불가능하다. 특히 현행의 사전 관리기능은 식품이 갖는 위해도 및 관리의 중요도를 고려함이 없이 지방자치제 실시라는 미명하에 국가사무지방이양 차원에서 기초지방자치단체에 이관되어 있어 과학에 근거한 중앙·지방간 기능 재 배분이 필요하다. 식품의 위해도 및 관리의 중요도는 주로 섭취하는 대상자가 누구인가 즉, 면역력이 약한 어린아이 또는 노약자냐 아니면 건강한 사람이 섭취하느냐에 따라, 그 식품의 제조원료로 사용되는 원료자체가 부패·변질이 용이하거나 위해물질을 함유할 개연성이 있으며 그 식품의 유통과정이 일반적으로 양호하냐 등에 따라 위해도 및 관리의 중요도가 결정된다. 따라서 이들 제반요소를 감안하여 합리적으로 사전 관리 기능배분을 할 경우 위해 우려가 크고 관리의 중요도가 큰 특수영양식품, 건강보조식품, 식품첨가물, 식품조사처리업 및 수입식품은 중앙부처에서, 위해도 및 관리의 중요도가 비교적 큰 어육연제품, 다류, 인삼제품은 광역단체에서, 관리의 중요도가 적고 주민식생활과 밀접한 관계가 있는 두부류, 절임식품 등의 관리는 기초지방자치단체에서 관리하는 것이 합리적이다.

(2) 유통식품의 수거·검사제도 개선

유통식품의 수거검사제도는 식품의 안전성을 보장하는 중요한 수단임에도 불구하고 수거검사에 많은 인력, 예산, 장비가 소요되는 업무이다. 우리나라의 유통식품 수거·검사는 전년도의 부적합율 및 시장점유율을 고려하여 특별관리 대상식품을 정하고 그 식품의 기준, 규격에 따라 검사를 실시하고 있으나 검사결과 부적합율이 매우 낮을 뿐만 아니라 부적합내용 또한 매우 빈약하여 수거·검사제도의 개선이 요구되고 있다. 미국의 경우에는 부적합 개연성이 있으리라고 판단되는 품목과 검사항목을 중점적으로 수거하는 Compliance type sampling과 모니터차원에서 실시하는 Surveillance type sampling을 구분하여 시행하고 있으며, 일본의 경우에도 중요검사항목만을 선정하여 검사를 실시하므로써 수거·검사 제품의 대표성을 늘릴 뿐만 아니라 부적합내용의 질을 향상시키고 있다. 따라서 우리나라의 경우에도 부적합 개연성이 높은 검체를 수거하여 부적합 개연성이 높은 시험항목만 중점적으로 검사하는 효율적인 제도로 전환시킴으로써 유통식품 수거·검사제도의 효율성을 제고시킬 수 있는 방안 마련이 시급하다.

(3) 식품 지도·감시의 효율화 방안

식품 제조·가공업소의 지도·단속업무는 양질의 식품생산을 위한 사전관리 측면에서 필요한 업무이나 지도·감시 인력의 부족 등으로 효율적으로 운영되지 못하고 있는 실정이다. 미국의 경우에도 식품안전관리 다원화로 인하여 농무성의 FSIS의 경우 감시원 1명이 식육제조업소에 파견되어 상주 근무하는 한편 보건부의 FDA에서는 인력부족으로 10년이 되어도 감시하지 못하는 업소가 있는 등 심한 불균형을 이루고 있어 문제로 지적되고 있다. 따라서 식품 제조·가공업소의 지도·단속업무의 효율화를 위하여는 종전의 부적합이력, 전체 종업원 대비 연구·검사인력의 비율, 살균·멸균 등 제조방법의 특수성, 포장형태 등을 종합적으로 고려하여 식품 제조·가공업소의 등급을 구분하고 위생적으로 취약한 제조·가공업소에 대하여는 단속주기를 강화하는 대신 특별한 지도, 단속이 없어도 안전한 식품을 생산할 수 있는 제조업소의 경우에는 단속주기를 완화하는 등의 효율화방안 마련이 시급하다. 수입식품의 경우에도 우수식품의 수입유도를 위하여 수출 전에 현지공장을 방문하여 우리나라로 수출되는 제품이 우리가 요구하는 수준이상으로 제조되고 있는지를 사전에 현지 조사하여 우리의 기준에 적합하게 제조·가공되는 제조업소에 대하여는 수입통관 시 검사를 생략하는 등의 조치를 취할 수 있는 제도적 장치 마련이 시급하다.

(4) 식품안전관리 강화를 위한 규정·제도 개선

식품제조업의 허가제도는 이해당사자인 제조업체 측면에서 다소의 불편이 있다 하더라도 불특정 다수인을 위한 식품안전성제고 측면에서는 바람직한 제도임에도 불구하고 그간 규제개혁이라는 미명하에 허가제도가 폐지됨으로써 식품생산 기반이 취약해졌다. 예를 들어 미국의 경우에는 식품의 제조를 허가하기 전에 생산하고자 하는 품목에 대한 제조시설의 현황과 작업의 흐름도를 미리 제출받아 사전에 검토하고 보완이 필요한 부분에 대하여는 보완 요구를 하며, 동 시설의 설치가 관할 관청의 요구대로 완료되었을 경우 현지에 출장하여 제출된 제조공정도와 동일하게 설치되어 있는지 등을 구체적으로 엄격히 조사한 후 허가하고 있다. 일본의 경우에도 우리와 같이 무기한으로 허가하는 것이 아니고 시설의 내구성 및 제품의 특성을 고려하여 3~5년 동안만 허가하고 시설의 적정성 등을 재검토한 후 다시 허가를 연장하는 등 사전관리를 엄격히 하고 있다. 따라서 우리의 경우에도 규제개혁 차원에서 분별없이 규제를 철폐할 것이 아니라 소수의 규제를 통한 다수의 안전을 확보할 수 있는 식품 제조·가공업의 허가제도를 종전과 같이 부활하여야 하며 시설기준 또한 현재와 같이 공통시설기준만 설정하여 운영할 것이 아니라 제조하고자 하는 식품에 따라 그 시설을 달리하여야 하기 때문에 제품의 특성과 안전성을 고려한 업종별 시설기준으로 전환하여 설정, 운영하여야 한다. 또한 안전식품의 생산을 위하여는 생산자, 종사자의 책임의식이 매우 중요하나 식품위생관리인제도 또한 철폐됨으로써 생산관리체계에 문제점이 노출되고 있어 종사자, 영업자 등을 위한 교육 또한 강화하여야 한다.

한편, 안전식품 생산의 지표가 되는 식품 등의 기준, 규격 또한 품질기준과 위생기준으로 구분하여 위생기준은 공통적으로 적용할 수 있는 의무규정으로 설정하고, 품질기준은 선택기준으로 하여 권장규정으로 하되 이에 관하여는 소비자 구매 정보제공을 위하여 표시기준에 표시토록 함으로써 식품의 안전성제고와 소비자 보호 두 가지 기능을 충족시킬 수 있는 제도로 개선하여야 한다. 식품의 유용성·기능성은 인체의 기능을 개선하거나 질병을 예방할 수 있음에도 불구하고 건강보조식품, 특수영양식품 및 인삼제품을 제외하고는 어떠한 기능성·유용성 표시를 금지함으로써 건전한 소비자 구매정보 제공을 제한하는 경우가 흔할 뿐만 아니라 관련산업의 건전한 육성·발전을 저해하는 측면도 있다. 따라서 과학적·객관적으로 유용성·기능성이 충분히 입증된 성분을 함유한 식품의 경우에는 소비자가 오인하지 않을 정도의 표시를 하게 함으로써 소비자가 필요에 따라 식품을 선택, 구매할 수 있는 기회를 부여하여야 한다.

식품의 허가제도는 전반적인 위생수준이 취약한 즉, 제조·가공업자의 의식수준이 미흡하고, 제조시설이 우수하지 못할 경우에는 식품의 안전성제고를 위한 중요한 수단이다. 따라서 우리나라와 같이 종업원 10인 미만의 영세업자가 전체의 76%를 점유하는 현실을 감안할 경우 식품 제조·가공업의 허가제도는 소수의 규제를 통한 다수의 안전을 확보할 수 있도록 반드시 부활되어야 한다. 제조시설이 식품의 품질 및 위생에 절대적인 영향을 미치지는 않지만 현재와 같은 대량 생산체계 하에서는 제조시설이 품질 및 안전에 상당한 영향을 미치기 때문에 시설 기준도 업종별로 구체적으로 정하여 우수한 식품이 생산되도록 사전관리를 강화하여야 할 필요성이 있다. 식품안전에 대한 전문적인 지식과 경험을 구비한 자가 자율적으로 품질 및 안전관리를 할 수 있도록 규제개혁으로 폐지된 식품위생관리인제도가 다시 신설되어야 한다. 뿐만 아니라 식품의 생산자, 취급자의 위생 및 안전의식 제고를 위하여 의무적인 위생교육을 실시할 수 있도록 교육·훈련규정을 강화하여 자율적인 관리체계를 구축함과 아울러 관리능력을 향상시킬 필요가 있다. 또한 소비자의 건강지향적 식품소비 형태에 부응하기 위하여 건강·기능성식품의 범위확대와 더불어 유용성·기능성 표시의 범주를 명확히 설정하고 그 평가기준을 마련하여 과학에 근거한 평가를 실시함으로써 허위·과대광고에 따른 소비자의 경제적 피해를 사전에 방지하고 소비자에게 올바른 구매정보를 제공함으로써 국민보건을 향상시키고 관련 산업의 건전한 육성, 발전에 기여할 수 있도록 관련제도를 지속 개선하여야 한다.

6 HACCP의 시스템 도입효과

HACCP 시스템을 도입하게 되면, 소비자 측면에서는 좀 더 안전하고 믿을 수 있는 식품을 선택 할 수 있다. 이로 인해 삶의 질이 향상 될 수 있는 이점이 있다.

식품업계 측면에서는 기존의 정부주도형 위생관리에서 벗어나 자주적인 위생관리시스템 확립이 가능하다. 또한 까다로운 HACCP 인증을 통과하게 되면 자연적으로 식품위생 관련 법규를 지키게 된다.

최근에는 HACCP 인증 알고 있는 소비자가 늘고 있다. 이로 인해 제품이 인증을 받은 제품은 소비자의 믿음을 얻을 수 있고 이에 제품과 기업의 신뢰도가 향상될 수 있다. 또한 인증을 받게 되면 지정 품목에 내용을 표시할 수 있고 광고를 할 수 있는데 기업은 이를 통해 효과적인 마케팅 수단으로 활용할 수 있다.

🔔 HACCP 도입의 효과

구 분	효 과
소비자 측면	• 안전한 식품을 섭취하게 되어 식중독 위험 감소 • 안전한 식생활로 삶의 질 향상 • 신뢰할 수 있는 식품 선택의 기회를 제공 받음
식품업계 측면	• 위생적이고 안전한 식품 제조 • 자주적 위생관리체계의 구축 • 자연적으로 법규를 준수하게 됨 • 소비자 평가 향상 • 소비자 불만 감소 • 회사의 식품 안전경영을 입증 • 위생관리 집중화 및 효율성 도모 • 지정 품목의 표시와 광고허용(효과적인 마케팅 수단) • 폐기, 회수율 감소 • 종업원의 안전 의식의 향상 • PL법(제조물 책임법) 대응
정부 측면	• 효율적인 식품감시 활동 • 공중 보건 향상으로 의료비 절감 효과 • 국제 식품 교역이 원활해질 수 있음

정부 측면에서는 광범위하게 감시를 할 필요가 없게 되면서 좀 더 효율적인 식품감시 활동이 가능해진다. 또한 식품의 안전성이 확보가 되면서 공중 보건이 향상이 되고 이에 의료비 지출을 감소할 수 있다.

- HACCP 제도·인증·교육
- 홈페이지 소개 및 확인 방법

FOOD
HYGIENE

Chapter

10

식품위생법 및 관련법규

식품위생법 및 관련법규

소비자가 먹는 식품의 안전성을 확보하기 위하여 농·축·수산물의 생산 및 수확에서부터 이를 저장하고 제조·가공, 수입, 유통, 판매, 조리하여 섭취하는 과정까지, 직·간접적으로 관련 있는 법령은 식품위생법, 축산물가공처리법, 보건범죄 단속에 관한 특별조치법, 학교급식법, 수산업법, 환경보전법, 주세법, 인삼산업법, 농산물검사법, 수산물검사법, 농약관리법, 소비자보호법, 공중위생법, 미성년자보호법, 풍속영업에 관한 법, 기업활동규제완화에 관한 특별조치법, 오폐수에 관한 법, 소방법 등이 있으며, 이들 식품관련 법령은 법의 목적이나 관리대상 등에 따라, 소관부처가 보건복지부, 식약청, 농림부, 국립수의과학검역원, 해양수산부, 환경부, 국세청 등으로 구분된다.

식품관련 법령 중 식품(식품첨가물, 기구, 용기·포장을 포함)의 안전 및 위생과 가장 밀접한 관계를 갖고 있으며, 식품위생관리의 근간이 되는 법령은 식품위생법이라 할 수 있다. 식품위생법은 국가와 국민과의 권리·의무관계를 규율하는 공법 중 행정목적을 달성하기 위한 일반행정법의 하나로서, 식품위생에 관한 일반 사항을 다루므로 식품위생 중 특별한 사항을 규정하는 축산물가공처리법 등과는 구별된다.

식품위생법은 식품의 위해를 방지하기 위하여 국민의 자유권리를 부득이 제한하는 규제적 측면을 갖는 법률로 1962년 1월 20일 법률 제1007호로 제정·공포되었으며, 그 이후 수차례의 전면 개정과 부분 개정을 통해 현재의 영업허가(신고), 품목제조보고, 자가품질검사, 제품검사, 기준 및 규격, 표시기준, 감시, 수입식품관리, 위생등급, 회수, 위해요소중점관리기준(HACCP), 행정제재 및 벌칙 등을 규정하고 있다.

아울러 식품위생법의 시행을 위한 구체적인 절차, 기준 등은 하위법령인 식품위생법시행령과 식품위생법시행규칙에 제정되어 있다. 이들 법령 외에도 행정의 통일성과 일관성을 유지하기 위하여 행정조직의 운영, 행정업무, 법령 적용이나 해석에 대한 사항을 정하거나 시달(示達)·지시하는 훈령, 예규, 지시, 명령 등의 행정규칙이 있으며, 식품관리 행정기관뿐만 아니라 식품산업 현장에 필수적이거나 중요한 "식품의 기준 및 규격", "식품첨가물의 기준 및 규격", "표시기준", "위해요소중점관리기준(HACCP)" 등의 고시가 있다.

이들 법 및 제도에 근거하여 식품의 안전성을 확보하기 위해 대상품목별로 특별관리대상, 일반식품 및 특별단속에 따른 선별품목으로 나누어 수거·검사기관 구분을 구분하고 있다. 그러나 아래의 수거·검사기관 구분은 원칙적인 사항이며 부정·불량식품 등 지도·단속시에 부적합 가능성이 있다고 판단되는 경우와 식약청장의 지시 및 해당 기관장이 특별히 필요하다고 판단되는 경우에는 대상품목 이외에도 수거·검사가 가능하다.

1 식품위생법의 정의

식품위생법은 영업을 하고자 할 경우 공공복리·질서유지·안전보장을 위하여 국민의 자유권리를 부득이 제한하는 규제적 측면을 갖는 법률로 헌법 제 37조에 의거, 1962년 1월 20일 법률 제1007호로 제정·공포되었으며 그 이후 수차례의 전면 개정과 부분 개정되었으며, 식품위생상의 위해방지 등을 위한 일정요건과 의무를 요구한다. 식품위생법의 개정은 입법예고를 하고 공청회, 관계부처회의, 관계장관회의, 국무회의를 거쳐 국회의결이 있은후 공포하는 절차를 밟는다. 현재 영업허가(신고), 품목제조보고, 자가품질검사, 제품검사, 기준 및 규격, 표시기준, 감시, 수입식품관리, 위생등급, 회수, 위해요소중점관리기준(HACCP), 행정제재 등을 규정하고 있다.

2 식품위생법의 과징금제도

1) 식품위생법상 과징금의 도입배경

식품위생법에는 과징금제도가 1986년 개정시에 도입되었다. 도입배경은 일반적인 과징금제도의 도입배경과 마찬가지로 당시의 법제처나 보건복지부 등의 행정자료, 법률논문 등 각종 문헌에서 근거나 기록을 찾기가 거의 불가능한 실정이다. 이는 도입시기가 오래되어 시간의 경과로 인한 탓도 있지만 정부의 정책자료축적 및 관리에 대한 관심부족이 원인이다. 또한 새로운 정책 도입 시 충분한 연구와 검토가 이루어지지 않았고 이론적 축적도 이루어지지 않았음을 반영하는 것일 수도 있다.

식품위생법에 과징금제도를 도입하게 된 배경에 대해 2가지로 분석해 보았다.

(1) 식품위생 관련 업계의 강력한 요구와 로비가 있었다는 점

제재적 과징금의 도입근거였던 공익이나 다수 국민의 필수적 수요와는 무관한 식품접객업 등의 분야에 업계의 로비에 의하여 과징금제도가 도입되었다는 것은 과징금의 의무이행확보수단으로서의 실효성을 의심하게 되는 대목이다. 그러나 이러한 주장은 업계를 대표하는 지역단체들로부터 끊임없는 행정처분의 과징금으로의 전환요구가 있었고 이에 따라 수차례 법령개정건의를 한 기억이 있다는 일선의 보건위생담당 공무원들의 증언에서도 확인되었다.

(2) 식품진흥기금의 재원마련이 중요한 도입 목적의 하나였다는 것

식품진흥기금(1989)을 설치한 목적은 표면상으로는 식품위생관련업체들이 제조업의 경우 5인 미만의 사업장이 86%에 달하는 등 취약한 실정이므로 법령상의 의무준수가 어려운 현실이므로 불가피하게 법령위반이 발생하게된다는 점을 감안하여 식품위생관련업체의 진흥을 위한 제도구축의 일환으로 기금을 설치하게 되었고 이의 재원마련을 위해 과징금제도가 활용되었다. 식품진흥기금은 시·도, 시·군·구에서 관리하며 관련업체의 공정개선·시설개수를 위한 시설융자으로 사용된다. 그러나 실제의 운용실태를 보면 기금의 설치목적과 달리 운영되는 경우도 많이 있다는 점을 발견할 수 있었다.

2) 식품위생법상 과징금관련 규정 분석

식품위생법 제65조(과징금 처분) 제1항은 '식품의약품안전청장, 시·도지사, 시장·군수 또는 구청장은 영업자가 제58조(허가의 취소등) 제1항 각호 또는 제59조(품목의 제조정지등) 제1항 각호의 1에 해당하는 때에는 대통령령이 정하는 바에 의하여 영업정지, 품목제조정지 또는 품목류제조정지분에 갈음하여 1억원 이하의 과징금을 부과할 수 있다.'고 규정하고 있다. 다만, 동조동항 단서에서 보건복지부령으로 정하는 중요위반사항에 대하여는 과징금으로 대체하지 못하도록 규정하고 있다.

또한 식품위생법시행령(대통령령 제15889호) 제38조(과징금의 산정기준)는 '법 제65조의 규정에 의한 과징금의 금액은 위반행위의 종별·정도 등을 감안하여 보건복지부령이 정하는 영업정지, 품목 또는 품목류제조정지처분기준에 따라 산정한다.'고 규정하고 있고 과징금 산정기준을 상세히 기술하고 있다. 식품위생법시행규칙(보건복지부령 제83호) 제56조(과징금 및 과태료의 징수절차 등) 제1항은 법 제65조제1항 단서의 규정에 의한 과징금부과제외대상을 규정하고 있다.

식품위생법 등의 과징금 관련규정은 영업정지에 해당하는 법규의 위반사항뿐만 아니라 경우에 따라서는 영업취소사유에 해당하는 사항에 대하여도 과징금 처분을 할 수 있도록 규정하고 있다. 과징금 부과 형태와 관련하여서는 법문상으로는 "~에 갈음하여 ~과징금을 부과할 수 있다'고 하여 위반행위에 대하여 영업정지·취소와 과징금부과 중 어떤 처분을 내릴 것이냐 하는 것은 행정처분담당자의 재량에 속하는 것으로 보이지만 실무에 있어서는 행정절차법에 의하여 행정처분 전에 반드시 청문을 실시하게 되어 있고 청문 시 법규위반자에 대하여 처분의 선택권을 부여하고 있으므로 사실상 선택적 제재의 형태를 취하고 있다. 또한 동법 제65조에서 '~1억원 이하의 과징금을 부과할 수 있다.'고 하여 동법상 과징금의 상한액을 1억원으로 규정하고 있는 바, 이는 영업정지기간의 영업수익에 상응하는 금액을 과징금으로 환수한다는 과징금 도입취지에 비추어 본다면 합리성이 의심되는 규정이다.

3) 식품위생법의 주요내용

식품위생법의 목적은 "식품으로 인한 위생상의 위해를 방지하고 식품영양의 질적 향상을 도모함으로써 국민보건의 증진에 이바지함"(제1조)이고, 식품위생법을 운용하는데 필수적인 용어(식품, 식품첨가물, 화학적 합성품, 기구, 용기·포장, 영업 등 9개)에 대한 정의(제2조)가 있다. 다음과 같이 13장 80조로 이루어져 있다. 식품위생법의 목적을 달성하기 위하여 정하는 주요내용은 다음과 같다.

(1) 식품 등 취급시 원칙

식품, 식품첨가물, 기구, 용기·포장(이하 "식품 등"이라 함)을 위생적으로 다루어야 한다(제3조).

(2) 비위생적인 식품 등의 배제

비위생적인 식품이나 식품첨가물의 판매·수여를 금지하며, 또한 판매를 목적으로 채취·제조·수입·가공·사용·조리·저장·진열하는 등의 행위도 금지한다(제4조). 병육등과 유해 기구 등의 판매나 사용을 금지한다(제5조, 제8조).

(3) 화학적 합성품의 사용금지와 지정

지정하지 않은 화학적 합성품인 식품첨가물을 식품에 사용하는 것을 금지하며(제6조), 식품첨가물의 기준 및 규격을 정하고(제7조) 식품첨가물공전에 수록한다(제12조).

(4) 식품 등의 기준·규격의 제정과 위반품의 배제

판매용인 식품 및 식품첨가물(제7조), 기구·용기·포장(제9조) 각각의 성분규격, 제조 등의 기준을 정하고 식품공전 및 식품첨가물공전(제12조)에 수록·보급하고 있으며, 이러한 기준 및 규격에 적합하지 않는 것은 제조·사용·판매·수입 등을 금지한다(제7조, 제9조).

(5) 표시기준 제정 및 위반표시 등의 금지

판매를 목적으로 하는 '식품 등'의 표시기준을 고시할 수 있으며, 표시기준에 부적합한 것의 판매 또는 이용을 금지하고(제10조), 허위표시나 과대광고 또는 의약품과 혼동 표시등을 하지 못한다(제11조).

(6) 제품검사 및 자가품질검사

건강보조식품('99년 12월 31일까지만 유효)은 식품위생검사기관(제18조)에 의한 제품검사를 받아야 한다(제13조). 제품검사에 합격한 것은 합격표시를 하고(제14조), 불합격 또는 합격표시가 없는 제품검사 대상품목의 판매, 진열, 사용 등을 금지한다(제15조). 또한 '식품 등'의 제조·가공공장은 생산 품목에 대한 기준 및 규격을 자체 검사하는 자가품질검사 의무가 있다(제19조).

(7) 수입식품 관리

위해식품, 병육, 비위생적인 것, 기준·규격에 맞지 않는 것 등은 수입금지하며(제4조, 제5조, 제6조, 제8조), 식품 등을 수입하는 자는 수입신고를 하여야 한다(제16조).

(8) 식품위생감시

식품의약품안전처와 지방자치단체에 식품위생감시원(제20조)을 두고, 식품위생감시원은 출입·검사·수거 등을 통하여 각종 영업시설 등에 대한 감시와 지도를 한다(제17조). 아울러 명예식품위생감시원을 두어 식품위생 계몽이나 지도를 할 수 있다(제20조의 2).

(9) 영업 등의 관리

① 영업의 허가 등

식품 등에 대한 영업을 하고자 하는 자는 영업의 종류에 따라 적합한 시설을 갖추고(제21조) 허가를 받거나 신고를 하여야 하며(제22조, 제69조), 경우에 따라 시설을 일정기간 내에 갖출 것을 전제로 조건부영업허가를 할 수 있다(제23조).

허가관청은 필요에 따라 영업허가 등의 제한 및 영업의 제한을 할 수 있다(제24조, 제30조). 또한 영업의 승계조건을 규정하고 있다(제25조).

② 건강진단 및 위생교육

영업자 및 종업원은 건강진단을 받아야 하며(제26조), 업소의 영업자·종업원과 식품위생책임관리자는 위생교육을 받아야 한다(제27조).

③ 영업자 준수사항 등

영업자 중 식품 및 식품첨가물을 제조·가공하는 영업자는 품질관리 및 생산실적보고를 하여야 하며(제29조), 영업자는 영업의 위생관리 등을 위하여 업종별로 정해진 영업자준수사항을 지켜야 한다(제31조). 식품접객영업자는 정해진 경우이외에는 이용자를 제한하지 못한다(제33조).

또한 영업자는 식품 등의 자진회수(제31조의 2) 및 위해요소중점 관리기준(제32조의 2)을 실시할 수 있으며, 업소의 위생관리 향상을 위하여 위생등급을 정할 수 있다(제32조).

(10) 행정제재

식품위생법령 및 관련 규정을 준수하지 아니한 경우 각종 행정제재를 가할 수 있다. 행정제재는 시정명령(제55조), 폐기처분 등(제56조), 공표(제56조의 2), 시설의 개수명령 등(제57조), 허가의 취소 등(제58조), 품목의 제조정지 등(제59조), 영업허가 등의 취소요청(제60조), 폐쇄조치 등(제62조), 면허취소(제63조)가 있으며, 이러한 행정제재효과는 승계(제61조)시킬 수 있다. 또한 영업정지, 품목류 또는 품목제조정지처분을 갈음하는 과징금(제65조)을 징구할 수 있다. 그리고 행정처분중 영업허가취소 등의 행정처분을 시행하기 전에 처분대상자의 의견을 듣는 청문을 하여야 한다(제64조).

(11) 벌 칙

식품위생법에서 규정하는 준수사항 중 국민보건에 악영향을 끼칠 수 있는 위반사항을 정하고, 이를 위반한 자에 대하여 징역 또는 벌금형을 처할 수 있도록 벌칙을 규정하고 있다(제74~77조). 이와 함께 과태료(제78조, 제80조)와 양벌규정(제79조)이 있다.

(12) 기 타

조리사 및 영양사(제36~41조), 식품위생심의위원회(제42조, 제43조), 식품위생단체(제44~54조),

국고보조(제66조), 식중독 조사보고와 사체해부(제67조, 제68조), 식품진흥 기금(제71조), 위임 및 수수료(제72조, 제73조)가 있다.

4) 식품위생법의 부패방지대책

식품접객업, 식품제조·가공업, 수입식품 등 식품위생분야에 대한 각종 인허가·검사·단속과정에서 관계공무원들의 부패가 지속적으로 발생하고 있고, 식품위생분야의 효율적이고 투명한 환경조성을 위해서는 부패의 소지가 되고 있는 부당한 제도나 관행을 개선해야 한다는 요구가 지속적으로 제기되어 왔다. 특히 식품위생분야가 국민의 건강과 직접적인 관련을 맺고 있을 뿐만 아니라 인허가·검사·지도단속 등과 관련하여 관계공무원과 업주간 '봐주기 식' 불법유착관계가 만연해 있어 '투명한 사회건설'을 위해서 반드시 해결되어야 할 사회문제로 인식할 필요성이 있다 할 것이다.

식품위생분야 부패의 원인으로는 보는 시각에 따라 불필요한 과잉규제, 단속공무원의 형식적 처벌 가능성, 경제적 이익을 추구하기 위한 업주의 부패유발 등 다양한 요인이 있겠으나, 그 이면에 업주-공무원-소비자간의 이해관계와 요구 등 성숙하지 아니한 시민의식과 함께 예방차원에서의 근본적인 제도개선노력이 미흡했었다는 점을 지적하지 않을 수 없다 할 것이다.

먼저 식품접객업 분야의 경우 주류판매와 유흥접객원의 고용을 주요 영업수단으로 삼고 다른 업종에 비해서 상대적으로 많은 규제를 받고 있는 단란주점과 유흥주점의 허가·단속과정에서 업주와 관계공무원간 부패행위를 문제의 핵심으로 지적할 수 있겠다.

유흥접대원의 불법고용이 일반화되어 있는 단란주점과 고율의 과세를 피하기 위한 탈세가 보편화된 현실에서(특별소비세 담당) 세무공무원과의 부조리가 많은 것으로 조사되었으며, 이외의 식품접객업들도 관계 공무원에 대한 경조사 상납비리, 수고비 명목 뇌물제공, 인사이동에서 상납비리 등이 만연해 있음을 인정하고 있는 실정이었다. 그리고 조사대상 단란주점업주의 70%(한국보건사회연구원 내부자료) 이상이 까다로운 행정절차를 피하기 위해 단란주점 허가과정에서 공무원에게 뇌물을 제공했다고 응답해 업주와 공무원간 부패구조는 영업허가 과정에서부터 발생하고 있는 것으로 파악되었다.

또한 업주-공무원간 부패구조의 일단이 공무원의 잦은 업소출입과 무관하지 않으며, 많은 업주들이 공무원들의 적발위주 단속을 피하기 위한 수단으로 뇌물을 제공하고 있었으며, 사후에 부조리에 대한 고발조치를 취한 경우는 한 건도 없었고, 대부분이 불이익을 다시 받지 않기 위해 추후 상납을 하고 있는 형편이었다.

식품제조·가공업의 경우, 현행 제도와 지침이 현실과 부합하지 않거나 자의적 해석의 소지가 있는 경우가 많아 이 분야에 대한 감시·검사과정에서 업주와 공무원간의 금품수수행위 등이 주요한 부패의 원인으로 작용하고 있다. 특히 식품위생법 중 자가품질검사, 성분배합비율, 표시광고 등이 현실적으로 과다 규제되고 있다는 지적이 지배적이며, 식품공전과 식품첨가물공전에서 규정하고 있는 내용들이 비전문가인 관계공무원이 일선에서 적용하기에는 한계가 있을 뿐만 아니라 관련 업주들도 기준을 완벽하게 준수하기 어려운 실정이다.

수입식품 분야의 경우 WTO(세계무역기구)체제의 출범이래 우리나라의 시장개방 가속화와 함께 그 종류와 양이 급증하고 있으나 관련 검사시설과 장비·인력 및 기준이 미쳐 이를 따라가지 못하고 있으며, 또한 수입식품검사와 관련한 각종 법령 및 지침들의 애매한 표현으로 관계 공무원의 재량권이 커져 부패발생의 빌미가 되고 있는 실정이며, 수입식품 검사시간 단축 및 정밀검사대상 선정과정에서 업주-공무원간 부패 발생의 소지를 내포하고 있다.

이처럼 식품위생 분야의 현실을 보면 업주와 공무원간의 뇌물제공관계, 업주의 불법영업 등의 부정한 관행이 하나의 고착된 환경으로서 체질화되어 있음을 인정하지 않을 수 없는 실정이며, 관계공무원들이 업주와 유착관계를 맺고 위법사항을 묵인해 주는 대가성 뇌물제공행위 등의 부패가 가져오는 파급효과는 부패당사자의 이해관계문제만으로 그치는 것이 아니라 할 수 있다.

대규모 식품관련사건의 경우 반(反)부패운동의 차원에서 개선해야 할 선결과제로 언급하고 있는 이유는 부패가 발생할 소지가 있는 행정적, 사회적·문화적, 및 정치적 환경에 의해 발생된다는 점에서 중요하다 하겠다. 즉 식품위생분야의 부정부패는 공공의 안전과 직결되어 다른 분야의 부패형태보다도 더욱 직접적으로 국민 개개인에게 치명적이며 광범위한 영향을 미칠 수 있다. 특히, 식품접객업소의 퇴폐행위는 고유한 사회미풍양속을 해치고 불건전한 사회로의 이행을 촉진시키는 정신적인 악영향을 끼칠 수 있다.

식품위생분야의 부패가 이처럼 우리의 생활(국민건강 및 사회풍속)을 담보로 이루어지고 있다는 점을 감안할 때 국민의 정부에 대한 믿음과 사회질서의 기본틀 유지차원에서 신중하게 다루어져야 하며, 따라서 식품위생분야 부패발생을 방지, 척결하여 우리의 식품위생분야를 보다 투명하고 효율적인 방향으로 이끌어 가기 위한 제도개선을 포함한 포괄적인 의미의 부패방지대책에 초점을 둔 대안의 모색을 도출하는 의미있는 장을 마련해야 할 것이다.

③ 식품관련 각종 법규, 규격, 제도

1) 공업표준화법과 KS규격

(1) 공업표준화법(工業標準化法)

합리적인 공업표준을 제정함으로써 광공업제품의 품질개선과 생산능률의 향상을 기하며 거래의 단순화와 공정화를 도모하기 위해 제정한 법률(1961. 9. 30, 법률 제732호)을 말한다.

공업표준의 제정·시행에 관한 사항을 정한 법률이다. 공업진흥청에 공업표준의 제정, 개정, 확인 및 폐지에 관하여 필요한 사항을 조사, 심의·의결하는 공업표준심의회를 둔다. 이해관계가 있는 자는 공업진흥청장에게 그 공업표준의 제정을 신청할 수 있다. 공업진흥청장은 공업표준을 그 제정한 날로부터 5년마다 적부를 확인하고 그 공업표준을 개정 또는 폐지할 수 있다. 공업진흥청장이 공업표준을 제정, 확인, 개정 또는 폐지하였을 때에는 지체 없이 이를 공고하여야 한다. 제정된 공업표준을 한국공업규격이라 한다.

공업진흥청장이 광공업품의 품목이나 가공기술을 지정하였을 때에는 그 광공업품을 제조하거나 가공기술을 사용하는 자는 공업진흥청장의 허가를 얻어 제품, 포장 또는 용기에 규격에 해당한다는 표시를 할 수 있다. 규격표시허가를 받고자 하는 자는 공업진흥청장이 정하는 자격을 갖추고 교육을 이수한 자 중에서 품질관리담당자를 지정하여야 한다. 품목이나 가공기술에 대한 규격표시허가를 받은 자는 공업진흥청장의 인가를 받아 한국공업표준협회를 설립할 수 있다.

공업진흥청장은 광공업품의 표준화를 촉진하기 위해 제품·부품 또는 소재의 사용·규격통일 및 단순화에 대한 종목 또는 규격의 지정 등의 명령을 할 수 있으며, 품질수준유지와 소비자보호를 위해 시판품 조사를 할 수 있다. 공업진흥청장은 규격을 표시한 광공업품의 제조를 조성한다. 국가·지방자치단체·정부투자기관·공공단체 및 한국산업은행의 출자기업체는 물자 및 용역의 조달, 생산관리 및 시설공사 등에 있어서 규격을 준수하여야 하며, 규격표시품을 우선적으로 구매하여야 한다.

5장 27조와 부칙으로 되어 있다. 산업표준화법(전문개정 1992. 12. 8, 법률 제4528호)으로 제명이 변경되었다.

(2) KS규격(한국공업규격[韓國工業規格])

한국공업표준규격. 공업표준화를 위해 제정된 공업규격을 보급 활용 하여 제품의 품질 개선과 생산능률의 향상, 거래의 단순화와 공정화를 도모하며 소비자를 보호하기 위해 만들어진 제도이다. 공업표준화법에 따라 합격한 제품에는 그것이 규격에 맞게 제조되었다는 특별한 표시를 해 정부가 품질을 보증한다. 공업기술수준이 아주 낮았던 시절에 제정된 것이므로 최소한의 규격기준이다.

339 KSA0087 질량분석계를 이용한 압력 및 진공용기 누출시험방법(변경전 : KSAISO1603-99)
338 KSA1001 포장의 정의(폐지)
337 KSA1002 수송 포장 계열 치수
336 KSA1003 골판지 상자 형식
335 KSA1004 골판지 인쇄의 색 표준
334 KSA1005 상업 포장(소비자 포장)의 포장 공간비율 측정방법
333 KSA1006 포장 용어
331 KSA1008 일반 화물의 취급 표지
330 KSA1009 위험물 취급 주의 표지
309 KSA1032 방습 포장 방법
289 KSA1053 음료용 카튼 원지의 끝머리 샘 시험 방법

한국산업규격(KS : Korean Industrial Standards)은 산업표준화법에 의거하여 산업표준심의회의 심의를 거쳐 기술표준원장이 고시함으로써 확정되는 국가표준으로서 약칭하여 KS로 표시한다. 한국산업규격은 기본부문(A)부터 정보산업부문(X)까지 16개 부문으로 구성되며 크게 다음 세 가지 국면으로 분류할 수 있다.

① 제품규격 : 제품의 향상·치수·품질 등을 규정한 것
② 방법규격 : 시험·분석·검사 및 측정방법 작업표준 등을 규정한 것
③ 전달규격 : 용어·기술·단위·수열 등을 규정한 것

2) 식품위생법과 식품공정

(1) 식품위생법(食品衛生法)

① 식품 위생법이란?

'식품'과 '식품위생'의 정의는 식품위생법(1962. 1. 20 법률 제1007호로 제정 공포) 제2조에 '식품이라 함은 모든 음식물을 말하며 다만, 의약으로 섭취하는 것은 예외로 한다.'와 '식품위생이란 식품, 첨가물, 기구 및 용기와 포장을 대상으로 하는 음식물에 관한 위생을 말한다.'라고 규정하고 있으며, 제1조에서는 '이 법은 식품으로 인한 위생상의 위해 방지와 식품영양의 질적향상을 도모함으로써 국민보건의 증진에 이바지함을 목적으로 한다.'라고 하고 있다. 한편 1955년 세계보건기구(WHO) 환경위생전문위원회에서 정의한 바에 의하면 '식품위생(Food Hygiene)이란 식품 그 자체 뿐만 아니라 식품의 생육(生育)·생산(生産)·제조(製造)·유통·소비까지 일관된 전과정을 위생적으로 확보하여 최종적으로 사람에게 섭취될 때까지 모든 단계에서 식품의 안전성(safety), 건전성(soundness) 및 완전무결성(wholesomeness)을 확보하기 위한 모든 수단을 뜻한다.'라고 되어 있다. 최근 식품위생에 대한 관심이 점차 높아지고 과학의 발달과 공중위생의 진보에 따라 식품위생의 설비나 관리도 점차적으로 개선되어 가고 있다. 그러나 경제성장과 생활양식의 변화로 각종 가공식품과 반조리 상태의 부식류 등의 소비가 도시를 중심으로 현저하게 증가하고 있으며 냉동·냉장식품, 즉석면류의 보급과 레토르트파우치 식품의 등장 등 식품의 가공·보존이나 유통기술이 혁신적으로 진행되어 식품의 대량생산과 대량유통이 행해지고 있다. 식품가공에 있어서도 식품의 품질보존이나 기호성의 향상을 위해 사용되는 식품첨가물도 대단히 많다. 식품의 소비 형태도 개인이나 가정에서부터 대중음식점이나 공장, 회사, 학교 등 집단급식소로의 이행이 많아지고 있다. 이와 같은 식생활의 급격한 변화는 필연적으로 식품위생상 새로운 문제를 야기하고 각종 화학공업의 발달과 인구의 도시집중화로 인한 환경오염이 식량자원을 오염시키는 등 여러가지 문제가 대두되었다.

식품으로 인하여 위생에 해가 되는 것을 방지하며, 식품 영양의 질적인 향상을 도모함으로써 국민 보건의 향상과 증진에 기여함을 목적으로 제정된 법. 식품 및 첨가물, 기구와 용기·포장, 표시 기준, 영업, 벌칙 따위에 관하여 규정하고 있다.

② 식품위생법의 구조

식품위생법은 다른 산업분야와 같이 식품위생법과 시행령, 시행규칙으로 구성되어 있으며 시행령은 대통령령으로 시행규칙은 보건복지부장관령으로 공포하며 고시, 지침, 훈령, 요령과 같은 행정규칙으로 이루어진다. 한편 식품위생법령안 각 조문의 체계는 조, 항, 호, 목, 단으로 세부사항을 기술하고 있다.

③ 식품위생법의 주요내용

대한민국 식품위생행정의 최상위법인 식품위생법은 국가와 국민과의 권리, 의무관계를 규정하는 공법 중 행정목적을 달성하기 위한 일반행정법의 하나로서 식품위생법에 관련된 권리, 의무에 관하여 규정한 실체법이며 식품위생에 관한 일반사항을 다루고 있다. 따라서 식품위생 중 일반식품 이외의 특별한 사항을 규정하는 축산물가공처리법이나 학교급식법, 먹는물관리법 등과 구별하고 있다.

식품위생법은 1962년 1월 20일 법률 제1007호로 제정, 공포되었으며 50년 남짓하는 동안 초기에는 식품위생과 관련된 국내 환경이 취약하여 규제적 측면에서 집행되었다는 점을 부인할 수 없었다. 1962년 식품위생법이 제정되기 이전에는 '음식물, 기타 물품의 취급에 관한 법률' 등 조선총독부에서 정한 법령과 군정시 제정된 '식품제조의 면허 등에 관한 법령' 등이 있었다.

④ 식품위생법의 목적

식품위생법의 목적은 '식품으로 인한 위생상의 위해를 방지하고 식품영양의 질적 향상을 도모함으로써 국민보건의 증진에 이바지한다'라고 명시되어 있으며 이는 곧 국민의 건강을 목적으로 한다는 의미로 해석할 수 있다.

⑤ 식품위생법에서 용어의 정의

· 식품: 의약으로 섭취하는 것을 제외한 모든 음식물
· 식품첨가물: 식품의 제조, 가공 또는 보존함에 있어 식품에 첨가, 혼합 등의 방법으로
  사용되는 물질
· 기구: 음식과 식품 또는 식품첨가물의 제조, 가공, 조리 등에 사용되는 것으로서 식품

등과 직접 접촉하는 기계, 기구, 기타의 물건을 말하며 농업 및 수산업에 있어서 식품의 채취에 사용하는 것은 제외(호미, 착유기 등)

- 용기, 포장: 식품 또는 식품첨가물을 넣거나 싸는 물품으로 식품 등을 수수(授受)할 때 함께 인도되는 물품(음료병, 과자 포장지 등)
- 영업: 식품 또는 식품첨가물을 채취, 제조, 가공, 수입, 조리, 저장, 운반 또는 판매하거나 기구 또는 용기, 포장을 제조, 수입, 운반, 판매하는 업을 말하며 농업 및 수산업에 속하는 식품 채취업은 제외(배추 수확, 굴 양식 등)

(2) 식품공정

① 공정관리란?

공장에서 원재료로부터 최종 제품에 이르기까지 배합, 제조 가공 공정의 흐름을 효율적으로 계획, 실시, 확인, 조치에서 공정을 관리된 상태로 유지하는 것이다.

② 공정관리의 목적

가장 저렴한 방법으로 필요한 시기에 적절한 품질과 수량의 경제적인 제품을 생산하는 것이고, 이를 위해서 공정의 단계마다 관리 사이클을 틀림없이 돌리는 것이다. 식품공장은 일부 대기업의 장치공업을 제외하면 다 품종 소량 생산하는 업체가 주류를 이루고 있다. 공정관리는 업종과 업체의 규모에 따라서 그 관리내용이 다소 다르지만 근본적인 차이는 없다. 공정관리에서 필요한 가장 기본적인 일로서는 생산계획, 자재관리, 공정계획, 일정계획, 작업분배, 진도관리 등이다.

- 생산계획 : 기업이 생산활동을 할 때에 그 목적을 달성하기 위해서는 생산되는 제품의 종류, 품질, 수량, 가격, 제조방법, 장소 및 생산기간 등에 대하여 가장 경제적이고 합리적인 계획을 세우는 것이 생산계획이다. 생산계획량은 일반적으로 생산에서 판매까지의 기간을 고려하여 제품의 적정재고를 유지하도록 수립한다. 생산계획의 기초가 되는 것은 판매 예측이다. 이것이 잘못되면 과잉제고로 자금부담도 커지지만 재고로 유지되는 기간만큼 제품의 유통기간이 단축되고 심한 경우에는 유효기간의 경과로 폐기되는 경우도 발생한다.

· 원재료계획 : 생산을 하는데 가장 중요한 요소의 하나가 원재료이다. 식품의 제조. 가공에서 원재료의 품질은 제품의 품질에 결정적인 영향을 미칠 뿐만 아니라, 제조원가의 50%이상을 차지하기 때문에 생산 개시 전에 필요로 하는 수량과 품질에 대한 치밀한 계획을 세워야 한다. 원재료의 품질은 원료의 품종, 수확시기, 저장 조건 및 가공방법 등에 따라 큰 차이가 나기 때문에, 품질 기준을 설정시에는 세심한 검토가 필요하다. 또한 확보한 원료를 보관하는 상태에 따라 품질, 위생에 영향을 미치므로 원료의 특성을 사전에 파악하고 여기에 맞도록 관리하는 것이 중요하다.

· 재료관리 : 식품공업에서 공정관리의 첫 단계는 재료관리라고 하여도 과언이 아니다. 재료관리란, 생산계획에 따라서 필요한 수량의 원재료를 필요한 시기에 공급할 수 있도록 구매하는 것과 확보한 재료를 품질의 손상 없이 적정량으로 재고를 유지하는 것이다. 식품의 재료는 변질되기 쉬운 것이 많기 때문에 창고에 먼저 들어온 것은 먼저 나가도록 하는 선입선출 관리가 중요하다. 선입선출을 하기 위해서는 창고 내에 재료를 적재시에 충분한 동선을 확보해야 하며, 적재된 재료에는 입고일자를 표시해 두어야 한다. 재료창고에는 위생동물이나 해충의 침입으로 재료의 손상은 물론 위생적으로도 문제를 일으킬 가능성이 크기 때문에, 쥐나 곤충이 침입하지 못하도록 하는 시설의 설치가 필요하다. 또한 해충이 침입한 경우에는 구제하는 구체적인 방법도 세워 놓아야 한다.

3) 국제규격

(1) IOS규격: 국제표준화기구(International Organization for Standardization ; IOS)

ISO22000은 식품산업의 위생관리를 품질경영시스템(QMS) 차원에서 접근하여 국제표준화한 규격이며, 식품산업의 안전경영시스템을 국제적으로 인증 받는 제도로 공식 명칭은 '식품안전경영시스템-식품공급사슬 상의 모든 조직에 대한 요구사항(Food Safety Management System - Requirements for any organization in the food chain)'이다.

식품산업의 HACCP인증제도는 각 나라별로 운영방법이 상이하여 문제가 되나, ISO22000은 국제표준화기구에서 정한 국제적으로 통합된 식품안전경영시스템으로 특히 수출을 하고자 할 경우 국제적으로 필수적인 인증으로 요구되고 있다.

① ISO도입배경

• 식품공급사슬 관리의 필요성

· 식품공급사슬 전체에 대한 투명성 있는 정보 부족

· 발생할지 모르는 위험에 대한 분석 및 관리능력 부재

· 식품공급사슬의 최종 제품에 대한 요구사항 전달 및 관리 미흡

· 효과적인 공급자 관리능력 부족

• 통일된 규격에 대한 요구

· 식품안전과 관련한 HACCP, BRC, SQF2000 등 수많은 규격이 개발되어 국제적으로 운영되고 있다.

· 많은 규격은 정부, 고객 또는 조직의 요구를 보다 다양한 측면에서 만족시킬 수 있다는 장점도 있지만 세계화의 추세 속에서 볼 때 통일된 기준이 없고 국가별, 기준별로 차이가 발생해 인증에 대한 상호인정이 불가능하다는 현실적인 문제점을 안고 있다.

· 국제교역이 증가하면서 식품안전에 대한 다양한 국제규격의 통합 필요성이 제기되기 시작했고 특히 품질경영시스템인 ISO 9000시리즈와 식품안전시스템인 HACCP의 접목을 위한 노력은 이미 오래 전부터 각 국가에서 진행되고 있었다.

• 모든 이해관계자를 포함한 적용 범위의 확대

· 대부분의 식품안전 규격은 식품공급사슬에 속한 단위 조직 위주로 적용되고 있고 간접적인 조직은 포함되지 못하고 있다.

· ISO 22000은 식품안전 위해요소와 관련된 식품공급사슬 내의 모든 조직을 포함하는 최초의 국제규격으로 개발되었다.

② ISO 22000(식품안전경영시스템)의 개요

이 규격의 공식 명칭은 식품안전경영시스템-식품공급사슬 상의 모든 조직에 대한 요구사항(Food Safety Management System - Requirements for any organization in the food chain)이다.

즉 최종 소비시점까지 식품공급사슬상의 식품안전을 보장하기 위하여

- 상호 의사소통
- 시스템 경영
- 선행요건프로그램
- 위해요소중점관리기준(HACCP) 원칙

4가지 핵심요소를 포함하는 식품안전경영시스템에 대한 요구사항을 규정하고 있다.

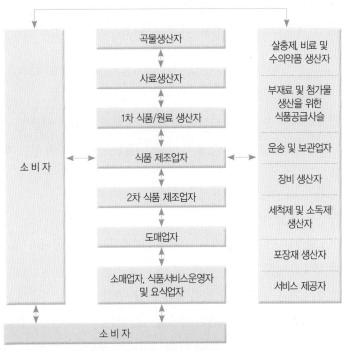

Food supply chain 내에서의 의사소통 범위

ISO 22000의 목표는 식품공급사슬 내의 사업체에 대한 식품안전경영 요구사항을 국제적인 차원에서 조화시키는 것이다. 특히 일반적으로 법에 의해 요구되는 것보다 더 명확하고, 일관되며 통합된 식품안전경영시스템을 추구하는 조직이 적용하는 것을 의도하고 있다.

평가 방법은 대별하여 평가 계획(Planning), 현장에서의 평가(Assessment), 총괄적 평가(Evaluation)로 나눈다.

❶ 평가 계획(Planning)

필요한 정보로서는 관련되는 시설에 대한 모든 문서, 이전의 시설 및 제품에 관한 기록, 전화·방문 시의 평가에 대한 기록 등이 있다. 이것들을 참고하여 평가 계획을 수립하여야 한다.

❷ 현장에서의 평가(Assessment)

현장에서의 평가는 단지 공장에서 시행하여 지적하는 것이 아니라 그 목적을 이해한 다음 실시하는 것이 중요하다.

그 방법으로는 제품, 시설, 종업원에 대한 관찰, 면접(interview), 기록의 점검(review)이 있다. 또한, HACCP 및 그 선행 필수 조건의 평가를 시행하는 자(assessor)의 전문성을 고려하면서 점검표(check list)에 따라 실시한다. 특히 이 때 평가자는 상당히 숙달된 기술이 요구된다.

❸ 총괄적 평가

평가를 받는 측과 평가를 하는 측이 최종 회의에서 얼굴을 맞대고 실시하는 것이 보통이다. 먼저 평가하는 자는 주어진 정보와 결함 사항을 평가 해야 한다. 이 때, 중요한 것은 결함 사항이 식품안전성에 어떠한 영향을 미치는 지, 법적 기준의 타당성, 때로는 무역이나 유통에 미치는 영향도 고려할 수 있다. 또한 개선해야 할 점, 앞으로의 조치에 대하여도 명확히 해야 한다. 즉, 지적 사항이나 앞으로의 방향성, 개선조치가 필요한 곳에 대하여는 시설의 경영진과 의논하여 앞으로의 접근에 관하여 동의를 얻어내야 한다.

(2) FDA(Food and Drug administration : 식품의약품청) 규격

① FDA의 역할

수입식품의 안전성 확보, 식품회수를 모니터링, 식품안전에 대한 연구 수행 및 식품업계 및 소비자 교육을 실시하는 등 식품안전의 중추적인 역할을 수행한다.

FDA는 The Food And Drug Administration df United States의 약자로서 미국 내에서 유통되는 모든 식품, 약품 등을 관리하는 가관으로 미국 내에서 제품 판매, 유통 및 다른 나라 제품의 미곡으로의 수출에도 막대한 영향력을 행사하는 기관이다.

CNN뉴스 등에 자주 등장하는 기관이기도 한 FDA의 역할을 구체적으로 알아보면 모든 식품(food), 의약품(medacine), 화장품(cosmetics) 및 기타 식생활과 관련된 제품의 안전성을 담당하는 기관으로 연방 보건 후생부(Department Of Health and Human Service)의 하부 기관이다.

미국에서 가장 오래된 소비자 보호(Consumers' protection)정책을 수행하는 정부기관이기도 한 FDA는 특히 소비자들의 건강 보호를 위해 미국 내에서 공급되고 있는 모든 의약품(medicines)에 대한 안전성을 검사하는데 최우선의 중점을 두고 있으며 다른 나라에서 유통되고 있는 의약품도 미국 내에서 판매할 수 없거나 사용이 보류되어 있는 것들도 많이 있다.

FDA는 전국 각 지역의 도시에 지역 사무소 및 지사를 두고 수많은 인원들이 주기적인 검사와 Monitoring활동을 실시하고 있다. 주요 조직으로는 의약품에 관련된 부서인 의약품국(Bureau of Drugs) 및 식품, 동물용 의약품, 방사선 안전 등 다양한 조직으로 구성되어 있다.

FDA검사를 마친 모든 제품은 FDA규정에 의하여 의무적으로 성분표시(Nutrition Facts)와 제품 표시(Labeling)를 해서 소비자들이 쉽게 알 수 있도록 하고 있다. FDA에서 관리하는 품목을 보면 육류, 농수산물, 음료수 등 모든 가공식품, 채소, 건강보조식품(Dietary supplement) 등이 이에 해당된다. 이 밖에 의약품, 의료 기계, 의료용품, 인공장기, 주사, 생약, 한약 등 의료관련제품과 화장품, 건강보조, 화학물질, 플라스틱, 공해물질, 동물검사 등이 관리대상에 포함된다. 최근에 우리나라에서 성행하고 있는 라식 시력수술 장비 등도 이에 포함된다.

한편 미국내의 제품은 물론 미국으로 수출하고 있는 외국 제품에 대해서도 미국 내 제품과 같은 기준을 적용하여 품질검사를 하기 때문에 FDA표준에 어긋나는 외국제품은 수입이나 유통 자체가 금지된다. 미국으로 제품을 수출하고자 하는 기업은 반드시 FDA규정을 준수해야 하며 FDA규격을 취득하는 것만으로도 제품의 질을 증명하게 되는 것이다. 이렇듯 FDA는 식품, 약품에 대한 철저한 관리와 검사를 통해 국민들의 건강과 안전을 가장 먼저 책임지는 기관으로 자리 잡고 있다.

① 주요 기능

식품제조시설 및 식품창고를 점검하며, 물리적, 화학적 그리고 미생물적 오염이 있는지 확인하기 위한 샘플의 채집 및 분석한다.

- 시장출하 전 식품 및 색소첨가제의 안전성 재검사
- 식품제조용 동물에 사용되는 동물사료의 안전성 모니터링
- 식품공장 위생, 식품포장 여건, 위험분석 및 주요 관리요점 프로그램 등과 같은 양호한 식품제조 관행과 기타 생산기준 확립
- 외국정부와 협력하여 특정 수입식품의 안전성 확인
- 불량식품을 회수할 수 있도록 제조업체에 요청, 식품회수 모니터링
- 식품안전에 대한 연구 수행
- 식품업계 및 소비자에게 안전한 식품취급방법에 대한 교육실시

(3) CODEX 규격

코덱스(codex)는 유엔식량농업기구(FAO)와 세계보건기구(WHO)가 공동으로 운영하는 국제식품규격위원회(CAC; Codex Alimentarius Commission)에서 식품의 국제교역 촉진과 소비자의 건강보호를 목적으로 제정되는 국제식품규격이다.

Codex Alimentarius는 라틴어로써 Codex는 법령(code)을, Alimentarius는 식품(food)을 말하며, 따라서 food code(식품법)라는 뜻이 된다.

코덱스 국제식품규격위원회는 식량농업기구(FAO)와 세계보건기구(WHO) 공동으로 국제식품 규격을 정하기 위해 1962년에 설립된 국제기구로 이탈리아 로마 FAO 본부에 위치해 있다.

회원국수는 170여개국으로 우리나라는 1971년 가입하였고, 북한은 1981년에 가입하였다.

코덱스 위원회의 기본적인 기능은 선진국, 중진국, 후진국을 망라하여 공히 통용될 수 있는 식품별 기준 규격을 설정하고 식품첨가물의 사용대상이나 사용량에 대한 규격설정, 오염물질에 대한 규격, 식품표시 등 식품의 안전성과 원활한 통상을 위한 작업을 수행하고 있다.

현재 코덱스에 등재된 국제식품은 우유, 초콜릿, 스파게티 등 250여종이다. 한국 가공식품으로는 2001년 7월 김치가 첫 코덱스 규격 획득을 기록하게 됐다.

4) HACCP system

(1) HACCP제도란?

위해요소 중점관리제도(Hazard Analysis Critical Control Point)는 원료 생산에서부터 최종제품의 생산과 저장 및 유통의 각 단계에 최종제품의 위생안전확보에 반드시 필요한 관리점을 설정하고 적절히 관리함으로써 식품의 위생 안전성을 확보하는 예방적 차원의 식품위생관리 방식이다. 미국, EU, 일본 등에서는 식

품 중에서도 위해의 발생 가능성이 높고 사소한 관리의 일탈에 의해서도 위생안전 확보에 중대한 문제가 발생할 수 있는 식품에 대하여 이러한 위생관리제도의 적용을 법에서 권고하고 있다. 우리 나라에서의 식품위생관리는 식품위생법 등에 의한 법률적인 강제적 관리와 우량제조관행(Good Manufacturing Practice GMP) 한국공업규격(Korean Industrial Standard KS) ISO 9000(International Organization for Standardization) 기타 품질관리(QC)활동 등에 의한 비 강제적인 방법에 준하여 이루어지고 있다.

HA 위해요소	CCP 중점관리점
식품위생에 영향을 미치는 위해요소는 생물학적, 화학적, 물리적 위해 등 다양하나 HACCP는 생물학적 위해인 병원성대장균 O157:H7 살모넬라, 히스테리아균 등을 주로 다룬다.	중요관리점은 위해요소를 예방, 제거 또는 허용가능수준까지 감소시킬 수 있는 지점 또는 단계이다. 도축장의 경우 도축완료된 도체에 대한 충분한 세척으로 대장균 등 병원성 미생물을 제거, 감소시킬 수 있다.

식품위생법은 식품공전에 기준을 둔 일종의 강제규범으로 일반적인 최소 요구 수준이며 GMP(Good Manufacturing Practice)는 시설중심의 위생 관리에 편중되어있고 KS 및 ISO 9000은 품질인증제도로서 제품의 위생 안전을 확보하기 위한 감시체계와는 근본목표가 다른 것이다. 또한 제조업체에서의 실험실적인 검사와 품질관리 활동의 경우도 제품에 대한 강제적인 규격 기준으로부터 편차를 감소시키는 것을 주목적으로 하고 있는 경우가 많아 현실적인 식품 위생 안전성 확보와는 다소 거리감이 있다. 이러한 기존의 식품 위생관리 방식의 단점을 보완하기 위하여 최근 세계 각국에서는 원료의 생산에서부터 가공 및 유통과정 전반에 걸친 위생안전 보장을 목적으로 하는 HACCP제도 시행을 법으로 정하고 있다. 우리 나라의 경우 식품위생법 등에 의하여 HACCP제도를 시행할 수 있도록 하는 법적인 근거를 마련해 놓고 있으나 시행 여부는 법적인 강제성을 가지고 있지는 않다. 그러나 향후 식품에 대한 보다 완전한 위생안전확보를 위하여 기존의 위생관리 방식에 비하여 보다 효율적인 것으로 검증되고 있는 HACCP 제도를 모든 식품에 대하여 의무적으로 시행하도록 하는 법적인 뒷받침이 필요하다.

(2) HACCP 개념

HACCP는 Hazard Analysis Critical Control Points의 약어로 '해썹'(Hass-up) 혹은 '해씹'(Has-sip)으로 발음되, 보건복지부에서는 '식품위해요소 중점관리기준'으로 번역하여 사용하고 있다.

HACCP 시스템은 제품의 안전한 생산을 보장하기 위한 예방체계로서 HACCP의 원리는 식품생산 전 단계, 즉 농작물의 재배, 식품처리 및 취급, 식품가공, 급식, 분배, 유통 체계, 소비자의 취급과 사용에 이르는 전 단계에 적용이 가능하며, 그 접근 방법은 사후 검사보다는 예방에 중점을 두고 있다. Bauman(1974)의 정의에 의하면 HACCP은 미생물이 증식할 수 있는 위해요소를 분석하여 실제 식품안전에 영향을 줄 수 있는 단계와 인적 요인을 규명하여 급식관리자들에게 잠정적인 위해요소를 사전에 알려주는 미생물적인 관리 측면에서의 표준화된 체계로 설명될 수 있다. 위해요소 분석(hazard analysis)이란 잠정적으로 미생물이 증식할 수 있는 재료, 생산공정 중 critical한 단계, 식품안전성에 위험을 초래할 수 있는 인적 요인 등을 규명하는 것이며, 중요관리점(critical control point)이란 HACCP을 적용하여 식품의 위해를 방지·제거하거나 안전성을 확보할 수 있는 단계 또는 공정을 지칭하였다.

(3) HACCP의 특징

구 분	HACCP위 위생관리 체계	종전의 위생관리체계
특 징	위해의 사전예방	위해의 사후 통제
품질관리대상	작업공정 작업공정의 사전관리 전제품의 완전성 확보	최종제품 제품의 대한 사후 샘플검사 최종제품 불량율 최소화

(4) HACCP 시스템의 7원칙과 12절차

HACCP를 적용하여 위생관리를 실시하는데는 먼저 HACCP 계획서(plan)를 작성하는데부터 시작한다.

HACCP계획은 국제식품규격위원회(CODEX)에서 정한 HACCP 7원칙에 따라 시행할 필요가 있다. 또한 이 7원칙을 적용함에는 다음과 같이 12절차를 따르도록 하고 있는바, 절차 1~5 까지는 원칙 1의 위해분석을 하기 위한 준비단계라 할 수 있다.

- 절차 1 : HACCP팀을 편성한다.
- 절차 2 : 제품의 특징을 기술한다.
- 절차 3 : 제품의 사용방법을 명확히 한다.
- 절차 4 : 제조(조리)공정흐름도, 시설의 도면 및 표준작업서를 작성한다.
- 절차 5 : 제조(조리)공정흐름도를 현장에서 확인한다.
- 절차 6 : 위해분석(HA)을 실시한다. [원칙 1]
- 절차 7 : 중요관리점(CCP)를 결정한다. [원칙 2]
- 절차 8 : 관리기준(허용한계)를 결정한다. [원칙 3]
- 절차 9 : CCP의 관리를 모니터링하는 방법을 설정한다. [원칙 4]
- 절차10 : 모니터링 결과 CCP가 관리상태의 위반시 개선조치를 설정한다. [원칙 5]
- 절차11 : HACCP가 효과적으로 시행되는지를 검증하는 방법을 설정한다. [원칙 6]
- 절차12 : 이들 원칙 및 그 적용에 관한 모든 기법 및 기록에 관한 문서의 작성방법을 설정한다. [원칙 7]

HACCP계획을 작성함에 있어 염두에 두어야 할 일은 실질적으로 그 시설에서 시행되고 있는 현 실정에 맞게 작성하는데 있다. 즉 현실을 고려하여 실천가능한 부분부터 HACCP계획을 작성할 것이며, 차후 하나하나 개선과 개량을 하면서 완전한 것으로 접근하여야 한다.

처음부터 무리를 해서는 안되며, 너무 이상을 앞세워 한번에 많은 계획을 하는 것은 실패의 원인이 된다. 또한 계획을 작성함에는 연간의 업무내용을 파악하여 아주 바쁜 시기나 전근·이동의 시기는 피하는 것이 좋다. 너무 업무가 바쁘다 보면 계획작성작업이 중단되거나 담당이 바뀌는 등 차질을 일으킬 수 있다.

5) PL법(제조물책임법)

(1) 제조물 책임법

제조물 책임은 제품자체의 결함이나 사용방법의 설명결함 등으로 인하여 제품사용자나 고객의 신체에 상해를 입힌 경우 또는 그들에게 재산상 손실을 준 경우에 그 제품의 제조사 또는 판매자가 상해 또는 손해를 당한 고객에게 배상할 책임을 말한다.

즉, 제품 결함 등으로 인해 발생한 사고에 대하여 그 책임을 물어 해당제품을 제조한 기업이 손해배상을 하도록 함으로써 소비자보호를 목적으로 하고 있다.

또 다른 정의로 제조물의 결함으로 인하여 소비자 또는 제3자의 생명, 신체, 재산 등에 손해가 발생했을 경우 그 제조물의 제조업자나 판매업자에게 손해배상책임을 지게 하는 법리를 제조물책임(productLiability)이라고 한다.

2000년 1월 12일, 제조물의 결함에 따른 소비자 피해보호를 강화하고, 국민경제의 발전을 도모한다는 취지 아래 '제조물책임법'을 제정하면서 도입되었다.

(2) 제조물책임법의 시행배경

과거 미국에서 있었던 일이다. 2달러 짜리 1회용 가스라이터를 미국 시장에 팔았던 국내 중소기업이 문을 닫을 뻔했다. 이는 라이터를 켜는 순간 불길이 치솟아 얼굴에 화상을 입은 소비자에게 10만3000달러를 배상하라는 판결을 내린 것이다. 자동차를 수출했던 한국내 업체도 추돌사고로 뇌를 다친 소비자가 '안전띠에 결함이 있다'는 이유로 소송을 내 많은 고생을 했다. 한 전자회사는 미국에 수출한 텔레비전에 화재가 발생해 수백만 달러의 손해배상 사건에 시달린 적이 있다.

이와 같이 선진국에서는 제조업자의 고의나 과실이 입증되지 않아도 손해를 배상해야 하는 무과실책임에 바탕을 둔 제조물책임(PL)이 실정법이나 판례로 확립되어 있다. 미국은 1963년부터 판례법으로 제조자에게 징벌적 손해까지 배상케 함으로써 엄청난 손해배상금을 피해자에게 물어 주도록 하고 있다. 유럽연합(EU)은 1985년 입법지침을 만들어 회원국들에 무과실책임을 요건으로 하는 PL법을 제정, 시행토록 했다.

90년대에는 일본, 중국, 필리핀, 남미 등 대부분의 나라들도 이 법을 시행하고 있다. 같은 가전제품이나 약품 또는 식품이라도 미국 유럽 일본 등의 소비자들은 쉽게 피해배상을 받을 수 있는 데 비해 국내 소비자들은 제조자의 고의나 과실을 입증해야 피해구제를 받을 수 있는 게 우리의 현실이었다.

현재 미국을 포함한 구미 선진국에서 시행되고 있는 제조물책임법(Product Liability Law)의 취지는 간단히 말해서 기업의 사회적 책임 강화 및 소비자의 보호이다.

과거 국내에는 제조물책임법이 시행되지 않고 있었기 때문에(2002년 7월 1일 시행됨) 제조물과 관련한 사고의 피해자가 손해배상을 제조업자에게 청구하기 위해서는 '대한민국 민법 제750조 불법행위책임'에 근거해야 하며 이 때, 피해자는 제조업자의 과실(주의의무의 태만)을 입증하여야 했었다.

그러나 일반적으로 소비자가 전문지식을 갖춘 제조업자를 대상으로 제조업자의 과실을 입증한다는 것은 매우 어렵기 때문에 제조물의 결함에 의한 피해에 대해서 소비자가 보상을 받기가 매우 힘들었다. 따라서 피해자의 입증부담을 경감한다는 측면에서 제조업자의 과실이라는 주관적인 요건을 제조물의 결함이라는 객관적인 요건으로 변경함으로써 소비자의 피해를 보다 쉽게 구제하는데 제조물책입법의 목적이 있다고 할 수 있다.

6) Recycling법(재활용법)

선별, 파쇄, 세척, 건조, 정제, 등 중간처리 과정을 거쳐 원래의 용도 또는 타 용도의 원료로 재사용하는 것. 예를 들어 재생종이 생산, 고철 이용 철강 생산, 폐플라스틱 이용 합성수지 제품 생산, 폐지 이용 합판 생산, 폐유리병의 도로포장용 골재 생산, 폐타이어의 도로포장재 생산, 폐유 이용 정제유 생산, 음식물쓰레기의 퇴비화, 폐플라스틱의 고형연료화, 폐밧데리에서 황산, 납, 플라스틱 분리 재활용 등이 있다.

(1) 재활용 가능 품목 구분

① 종이류 : 신문지, 책, 노트, 복사지, 종이팩, 달력, 포장지, 종이컵, 우유팩, 종이상자류

② 병류 : 음료수병, 주류병, 드링크병, 기타 병

③ 캔류 : 음료용캔, 식품용 캔, 분유통, 통조림통, 에어졸, 부탄가스, 살충제용기

④ 고철류 : 공구, 철사, 못, 철판, 쇠붙이, 알루미늄, 스텐, 알루미늄 샷시 등 비철, 철 종류

⑤ 의류 : 면제품류(순모양복, 내의 등), 합성섬유류(혼방양복, 잠바류 등)

⑥ 플라스틱류 : 음료수병, 간장·식용유·야쿠르트병, 세제용기류, 막걸리, 물통, 우유병 등

⑦ BOX류 : 맥주, 소주, 콜라, 음료박스, 쓰레기통, 물바가지, 머리빗 등

7) 재활용 불가능 품목 구분

① 종이류 : 비닐 코팅된 종이류(광고지, 포장지, 각종 홍보 유인물)

② 병류 : 유백색(우유빛깔) 유리병, 거울, 각종 도자기류, 내열식기류, 형광등, 전구 등

③ 고철류 : 페인트통 등 유해물 포장통

④ 의류 : 나일론제품, 한복, 담요, 솜, 베게, 카펫, 가죽제품, 1회용 기저귀 등

⑤ 플라스틱류 : 열에 잘 녹지 않는 플라스틱용기, 전화기, 전기전열기, 단추, 화장품용기, 식기류, 복합재질용기 PVC(염화비닐)건축자재, 과자, 라면봉지, 식품포장용기, 재활용 경제성이 없는 용기, 스티로폴, 1회용품 볼펜 등 필기구, 플라스틱과 고철과 철사종류가 합성되어있는 제품류 등

8) 품질인증제도

정부나 공신력 있는 기관이 제품 품질을 일정한 기준으로 검사하여 그 우수성을 인정해주는 제도이다. 제품의 품질향상과 소비자에게 좋은 품질의 제품을 제공한다는 것이 목적이다. 국산보다 가격면에서 저렴한 중국산의 경우 아래 해당되는 품질인증마크 많다. 그러

나 이를 무시한채 편법적으로 국내 반입유통하는 사례가 빈번하게 발생해 단속대상이 되어 벌금 및 사법처리되는 경우까지 발생하니 해당제품을 취급하고자 할 경우 아래 각종 품질 인증마크를 획득하거나 사입시 유의해야 한다. 현재 한국에서 통용되는 품질인증마크는 다음과 같다.

① KS 마크 : 공산품의 품질을 정부가 정한 표준규격으로 평가하여 일정 수준에 이른 제품에 준다. 공업기술수준이 낮았던 시절에 제정된 것이므로 최소한의 규격기준이다.

② 품 마크 : KS 마크와는 별도로 정부가 품질관리가 우수한 업체의 제품에 주는 품질보증 표시이다. 국제적으로 공인된 품질경영체제 ISO 9000이 한국에 확산되자 1997년 6월 28일 정부는 이 마크를 폐지하였다. ISO란 숫자에 따라 그 의미가 다르지만 쉽게 요약하면 공장생산과정과 설비를 보기 때문에 품질이 우수할 것이다라는 인증이다.

③ 검 마크 : 제품 하자가 발생하였을 때 인명이나 재산상의 피해가 우려되는 공산품의 안전도를 해당 검사기관이 평가하여 인정해주는 검사필증이다. 자동차용 브레이크액·부동액·재생타이어·유모차 등은 반드시 이 표시가 있어야 한다. 생명과 직결된 제품으로 물놀이 보트, 튜브 등도 해당된다.

④ Q 마크 : 제조업체가 원해서 임의로 부착하는 마크이다. 해당분야 민간시험소에 신청하여 품질기준에 합격해야 한다. 품질기준은 한국생활용품 시험검사소를 비롯하여 화학, 기계전기전자, FITI, 의류 등 민간시험검사소가 공동으로 마련하였다. 각종 품질인증마크 중 유일하게 환불보상제가 보장되어 불량품이거나 하자가 발생하면 현품으로 바꾸어주거나 100% 현금으로 보상받을 수 있다. 검사 비용이 약 3백만원 정도 소요되어 소규모 업체들은 기피하는 마크인증 중 하나이다.

⑤ 열 마크 : 열을 사용하는 기자재의 열효율과 안전도 등을 검사하여 에너지관리공단이 부여하는 합격증이다. 열사용기구는 이 표시가 없으면 제조·판매할 수 없다. 휴대용 버너 등이 해당된다.

⑥ 전 마크 : 전기를 사용하는 제품 중 전기용품 안전관리법에 따라 감전·화재 등 사고가 일어날 가능성에 대해 안전시험을 통과해야 받을 수 있다. 이 마크를 획득하지 않고 판매되었을 경우 전량회수 조치와 사법처리되며, 중국산 미니 드라이기 등도 해당된다.

⑦ GD(good design) 마크 : KS, 품, 검 마크를 얻은 제품 중 디자인이 뛰어난 것에 한국디자인

포장센터가 주는 표시이다.

⑧ GP(good package) 마크 : 포장이 뛰어난 상품에 부착하는 마크이다.

⑨ EMI(electromagnetic interference) 마크 : 가전제품에서 발생하는 유해전자파를 억제하는 장치가 부착되었다는 표시이다. 세탁기·TV모니터·냉장고 등을 정보통신부가 심사한 후 합격필증을 붙인다. 컴퓨터에서 쓰는 마우스도 해당된다.

⑩ 환경 마크 : 재활용품을 원료로 사용하였거나 폐기할 때 환경을 해치지 않는 상품에 환경처가 주는 녹색상품제도이다.

⑪ 태극 마크 : 한국귀금속 감정센터가 일정 품질 이상의 귀금속이라고 평가하여 우수한 공장에 주는 마크이다.

현재 우리나라에는 70여개의 법정 의무인증제도가 있다.

· '제품 안전'이라는 동일한 목적
· 부처마다 인증마크가 달라 소비자는 혼란
· 인증에 대한 인지도와 신뢰도는 낮아졌다.
· 인증간의 중복시험으로 인해 기업의 경제적 시간적 부담은 증가
· 인증제도의 운영규정이 국제 기준과 일치하지 않아 국제적 신뢰도 저하

이에 13개 법정의무인증마크를 국가통합인증마크 하나로 통합하여 운영하고 있다.
('11.1)

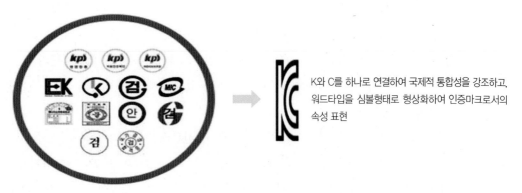

K와 C를 하나로 연결하여 국제적 통합성을 강조하고, 워드타입을 심볼형태로 형상화하여 인증마크로서의 속성 표현

🔔 국가통합인증마크(KC)의 필요성

9) 검역제도

(1) 농업협상과 동식물검역

농업시장 개방과 관련해 관세철폐와 보조금 감축이 주로 논의되고 있지만 실제로 우리 농업을 지키는 또 하나의 지지대인 동식물검역문제는 크게 부각되고 있지 못하다. 댄 버튼 미국 하원 국제관계위 아태소위 부위원장은 최근 "한국이 상품에 부과하는 평균 관세는 11%로 미국에 비해 3배가 높은 수준이며 농산물에 대해 부과하는 관세는 52%나 된다"면서 "FTA가 체결되면 미국의 상품 및 농산물에 대한 관세와 비관세 장벽이 낮아져 미국의 기업, 농부, 농장주들에게 더 많은 기회가 주어질 것이다"라고 발언하였다. 그런데 미국 과일이 우리나라 것보다 두 배 이상 싸다면 관세가 50%도 안 되는 상황에서 왜 쉽게 수입이 안되는 것일까? 바로 동식물검역이 있기 때문이다.

(2) 동식물검역의 기능

동식물검역은 안전한 기준을 통과한 식품, 농산물, 축산물만 수입할 수 있게 함으로써 국민들의 건강과 또한 구제역, 솔잎흑파리, 벼물바구미 등 병해충 유입으로 인한 피해를 사전에 막을 수 있는 수단이 된다. 지금까지 동식물검역이 허술하게 진행되었을 때, 병원성대장균 O-157, 벨기에산 돼지고기에서 검출된 다이옥신, 미국산 소시지에서 검출된 리스테리아 등 오염식품 유입으로 인한 피해 등이 일어났다. 허술한 동식물 검역으로 오염된 식품이 수입되었을 때, 엄청난 경제적인 손실뿐만 아니라 국민들이 직접적인 피해를 받는다.

(3) 동식물검역과 SPS(Sanitary and Phytosanitary Measures)

1995년 1월1일부터 발효되는 SPS협정 자유무역을 활성화하기 위한 UR협상에서 1990년 11월 위생및식품검역 분야에 대한 초안을 작성하였다. 초안에는 위생 및 검역조치(SPS)가 비관세장벽으로 작용해서는 안 된다는 점, 과학성에 근거한 조화가 필요하다는 점, 투명성, 개발도상국에 대한 우대초지 등을 주요 골자로 하고 있다. 에 따라 식품의 국제규격 기준이 각 국에 강제로 적용되었다. SPS협정은 한마디로 하면 각국이 유지하고 있는 식품의 안정성 검사와 동식물검역과 관련된 규정이 식품 및 동식물의 교역상 비관세장벽으로 사용되지 못하도록 하기 위한 국제규범이다. 식품첨가물, 오염물질(잔류농약, 중금속, 기타오염물질), 병원성 미생물, 독소 등 4개 분야에 걸쳐 기준치와 규격을 국제적으로 정하고 이를 통과할 경우 식품의 교역을 거부할 수 없다는 것이다.

SPS 협정은 이러한 목적을 달성하기 위해서 식품안전의 경우 Codex(코덱스 : 유엔식량농업기구(FAO)와 세계보건기구(WHO)가 공동 운영하는 국제식품규격위원회에서 식품의 국제교역 촉진과 소비자의 건강보호를 목적으로 제정되는 국제식품규격이다.) 위원회가 채택하고 있는 국제적 규격, 지침, 기타 권고 사항을 따라야 하며, 동물위생은 국제수역사무국의 기준을 따라야 하고, 식물 위생의 경우 국제식물보호조약의 기준을 다라야 한다는 것을 명시하고 있다. 이들 3대 국제기구를 통상 '세 자매 기구'로 부르고 있다. 위생 및 검역협정은 이 기구들의 기준보다 엄격한 기준을 적용할 수 있음을 규정하고 있으나, 이 경우에는 과학적 근거가 확보되어야 한다는 점을 명시하고 있다. 국내 식품법규에 따라 수입식품을 규제해온 우리나라의 경우엔 SPS의 기준을 받아들이거나 혹은 이를 국내에선 적용하기 어렵다는 합리적인 근거를 제시해야만 한다. 국내에 비해 오염물질의 허용치가 높거나 국내에서는 허용치가 설정되지 않은 외국산 식품들이 국제 규격임을 내세워 마구 들어올 경우 이를 저지하기가 어렵다. 이것은 WTO는 각 나라가 국민의 건강을 위해 규제하고 있는 위생 및 검역에 관한 조치도 무역장벽으로 보고 있는 것으로, 즉 인간의 건강이나 환경보호보다 무역촉진을 우선하는 것이다.

4 포장식품업표시

1) 가공식품원료 원산지 표시제도

(1) 목 적

농산물의 유통질서 확립 및 소비자에게 원산지 정보제공으로 선택권 보장

(2) 관련법령

농수산물 품질관리법 및 농산물 원산지 표시요령

(3) 표시대상 품목

• 수입농산물가공식품(177), 국산농산물(145), 국내가공품(121)

> • 미표시 표시방법 위반 시 : 5만원 이상 1천만원 이하의 과태료
> • 허위표시 시 : 5년 이하의 징역 또는 5천만원 이하의 벌금

2) 지리적 표시제도

우리의 우수한 지리적 특산품을 국내 및 국제적으로 보호함으로써 농산물 및 가공품의 품질향상과 지역특화산업으로 육성하고 소비자를 보호하기 위한 제도이다.

• 대상 품목 : 농산물(17부류) 및 가공품(14부류) → 총 151 품목

3) 가공식품의 KS 표시제도

가공식품 표준화(KS)란 합리적인 식품표준규격을 제정보급함으로써 가공식품의 품질고도화 및 동 제품 관련 서비스의 향상 생산기술혁신을 기하며 거래의 단순공정화 및 소비의 합리화를 통하여 산업경쟁력을 향상시키고 국민 경제발전에 이바지하고자 하는 제도이다.

(1) 표시대상품목

표시대상품목은 농림부 장관이 매년 별도 지정 고시한다.

(2) 가공식품 KS 표시인증 절차

① 인증신청

한국식품개발연구원의 한국산업규격표시 인증업무규정 별지 제3호 서식(산업 표준화법 시행규칙 제10조의 별지 제7호 서식과 같음)의 규격 표시 인증 신청서를 한국 식품개발연구원장에게 제출한다.

② 심사방법

공장심사와 제품심사로 한다.

• 공장심사

최근 3개월간의 관리실적을 토대로하여 7개 공장심사, 평가항목으로 품목별 심사기준에 의거 심사한다.

⇒ 단 산업표준화법 시행규칙 별표10 제1호 항목에 해당시 공장심사의 일부를 생략 가능

• 제품심사

공장심사 시 심사원이 신청인 또는 그 대리인의 입회 하에 당해 품목의 심사기준에 따라 시료를 채취하여 한국식품 개발연구원에 제품심사를 의뢰한다.

※ 규격(농수축산물가공식품) 표시도표

(3) 포장식품의 품질검사

① 시판품 검사의 목적

• 품질관리 면에서 KS규격의 설정 및 사후관리
• 싼 원료로 생산한 제품과 기존 제품의 소비자 기호도 차이를 조사하여 원가절감도모
• 유통시 변화를 조사하여 유통기한을 정하고 유통기한 연장을 위한 저장방법개선에 이용

- 식품 위생적으로 불량식품이나 부정식품의 단속과 허위·과대광고의 방지
- 제품의 품질 개선 및 전반적인 마케팅에 이용
- 품질특성에 따른 등급을 정하여 품질기준 설정에 이용
- 좋은 품질의 최종제품을 위한 원료 선택
- 공정개선 전과 후의 기호도 차이 조사
- 원래 제품과 비교하여 신제품의 소비자 기호도를 조사하여 신제품 개발에 이용

② 방 법

KS규격에 근거한 시판품 검사는 표본 검사 그리고 전수 검사가 있다.

• 표본 검사

판정하려는 집단에서 추출된 시료의 판정에 의해 집단의 상태를 판정하려는 검사로서 성분검사와 같이 파괴인 경우와 일부 불량품이 포함되어 있어도 큰 문제가 되지 않는 검사항목인 경우에는 대부분이 표본검사에 의해 시판품을 검사한다.

• 전수검사

검사할 물품을 전부 조사하는 방법으로 중요검사항목이나 비파괴검사인 경우에는 전수검사에 의해 시판품을 검사한다. 시판품검사 항목에는 외관검사 포장사항검사 표시사항검사 인쇄사항검사 등이 있다.

식품위생학

FOOD
HYGIENE

FOOD
HYGIENE

부록 1   식품첨가물

식품첨가물

식품의약품안전처

소비자 안전을 위한 주의사항 표시방법 가이드 라인

소비자 안전을 위한 주의사항 표시는 식품등의 표시기준 제6조에서 규정하고 있음

· 주의 문구 표시기준
  소비자에게 판매하는 제품의 최소 판매단위별 용기·포장에 표시
  표시는 지워지지 아니하는 잉크 각인 또는 소인으로 표시
  바탕색과 구별되는 색상으로 주표시면 또는 일괄표시면에 표시
  글자크기는 10포인트 이상으로 표시

· 주의 문구 권장 표시방법
  소비자가 잘 보이도록 붉은색으로 표시
  테두리 사용 또는 바탕색과 구분되는 면으로 표시

🍳 식품등의 대상별 주의문구 표시내용

식품표시대상

① 육류 등 냉동식품

주의문구 "이미 냉동된 바 있으니 해동 후 재냉동시키지 마시길 바랍니다"
참고사항 〈식품등의 표시기준 별지1 2.다. 냉동식품 표시사항〉
(6포인트 이상 표시)
가열하지 않고 섭취하는 냉동식품 또는 가열하여 섭취하는 냉동식품으로 구분표시
가열하여 섭취하는 냉동식품의 경우 살균한 제품은 살균제품으로 표시

발효제품 또는 유산균을 첨가한 냉동제품은 효모 또는 유산균수 표시

냉동식품은 냉동보관방법 및조리시의 해동방법 표시

조리 또는 가열처리가 필요한 냉동식품은 조리 또는 가열처리방법 표시

🧑‍🍳 제조업체가 냉동식품인 빵류, 떡류, 젓갈류 및 초콜릿류를 해동하여 출고하는 경우

주의문구 이 제품은 냉동식품을 해동한 제품이니 재냉동시키지 마시길 바랍니다.

참고사항 〈식품등의 표시기준 제8조〉 바. 적용특례(주표시면 10포인트 이상 표시)

제조업체가 빵류, 떡류, 젓갈류, 초콜릿류를 해동하여 출고하는 경우 다음의 내용을 표시하여야 하며, 이 경우 스티커, 라벨, 꼬리표를 사용할 수 있음

제조연월일, 해동연월일

유통기한 또는 품질유지기한 이내로 설정한 해동 후 유통기한 또는 품질유지기한

해동 후 보관방법, 해동 후 주의사항

② 원터치캔 통조림 제품

주의문구 "캔 절단 부분이 날카로우므로 개봉, 보관 및 폐기 시 주의하십시오"

참고사항 〈식품등의 표시기준 별지1 2.가. 통·병조림 표시가항〉 (6포인트 이상)

통·병조림의 내용물은 고형량 및 내용량으로 구분 표시하고, 주표시면 또는 원재료명 표시란에 표시

※통·병조림 식품은 통 또는 병에 넣어 탈기와 밀봉 및 살균 또는 멸균한 것을 말함

산성통조림은 "산성통조림"으로 표시 ※ 산성통조림은 ph4.6 이하인 통조림을 말함

③ 과일·채소류음료, 우유류 등 개봉 후 부패·변질될 우려가 높은 식품

주의문구 "개봉 후 냉장보관하거나 빨리 드시기 바랍니다"

④ 음주전후, 숙취해소 등의 표시 제품

주의문구 "과다한 음주는 건강을 해칩니다"

⑤ 아스파탐을 첨가 사용한 제품

주의 "페닐알라닌 함유"

참고사항 아스파탐은 페닐알라닌과 아스파라긴산으로 구성되어 일일 페닐알라닌 섭취를 제한하여야 하는 페닐케
톤뇨증 환자를 위해 주의문구 표시 필요

※ 페닐케톤뇨증: 페닐알라닌을 분해하는 효소 결핍으로 페닐알라닌이 체내 축적되어 경련 및 지능장애, 발달장애
를 일으키는 유전대사질환임

아스파탐은 식품첨가물 명칭과 용도를 함께 표시해야 하는 식품 첨가물이므로 '합성감미료'를 표시해야 함

⑥ 당알코올류를 주원료로 한 제품

주의문구 "과량 섭취시 설사를 일으킬 수 있습니다." "당알코올의 종류 및 함량"

참고사항 당알코올 종류: 솔비톨(Sorbitol), 말티톨(Maltitol), 자일리톨(Xylitol), 에리스리톨(Erythritol), 아라비톨(Arabitol),
리비톨(Ribitol), 칼락티톨(Galactitol), 락티톨(Lactitol), 만니톨(Mannitol) 등

⑦ 선천성 대사질환자용 식품

주의문구 "선천성 대사질환자용 식품" "의사의 지시에 따라 사용하여야 합니다"

참고사항 〈선천성 대사질환자용 식품〉

체내에서 대사되지 않는 성분을 제거 또는 제한하거나 다른 필요한 성분을 첨가하여 제조·가공한 식품

※ 선천성대사질환: 유전자의 이상으로 태어날 때부터 생화학적 대사에 결함이 있어 물질대사효소의 불능 또는 물질의 이송결함 등으로 유해물질이 축적되거나 필요한 물질이 결핍되는 질환

예시) 페닐케톤뇨증, 갑상선기능저하증, 단풍당뇨증(maple syrup urine disease) 등

⑧ 특수의료 용도등 식품

주의문구 "의사의 지시에 따라 사용하여야 합니다"

참고사항 특수의료용도등 식품

환자용 균형영양식

당뇨환자용 식품

신장질환자용식품

장질환자용 가수분해식품

열량 및 영양공급용 의료용도식품

선천성 대사질환자용식품

영·유아용 특수제조식품

연하곤란환자용 점도증진식품

⑨ 한입크기로서 작은 용기에 담겨져 있는 젤리 제품(컵모양 등 젤리 제품)

주의문구 잘못 섭취에 따른 질식 방지 경고문구 표시

(예시) "얼려서 드시지 마십시오, 한번에 드실 경우 질식의 위험이
있으니 잘 씹어 드십시오. 5세 이하 어린이 및 노약자는 섭취를 금하
여 주십시오"

참고사항 〈식품의 기준 및 규격에 따른 컵모양 등 젤리 제조기준〉

컵모양 등 젤리의 크기는 뚜껑과 접촉하는 면의 최소내경이 5.5cm
이상 이어야 하고 높이와 바닥면의 최소 내경은 3.5cm 이상 되도록 제조

〈식품의 기준 및 규격에 따른 컵모양 등 젤리 원료기준〉

컵 모양 등 젤리의 원료로는 곤약, 글루코만난(glucomannan)을 겔화제로 사용할 수 없음

⑩ 알레르기 유발성분을 사용한 식품과 교차오염이 가능한 제품

알레르기 유발 성분을 사용하는 제품과 그렇지 않은 제품을 같은 제조시
설을 통하여 생산하게 될 경우 불가피하게 혼입 가능성이 있다는 내용의 표
시. 다만, 세척·소독 등을 통해 혼입의 가능성이 전혀 없는 경우에는 그러하지
아니함

주의문구 "이 제품은 OO(알레르기 유발성분)을 사용한 제품과 같은 제조
시설에서 제조하고 있습니다."

참고사항 알레르기 유발성분(13가지)

난류(가금류에 한함), 우유, 메밀, 땅콩, 대두, 밀, 고등어, 게, 새우, 돼지고기,
복숭아, 토마토, 아황산류(최종제품에 SO_2로 10mg/kg 이상 함유한 경우)

⑪ 카페인 함량을 ml 당 0.15mg 이상 함유한 액체식품

주의문구 "어린이, 임산부, 카페인 민감자는 섭취에 주의하여 주시기 바랍니다"
주표시면에 "고카페인 함유"와 "총카페인 함량 OOmg" 표시

⑫ 선도유지제

주의문구   습기방지제(방습제), 습기제거제(제습제) 등 용도 표시 "먹어서는 아니된다" 등의 주의문구

⑬ 모든 식품

주의문구 "부정·불량식품 신고는 국번없이 1399"

🍴 식품첨가물 표시대상

① 수산화암모늄, 초산, 빙초산, 염산, 황산, 수산화나트륨, 수산화칼륨, 치아염소산나트륨, 표백분 등

주의문구 "어린이 등의 손에 닿지 않은 곳에 보관하십시오"
"직접 섭취하거나 음용하지 마십시오"
"눈·피부에 닿거나 마실 경우 인체에 치명적인 손상을 입힐 수 있습니다." 등 취급상 주의사항

🍴 기구 또는 용기·포장 표시대상

① 식품포장용 랩

주의문구 "100℃를 초과하지 않은 상태에서만 사용"

"지방성분이 많은 식품에는 직접 접촉되지 않게 사용"

참고사항 식품등의 표시기준 별지1 다. 1)나)

식품포장용 랩은 제조에 사용하는 주원료 명칭 및 가소제, 안정제, 산화방지제 등의 첨가제 명칭을 표시하여야 한다.

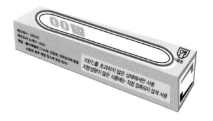

② 폴리스티렌, 멜라민수지, 페놀수지 및 요소수지 재질의 기구 및 용기·포장

주의문구 "식품가열·조리시 전자렌인지 사용금지"

③ 유리제 기구

▶ 가열조리용 유리제 기구

주의문구 "표시된 사용 용도 외에는 사용하지 마십시오"

▶ 가열조리용이 아닌 유리제 기구

주의문구 "가열 조리용으로 사용하지 마십시오"

참고사항 가열조리용 유리제 종류

직화용(400℃ 이상, 150℃ 이상), 오븐용(120℃ 이상)

전자레인지용(120℃ 이상), 열탕용(120℃ 이상)

※ 식품용 기구 및 용기·포장의 기준 및 규격 참조

🍳 식품용 기구 구분 표시제도

Q1 식품용 기구 구분 표시제도가 무엇입니까?

▶ 비식품용 기구를 식품에 사용하여 발생할 수 있는 안전문제를 예방하기 위하여 (식품위생법)에서 정한 기준에 따라 제조된 식품용 기구를 소비자가 선택하여 구매할 수 있도록 식품용 도안 또는 단어를 표시하는 제도입니다.

식품용 기구 예시: 식기, 가위, 끈, 기름종이, 양념분무기, 일회용장갑, 봉투 등

Q2 식품용 기구 구분 표시제도는 언제부터 시행됩니까?

▶ 식품용 기구 구분표시제도는「식품등의 표시기준」(식약처 고시) 개정에 따라 '13.12.26' 도입되었습니다.

▶ 동 제도의 시행일은 재질별로 시급성 및 업계의 실행 가능성을 고려하여 다음과 같이 '15년부터 단계적으로 시행합니다.'

* 식품제조가공업·즉석판매제조가공업·식품첨가물제조업체로 납품되어 제품의 포장·용기로 사용되는 품목은 식품용 기구 표시대상에서 제외함

Q3 식품용 기구에는 어떤 것들이 있나요?

▶ 음식을 먹을 때 사용하거나 담는 것, 식품 또는 식품첨가물의 채취·제조·가공·조리·저장·소분·운반·진열시에 사용되는 것으로 식품 또는 식품첨가물에 직접 닿는 기계·기구를 말합니다. (「식품위생법」제2조제4호 기구)

* 농업과 수산업에서 식품을 채취하는 데에 쓰는 기계·기구나 그 밖의 물건은 해당되지 않음

Q4 식품용 기구 표시는 어떻게 합니까?

▶ 판매를 목적으로 하는 식품용 기구는 식품용 기구 도안 또는 '식품용' 단어를 표시하여야 합니다.

▶ 표시장소는 제품자체에 표시하거나 소비자에게 판매하는 제품의 최소 판매 단위별 용기·포장에 표시하여야 합니다.

▶ 표시방법은 잉크·각인 또는 소인으로 표시하여야 하나, 제품의 특성상 잉크·각인 또는 소인이 불가능한 경우라면 스티커를 사용하여 표시할 수 있습니다.

Q5 식품용 기구 도안은 무엇입니까?

▶「식품등의 표시기준」(식약처 고시) [도3]에 식품용 기구 도안이 다음과 같이 제시되어 있으며, '가'형부터 '바'형 중 영업자가 원하는 도안을 선택하여 표시할 수 있습니다.

1단계: 2015년	2단계: 2016년	3단계: 2017년	4단계: 2018년
금속제	고무제	합성수지제	도자기제
· 가위, 집게	· 고무마개	· 일회용장갑, 봉투	법랑 및 용기류
· 식품용삽	· 고무장갑	· 합성수지대야	유리제
· 컵, 톱니칼날	· 고무젖꼭지	· 양념분무기	종이제, 가공지제
· 거름망 등	· 고무줄 등	· 노끈 등	전분제
			셀로판제
			목제류

표시대상 단계적 확대

2가지 이상 다른 재질로 구성된 제품(4단계)

Q6 '식품용 기구' 도안을 제조업체에서 임의로 변경하여 표시할 수 있나요?

▶ 식품용 기구 도안 표시는 왜곡, 변형 등에 따른 이미지 손상 방지를 위하여 크기, 비율, 공간, 색상 등이 정해져 있습니다.

▶ 따라서, 「식품등의 표시기준」(식약처 고시) [도 3] 식품용 기구의 도안의 표시방법을 준수하여 표시하여야 합니다.

Q7 '식품용 기구' 도안 제작 시 참고할 수 있는 자료가 있나요?

▶ 식품용 기구 표시를 쉽게 제작할 수 있도록 '식품용 기구 도안 디자인 가이드 라인'이 식품의약품안전처 홈페이지(http://mfds.go.kr ▶ 식품안전 ▶ 식품안전정보 ▶ 식품등의 표시 ▶ 식품용 기구 도안 디자인 가이드라인)에 안내되어 있습니다.

Q8 '식품용' 도안(또는 단어) 외에도 기구에 표시해야 할 사항들이 있나요?

▶ 식품용 기구에는 다음 표시사항을 제품에 표시하여야 합니다.
재질명(합성수지제인 경우)
업소명 및 소재지
'식품용' 단어 또는 도안 표시
주의문구(랩, 폴리스티렌, 멜라민수지, 페놀수지, 요소수지, 유리제)
기타사항(비내수성 전분제, 가열조리용 유리제 사용 용도)

▶ 자세한 사항은 「식품등의 표시기준」을 참고하시기 바랍니다.

▶ 재질별 제품 예시

금속제 재질 제품

칼(국산품)

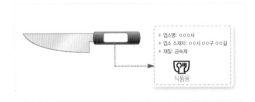

가위(수입품)

고무제 재질 제품

고무장갑(국산품)

영·유아용 젖꼭지(수입품)

합성수지제 재질 제품

랩(국산품)

일회용 위생백(수입품)

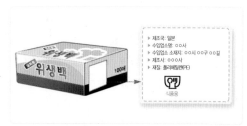

🍽 노끈(국산품)

▶ 업소명: ○○○사
▶ 업소 소재지: ○○시 ○○구 ○○길
▶ 재질: 폴리에틸렌(PE)

🍽 양념분무기(수입품)

▶ 제조국: 중국
▶ 수입업소명: ○○사
▶ 수입업소 소재지: ○○시 ○○구 ○○길
▶ 제조사:
▶ 재질: 폴리프로필렌(PP)

🍽 식판(수입품)

▶ 제조국: 일본
▶ 수입업소명: ○○사
▶ 수입업소 소재지: ○○시 ○○구 ○○길
▶ 제조사: ○○○사
▶ 재질: 멜라민수지
"전자레인지 사용금지"

🧁 유리제 재질 제품

🍽 물병(국산품)

▶ 업소명: ○○○사
▶ 업소 소재지: ○○시 ○○구 ○○길
▶ 재질: 유리제
"가열 조리용으로 사용하지 마십시오."

🍽 가열 조리용 냄비(수입품)

▶ 제조국: 중국
▶ 수입업소명: ○○사
▶ 수입업소 소재지: ○○시 ○○구 ○○길
▶ 제조사: ○○○사
▶ 재질: 유리재(열탕용)
"표시된 사용 용도 외에는 사용하지 마십시오."

※ 가열조리용 유리제 사용 용도: 직화용, 오븐용, 전자레인지용, 열탕용

🧁 도자기제 재질 제품

🍽 밥그릇(국산품)

▶ 업소명: ○○○사
▶ 업소 소재지: ○○시 ○○구 ○○길
▶ 재질: 도자기제

🍽 찻잔(수입품)

▶ 제조국: 이탈리아
▶ 수입업소명: ○○사
▶ 수입업소 소재지: ○○시 ○○구 ○○길
▶ 제조사: ○○○ SPA
▶ 재질: 비내수성 전분제

전분제 재질 제품

접시(국산품)

▶ 업소명: ○○○사
▶ 업소 소재지: ○○시 ○○구 ○○길
▶ 재질: 전분제

식품용

물컵(수입품)

▶ 제조국: 중국
▶ 수입업소명: ○○사
▶ 수입업소 소재지: ○○시 ○○구 ○○길
▶ 제조사: ○○○사
▶ 재질: 도자기제

식품용

2개 이상의 재질로 구성된 제품

보온병(국산품)

▶ 업소명: ○○○사
▶ 업소 소재지: ○○시 ○○구 ○○길
▶ 재질: 금속제, 폴리프로필렌, 고무제

식품용

커피포트(수입품)

▶ 제조국: 영국
▶ 수입업소명: ○○사
▶ 수입업소 소재지: ○○시 ○○구 ○○길
▶ 제조사: ○○○ Co., Ltd.
▶ 재질: 금속제, 고무제, 유리제

식품용

색상활용

색상활용은 식품용 기구 마크의 이미지를 어떠한 조건에서도 일관되게 표현하기 위한 색상활용 지침으로 배경
색상 및 재료에 따라 표현할 수 있는 색상 범위를 예시한 것이므로 정확한 색상 표현이 유지될 수 있도록 세심하
게 관리하여야 한다. 배경색과 동일한 컬러의 표현은 Emboosed의 사용을 원칙으로 한다.

명도에 따른 색상활용

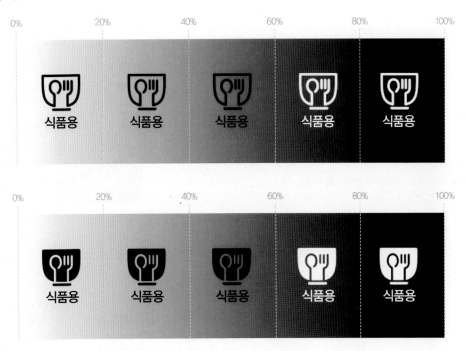

유통기한 품질유지기한 표시 가이드 라인

- 유통기한·품질유지기한 표시대상
- 제조·가공·소분·수입한 식품
  - · 자연상태의 농·임·수산물
  - · 설탕, 빙과류, 식용얼음
  - · 껌류(소포장 제품에 한함)
  - · 식염, 주류(맥주, 탁주 및 약주 제외) 및 품질유지기한으로 표시하는 식품

유통기한 표시
생략 가능
제품

유통기한
표시대상

- 레토르트식품, 통조림식품, 쨈류
- 당류(포도당, 과당, 엿류, 당시럽류, 덱스트린,올리고당류에 한함)
- 당류 및 커피류(액상제품은 멸균에 한함)
  - · 음료류(멸균제품에 한함)

품질유지기한
표시대상

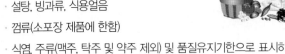

· 장류(메주 제외), 조미식품(식초와 멸균한 카레제품에 한함)

· 김치류, 젓갈류 및 절임식품

· 조림식품(멸균에 한함)

· 맥주, 전분, 벌꿀, 밀가루

📋 유통기한·품질유지기한 권장표시

▶ 주표시면(제품명 근처, 주표시면 상단)에 12포인트 이상 표시

▶ 주표시면에 표시하기 어려운 경우 제품 윗면 또는 아랫면에 표시

▶ 유통기한·품질유지기한 표시란을 마련하여 표시

▶ 바탕색과 명확히 구분되도록 표시

📋 유통기한·품질유지기한 권장표시사례

▶ 캔, 병, 통조림: 제품의 윗면 또는 아랫면에 표시

| 캔 제품 | 유리병 제품 | 플라스틱병 제품 | 통조림 제품 |

▶ 봉지, 박스, 지퍼락 제품: 유통기한·품질유지기한 표기란을 마련하여 주 표시면 또는 일괄표시면에 표시

▶ 용기제품: 유통기한·품질유지기한 표시란을 마련하여 상단에 표시하거나 상품 진열시 소비자가 바로 확인할 수 있는 위치에 표시

◎ 유통기한·품질유지기한 잘못된 표시사례

▶ 잘못된 표시 예시
 · 압인은 되어 있으나 글자색을 넣지 않아 바탕색과 구분이 안되는 표시
 · 소비자가 쉽게 알아볼 수 있도록 눈에 띄게 바탕색상과 구별되는 색상으로 표시하도록 규정되어 있음

▶ 유통기한을 문지르면 잘 지워지는 표시
 · 지워지지 아니하는 잉크·각인 또는 소인 등을 사용하여야 함. 다만, 수입식품의 경우 수출국 표시사항이 있는
   경우 스티커로 표시 가능

▶ 제품의 포장 내용과 거꾸로 표시하거나 다른 표시사항과 겹쳐서 표시
 · 소비자가 알아보기 쉽도록 거꾸로 또는 겹쳐서 표시하지 않기

봉지 제품　　　　　박스 제품　　　　　지퍼락 제품

▶ 제품 상단 또는 하단을 잘라내고 사용하는 제품의 경우 절취하여 버려지는 부분에 유통기한 또는 품질유지기한
   표시
 · 절취하여 버려지는 부분에 일자표시 하지 않기
 · 유통기한·품질유지기한 세부 표시방법

▶ 즉석섭취식품 중 도시락, 김밥, 햄버거, 샌드위치는 "○○월 ○○일 ○○시 까지", "○○일 ○○시 까지" 또는 "○○.
○○.○○ ○○ : ○○까지"로 표시

(잘못된 표시)   (올바른 표시)

▶ 유통기한·품질유지기한을 주표시면에 표시하기가 곤란한 경우에는 해당위치에 유통기한·품질유지기한의 표시
위치를 명시

(주표시면)   (일괄표시면)

▶ 제조일을 사용하여 유통기한·품질유지기한을 표시하는 경우에는 "제조일로부터 ○○일까지", "제조일로부터 ○○
월까지" 또는 "제조일로부터 ○○년까지"로 표시

▶ 수입되는 식품등에 표시된 수출국의 유통기한·품질유지기한의 "연월일"의 표시순서가 다른 경우에는 소비자가
알아보기 쉽도록 "연월일"의 표시순서를 예시

 "○○년 ○○월 ○○일까지",
"○○. ○○. ○○까지",
"○○○○년 ○○월 ○○일까지"
"○○○○. ○○. ○○까지"

 "○○년 ○○월 ○○일",
"○○. ○○. ○○",
"○○○○년 ○○월 ○○일"
"○○○○. ○○. ○○"

▶ 수입되는 식품등에 표시된 수출국의 유통기한·품질유지기한의 "연월"만 표시되었을 경우에는 한글표시사항의
"연월일" 중 "일"의 표시는 제품의 표시된 해당 "월"의 1일로 표시

(수출국 표시)

(한글 표시 사항)

세트 제품 유통기한·품질유지기한 표시 방법

▶ 유통기한이 여러 가지인 제품을 함께 포장한 경우 그 중 가장 짧은 유통기한 표시

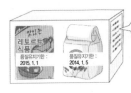

세트상품의 품질유지기한
2014. 1. 5

세트상품의 유통기한
2015. 12. 31 까지

▶ 품질유지기한이 여러 가지인 제품을 함께 포장한 경우 그 중 가장 짧은 품질유지기한 표시

세트상품의 유통기한
2014. 5. 5 까지

▶ 유통기한 또는 품질유지기한이 표시된 개별제품을 함께 포장한 경우에는 가장 짧은 유통기한만을 표시

🍯 내포장 제품 유통기한·품질유지기한 표시방법

▶ 최소 판매단위 포장안에 내용물을 2개 이상 나누어 개별 포장한 제품(내포장 제품)은 소비자에게 올바른 정보를 제공할 수 있도록 내포장 별로 제품명, 내용량, 유통기한 또는 품질유지기한, 내용량에 해당하는 열량(영양성분 표시대상에 한함)과 영양성분을 표시할 수 있음.(권장사항)

🍳 유통기한·품질유지기한 주요 Q & A

Q 유통기한 일부 내용이 틀린 경우 〈예시. 실제 유통기한을 2013.3.1. 까지이나 2013.1.3.일로 표시〉 수정이 가능한지요?

A 표시된 유통기한·품질유지기한은 변경·훼손이 불가능함

Q 유통기한에 반드시 "까지"를 표시해야 하나요?

A 「식품등의 표시기준」에 따라 유통기한은 'OOOO년 OO월 OO일까지' 등으로 표시하도록 규정하고 있으므로 '까지'를 표시하여야 함. 단, 품질유지기한은 '까지'를 표시하지 않아도 됨

Q 세트포장제품의 개별제품 중 가장 짧은 유통기한 보다 더 짧게 표시가 가능한가요?

A 세트포장 제품의 개별제품은 각각 품목제조보고 한 제품으로 유통기한이 가장 짧은 제품의 유통기한을 표시하도록 함

Q 마른멸치, 브로콜리 등 자연산물에 유통기한을 의무적으로 표시해야 되나요?

A 자연상태의 농·임·축·수산물을 포장한 경우(진공포장이 아닌 비닐랩 등으로 투명 포장한 것은 제외) 제조일자(포장일 또는 생산연도)를 의무 표시하여야 하나, 유통기한은 의무표시 대상에 해당되지 않음. 다만, 자율적으로 유통기한을 표시한 경우 유통기한을 준수하여야 하며 변경할 수도 없음

(수정 전)   (수정 불가)

Q 제조일자와 함께 유통기한을 표기하는 경우 제조일자·유통기한 각각의 일자만 표시해도 되나요?

A 일자만 각각 표시된 경우 일자의 의미를 알 수 없으므로 제조일자 OOOO.OO.OO, 유통기한 OOOO.OO.OO까지로 표시하여야 함

🍴 **유통기한·품질유지기한 표시 주의사항**

▶ 자연상태의 농·임·수·축산물 등 유통기한 표시 대상식품이 아닌 식품에 유통기한을 표시한 경우 표시된 유통기한이 경과된 제품을 수입·진열 또는 판매해서는 아니되며, 표시한 유통기한을 변경해서도 안됨

▶ 유통기한·품질유지기한 표시대상 식품에 표시한 일자를 임의로 지우거나, 연장 또는 변경해서는 아니됨
유통기한·품질유지기한 표시에 물리적 행위(덧칠, 지우기,오리기,수정 등)로 조금이라도 훼손 또는 변경하는 경우 행정처분대상이 될 수 있음

▶ 유통기한을 품목제조보고 또는 수입신고한 내용보다 초과하여 표시하여서는 아니됨
품목제조보고시 유통기한 설정사유서에 2년으로 유통기한을 신고한 경우 식품에 표시한 유통기한도 2년으로 동일해야 함

▶ 글자크기 예시
바탕체, 굴림체, 휴면명조체 글자크기에 준하여 표시

[활자크기: 바탕체 예시]
– 활자크기는 정해진 포인트 이상으로 표시하여야 함 –

5포인트: 원재료명(포장면적 200㎠ 이하인 경우)

6포인트: 제품명, 영양성분(포장면적 200㎠ 이하인 경우)

7포인트: 원재료명 (포장면적 200㎠ 초과인 경우) 및 함량, 성분명 및 함량

8포인트: 주의사항(포장면적 200㎠ 이하인 경우), 식품의 유형, 업소명 및 소재지, 영양성분(포장면적 200㎠ 초과인 경우)

10포인트: 제조연월일, 주의사항(포장면적 200㎠ 초과인 경우) 유통기한·품질유지기한(포장면적 200㎠ 이하인 경우)

12포인트: 유통기한·품질유지기한(포장면적 200㎠ 초과인 경우) 내용량

16포인트: OEM

24포인트: OEM

30포인트: OEM

36포인트: OEM

* '16년부터 유통기한·품질유지기한(포장면적 200㎠ 초과인 경우)은 12포인트 이상으로 표시

FOOD
HYGIENE

부록 2 위생사 시험
기출문제 요약본

Chapter 01_ 위생곤충학

🌲 직접피해 : 기계적 외상, 2차감염, 독성물질, 인체 기생, 알레르기성 질환
🌲 간접피해 : · 기계적 : 병원체 옮김, 집파리, 가주성 바퀴 (장티, 이질, 콜, 결)
  · 생물학적 전파 : · 증식형 : 흑사병, 발진, 뇌염, 황, 뎅
    · 발육형 : 사상충증
    · 발육 증식형 : 말라리아, 수면병
    · 경란형 : 쯔쯔가무시, 재귀열

🌲 물리적 방법 : 환경관리, 트랩이용, 열(55℃에서 1시간 이내 사멸), 방사선
🌲 화학적 방법 : 살충제, 발육 억제제(환경오염×, 내성문제 해결, 포유동물, 인체 독성 ×) 불임제, 유인제
🌲 생물학적 : 불임수컷 방사, 천적 이용, 병원성 기생생물

🌲 유기 염소계 : · DDT : 살충력 강하고, 포유류에 저독성, 값이 싸다, 잔류효과 길다, 체내 축적된다.
    그 외 HCH, 디엘드린, 알드린, 헵타크로
🌲 유기 인계 : · DDVP : 강한 훈증 작용, 속효성, 공간살포용
  · 파라티온 : 포유동물에 독성   · 마라티온 : 저독성
🌲 카바마이트계 : 프로퍽서(Baygon)
🌲 피레스로이드계 : 피레스린 : 식물추출
🌲 효력증강제 : 피레로닐—, 기피제 : 벤질 벤조에트
 ※ Atropine(아트로핀)은 유기인제, 카바계 중독시 투여

🌲 원체(100%의 살충제)를 여러 형태 및 농도로 만든 것
🌲 위험도 : 용제 > 유제 > 수화제 > 분제 > 입제

🌲 원체+용매+안정제+석유, 경유   원체+용매+유화제   원체+증량제+친수제+계면활성제
🌲 용매 : methylnaphthalene, xylene
🌲 마이크로 캡슐 : 입자가 20–30μ, 안정성 ↑, 잔류 ↑, 냄새 ↑, 기피성 감소
🌲 LD_{50} : 공시동물의 50% 치사시킬수 있는 살충제 양
🌲 파라티온 3 > 마라티온 100 > DDT 118 > 나레드 250

🍳 저항성 : 대다수를 치사시킬 수 있는 농도에서 대다수가 생존하는 능력 발달시

　　　　　선천적으로 살충제 사용 이전에 이미 개체군에 존재

　　　　　단일 유전자에 의한 저항성 → 생리적 저항성

　　　　　돌연변이 유발 ×

🍳 내성 : 특수 방위기능이 아닌 다른 요인에 의해

🍳 생태적 저항성 : 습성적 반응 변화

🍳 교차저항성 : 유사약제에도 저항성이 생긴 것

🍳 독먹이법 : 개미, 바퀴, 파리, 벌

🍳 공간살포 : 입자↓, 부유시간↑, 접촉기회↑, 입자크기 1~50㎛, 잔류효과 ×, 살충력은 20~30분, 살충제 비중,

　　　　입자크기, 기상조건에 따라 부유시간 달라짐

　　　　　• 가열연무 : 400~600℃ 연소실 통과, 살충제 입자 0.1~40μ

　　　　　　　　　　밤 10시부터 해뜨기 전 (새벽)

　　　　　　　　　　무풍이거나 10km/hr 이상시 살포 ×

　　　　　　　　　　노즐 방향 : 30~40° 하향, 자동차 장착용 : 분사량 40 갤런

　　　　　• 극미량 연무 : 입자크기 : 5~50μ, 희석×, 고농도 원제 살포

　　　　　　　　　　노즐 방향 : 45° 상향

　　　　　작업시간, 운행경비↓, 희석용액 경비↓, 고열 ×(잔류효과), 교통사고 ×

🍳 미스트 : 입자 50~100μ, 팬(fan)의 강한 바람, 숲, 늪, 공원

🍳 잔류분무 : 벽면에 40, 탱크 내 공기 압력 40, 살포거리 46, 살포폭 75 → 6초 1.95

　　　　　유리, 타일 > 페인트 벽 > 시멘트 벽 > 흙벽　/　저온 > 고온　/　그늘 > 햇볕

🍳 곤충의 일반적 특징 : 두부 흉부 복부, 1쌍 촉각, 3쌍 다리 → 곤충강의 특징

🍳 표피층의 최외부층이며 내수성 담당 : 밀납층, 왁스층

🍳 진피와 체강간 경계 : 기저막

🍳 욕반 : 매끄러운 표면 걸을 때　　　　　날개 : 흉부

🍳 평균곤 : 날개의 흔적기관, 균형유지

학질모기, 날개모기, 말라리아	부낭, 장상모(수면 수평으로), 호흡각 짧고 굵다, 휴식시 각도
집모기, 뇌염모기	수면에 각도가지고 매달림, 휴식시 수평, 백색때, 즐치, 측즐

🍳 말피기관 : 배설기관, 1~150개, 체강 내 중장과 후장사이

🍳 심장 : 9개　　　　　파악기 : 복부 말단

🌱 수정낭 : 정자 저장　　　　　베레제기관 : 빈대

알　→　유충　→　번데기　→　성충

　　　부화　　　용화　　　유화

🌱 불완전 변태 : 알 → 유충 → 성충 (유충 = 약충 = 자충)　　　이, 바퀴, 빈대, 진드기

🌱 완전 변태 : 알 → 유충 → 번데기 → 성충　　　　　모기, 파리, 벼룩, 나방

계 → 문 → 강 → 목 → 과 → 속 → 종　　　이명법 : 속, 종

바퀴목	바퀴	파리목(쌍시목)	등에, 모기, 파리
노린재목(반시목)	매미, 노린재, 빈대	거미강	진드기, 두흉부 복부, 촉각×
벼룩목(은시목)	벼룩		다리4쌍 6쌍 부속지

집파리	콜레라, 아메바성이질, 장티푸스 세균성이질, 결핵, 다리강모, 토해냄, 구기의 털, 욕반에 묻혀서
딸집파리	체절에 육질돌기, 한지점에서 정지
쉬파리	유생생식
체체파리	아프리카 수면병, 모체로부터 발육 마친후 나온다

🌱 바퀴

· 촉각 : 편상, 저작형 구기, 질주형, 야간활동성, 불완전변태

독일바퀴 (Blattella geranica)	전국적 분포, 가주성, 가장소형, 밝은 황갈색, 흑색종대 4~8회의 난협, 어미품에 붙어 있다. 30℃ 최적온도
이질바퀴 (미국바퀴)	황색무늬가 윤상, 가운데 흑색

🌱 이 (몸이, 머릿이)

· 하루 2회, 암수 모두 흡혈, 1~2mg 정도, 고온고습×, 빛×, 숙주선택성 엄격

· 발진티푸스, 재귀열, 참호열 → 겨울

🌱 모기

· 촉각, 주둥이 사이 촉수, 유충과 성충의 서식처가 다름 (유충 : 수서생활)

· 흉부 : 견모　　　　　복부의 미절 : 즐치　　　　　번데기 : 유영편(운동성)

· 유충 : 4령기 4회 탈피　　　　　알 → 성충 발육기간 : 2주

· 흡혈 후 : 2~3일 휴식　침 : 항혈응고성분　　　숙주 찾을 때 : 채취

🌱 Diapause : 월동 완료, 10시간 준비　　　월동형태 : 숲모기 : 알, 나머지 : 성충

🌱 숲모기 : 알 : 타원형, 포탄형　　　발육기간 : 9~12일

🌱 늪모기 : 수서식물의 줄기나 뿌리   🌱 토고 숲모기 : 염분이 섞인 물

🌱 깔따구 : 적혈구 있어서 붉은색, 구기 퇴화, 비늘×, 날개 1쌍, 2~7일 생존

🌱 등에모기 : 오자르디 사상충   🌱 등에 : 로아 사상충, 튜라레미아증, 주간활동성
🌱 모래파리 : 모래파리열(파파티시열)   🌱 먹파리 : 회선사상충증

🌱 파리
• 완전변태, 주간활동성, 평균수명 1개월

🌱 빈대
• 베레제기관 : 정자일시보관장소, 불완전변태, 5령기 5탈피
• 발육기간 : 6~8주, 질병매개 증거 ×

🌱 흡혈 노린재
• 트리아토민 노린재, 샤가스병(아메리카 수면병) … 흡혈 ×
• 자충 때 충분히 흡혈해야 탈피, 불완전 변태

🌱 독나방
• 군서성, 연 1회 발생, 발생시기 7~8월, 수명 7~9일, 종령기 때 많은 독모, 야간활동성

🌱 벼룩
• 흑사병(페스트), 발진열, 흡혈에 적당한 주둥이, 완전변태, 숙주 선택 엄격×
• 암수 모두 흡혈, 수명 6개월, 알부화 1주 → 발육기간 2주 → 2회 탈피 3령기

🌱 진드기
• 4쌍다리, 거미과, 불완전변태

참진드기	록키산 홍반열, Q열, 라임병, 진드기 매개 뇌염		
물렁진드기	진드기 매개 재귀열		
먼지진드기	알 → 성충까지 1개월, 수분흡수능력, 습도가 생장요인, 수명 2개월		
털진드기	양충병(쯔쯔가무시병), 유충시기에 포유동물 흡혈		
여드름 진드기	코주변	생쥐 진드기	리케차폭스

🍴 쥐

등줄쥐	등에 검은줄, 작다, 식량저장X, 꼬리가 두동장보다 짧다, S자형 1〜2m 땅속				
시궁쥐	꼬리 ≒ 두동장	8〜10마리	교미활동 : 10〜12주	30〜50m	25g (수분) 40g
곰 쥐	꼬리 > 두동장	4〜8마리	10〜12주	15〜50m	15〜30ml
생 쥐	20g, 수명 1년	4〜7마리	8주	3〜10m	3〜4g 3ml

- 포유류, 생후 10일 들을수 있고, 2주 후 눈떠, 5주까지 어미에게 의존
- 임신기간 22일, 출산 후 2일만에 교미, 문치 : 11〜14cm 자란다
- 후각 예민, 촉각 발달, 청각 예민, 색맹, 선자리 60cm 점프, 달려서 1m 점프
- 개채군 크기 : 출산, 사망, 이동, 환경에 의해 먹이 선택, 도시지역 : 음식쓰레기
- 흑사병(페스트), 발진열, 쯔쯔가무시, 살모넬라, 서교열, 리케차 폭스

기술역학	질병 분포 경향 등을 인적, 자연적, 시간적 특성에 따라 그대로 기술		
분석 역학 2단계 역학 가설 규명 역학	단면조사 : 특정시점이나 기간에 그 질병과 인구 집단의 특성 알아내기 　　단시간, 저렴한 비용 ↔ 인구 집단 ↑, 선후관계 규명 어려움 전향성조사 : 질병 발생 전 건강자 대상으로 조사 (Cohort study) 위험도 산출 가능, 흔한병, 객관적 ↔ 비용↑, 시간↑, 노력↑ 후향성 조사 : 환자–대조군 연구(Case–Control study) 　　비용↓, 단시간, 희귀병, 만성 ↔ 편견↑, 위험도 산출 불가능		
이론역학	수학적 분석, 수식화, 3단계 역학		
실험역학	실험군 일부러 노출, 인간대상	작전역학	서비스 효과 판정에 적합

🍴 환경개선, 천적이용, 불임약제, 트랩, 살서제

🍴 급성 살서제 : · 사전미끼 설치, 4〜8일간 설치, 급성살서제 1〜2일후 수거
　　　　　　· 안투 : 인체 맹독성, 1회 이상 사용 ×
　　　　　　· 레드스킬 : 식물에서 추출
　　　　　　· 1080 : 인체 맹독성, 2차독성↑
　　　　　　· 인화아연 : 인가스 방출

🍴 만성 살서제 : · 항응혈성, 4〜5회 소량 중복 효과적, 기피성X, 사전미끼X, 장기간 설치, 2차독성X, 중독시 Vit K 투여
　　　　　　· 와파린 : 메스껍고, 쓴맛, 기피성X

🍳 WHO : 건강이란 육체적, 정신적, 사회적으로 완전히 안녕한 상태

🍳 정의 : 지역사회주민 대상 예방을 중점, 질병 예방, 건강증진, 생명연장을 목적

🍳 Winslow교수 : 질병예방, 수명연장, 신체적, 정신적 효율 증진

🍳 Leavell과 Clark교수 : • 질병의 발생과정과 조치

　　　　　　　　　　　• 질병의 전과정 : 예방, 치료, 재활 : 포괄 보건 의료

　　　　　　　　　　　• 예방의 대책 : • 1차 : 예방접종, 환경위생관리, 보건 교육, 모자보건사업

　　　　　　　　　　　　　　　　　　• 2차 : 조기 질병 발견

　　　　　　　　　　　　　　　　　　• 3차 : 재활 치료

🍳 보건의료 : • 1차 : 예방접종, 모자보건, 영양개선, 풍토병관리, 일상적 치료, 예방+치료

　　　　　　• 2차 : 응급처치 질병, 급성질환관리사업, 입원치료

　　　　　　• 3차 : 재활에 요하는 환자, 노인관리, 만성질환자의 관리 사업

🍳 고대기　　→　　중세기　　→　　여명기(요람기)　　→　　확립기　　→　　발전기

　　　　　페스트 유행, 검역제도　　공중보건 사상 싹틈　　Pettenkofer : 위생학교실(독일)　　1차보건의료

　　　　　　　　　　　　　　　Ramazzini : 직업병　　Pasteur : 미생물설 주장　　영국 보건부

　　　　　　　　　　　　　　영국 : 세계 최초 공중보건법　　John Show : 콜레라 역학조사

🍳 알마아타(Alma-Ata) : 건강권, 1차 보건의료 실현

🍳 역학　① 질병 발생 원인 규명　　　② 질병의 자연사 이해

　　　　③ 질병 양상 파악　　　　　　④ 보건사업의 기획가 평가

기술역학	질병 분포 경향 등을 인적, 자연적, 시간적 특성에 따라 그대로 기술		
분석 역학 2단계 역학 가설 규명 역학	단면조사 : 특정시점이나 기간에 그 질병과 인구 집단의 특성 알아내기 　　　단시간, 저렴한 비용 ↔ 인구 집단 ↑, 선후관계 규명 어려움 전향성조사 : 질병 발생 전 건강자 대상으로 조사 (Cohort study) 위험도 산출 가능, 흔한병, 객관적 ↔ 비용 ↑, 시간 ↑, 노력 ↑ 후향성 조사 : 환자-대조군 연구(Case-Control study) 　　　비용 ↓, 단시간, 희귀병, 만성 ↔ 편견 ↑, 위험도 산출 불가능		
이론역학	수학적 분석, 수식화, 3단계 역학		
실험역학	실험군 일부러 노출, 인간대상	작전역학	서비스 효과 판정에 적합

- 비교위험도(상대위험도) = 폭로된 집단의 발병률 / 비폭로된 집단 발병률
- 귀속위험도(기여위험도) = 폭로된 집단의 발병률 – 비폭로된 집단 발병률
- OR(Odds Ratio) = 교차비 = A / C / B / D = AD / BC
- 환자군 中 노출군 A, 비노출군 C   대조군 中 노출군 B, 비노출군 D
- 이중맹검법 : 실험자, 피실험자 모두 모르게 함
- 단일맹검법 : 실험대상자가 실험군인지 대조군인지 모르게 함

🍴 질병 발생 3대 요소 : 병인, 숙주, 환경
　　　　　　　　곰팡이, 박테리아/ 연령, 성/ 매개곤충, 경제적 생활, 토양, 소음, 공기

🍴 전염병 관리 3대 원칙 : · 전파 예방 : 병원소 제거, 격리, 환경위생 관리
　　　　　　　　　　　　· 면역 증강 : 영양관리, 예방접종
　　　　　　　　　　　　· 예방되지 못한 환자 : 보건교육, 치료, 감수성 보유자 관리
🍴 잠복기 : 병원체가 인체에 침입 후 임상적으로 자각 & 타각 증세가 발현되기까지의 기간
🍴 세대기간 : 병원체가 인체에 침입 후 전염력이 가장 클 때까지의 기간
🍴 전염기 : 병원체가 숙주로부터 배출되기 시작하여 배출이 끝날 때 까지의 기간
🍴 생후 최초 실시되는 예방접종 : B형 간염 (영아기간 中 BCG, DPT, 폴리오)
🍴 MMR : 홍역, 유행성 이하선염, 풍진
🍴 BCG : 결핵 예방접종 약, PPD음성자에게 결핵생균제 / PPD Test : 결핵 감염 여부
🍴 폐결핵 검진 순서 : 성인 : 간접 → 직접 → 배양 / 소아 : 투베르쿨린 → 직접 → 객담
　　* 검역 전염병 : 콜레라, 페스트, 황열
🍴 잠복기는 전염병관리상 어떤 목적에 이용되나 ? 건강 격리기간 결정
🍴 건강 격리 하는 기준은 ? 그 질병의 잠복기간　　* 격리 ⇒ 잠복기
🍴 격리 수용 치료 : 제 1군 전염병
🍴 호흡기 전염병 (비말감염) : 예방접종 / 소화기 전염병 : 환경위생 철저
🍴 박멸된 전염병 : 두창 / 박멸 예정인 전염병 : 소아마비(폴리오)
　　*장티푸스 : 환경위생 철저, 만성보균자 색출, 인간만이 병원소
🍴 현성감염보다 불현성감염이 많은것 : 일본뇌염　　　　잠복기 가장↓ : 콜레라
🍴 신증후군 출혈열 : Han taan virus, 들쥐 배설물, 봄, 가을
🍴 렙토스피라증 : 가을철 풍토병, 들쥐의 소변
🍴 레지오넬라증 : 병원소 : 물, aerosol의 근원이 되는 냉각장치 철저히 소독
🍴 AIDS : 수혈 〉주사기 〉성접촉 (전파효율) / 성접촉 〉주사기 〉수직감염(전파양식)
🍴 감염력 & 독력이 가장 높은 것 : 두창, 광견병

🍄 급성 전염병 : 발생률 ↑, 유병률 ↓　　　　　 발생률 = 유병률

🍄 만성 전염병 : 발생률 ↓, 유별률 ↑　　　　 ⇒ 질병의 이환기간 짧을 때

🍄 비전염성질환 : 유전적, 만성이다, 고혈압, 당뇨

🍄 Widal 반응시험 : 장티푸스, Disk test : 성홍열, Schick test : 디프테리아

🍄 1962 : 보건사회부주관으로 가족계획 사업추진 / 1963 : 거국적으로 가족계획사업 추진

🍄 일시 피임법 : 경구피임제, 자궁 내 피임장치, 발포성 정제, 월경 주기법, 콘돔

🍄 영구 피임법 : 난관 절제술, 장관 절제술, 불임 수술

🍄 최초의 인구 학자, 인구론 정립 : 맬더스

🍄 맬더스 주의의 인구억제 법 : 도덕적 억제 (성순결, 만혼), 빈곤, 금욕주의

🍄 신맬더스 주의의 인구억제 법 : Francis plase가 피임에 의한 산아조절 주장

🍄 인구정태조사 : 인구의 크기 구성, 분포, 밀도에 관한 통계

🍄 최초의 국세조사 : 스웨덴 / 우리나라 5년마다 (11월 1일) 1925, 간이

🍄 인구동태조사 : 출생, 사망, 전입, 전출, 혼인, 이혼

🍄 C.P. Blacker의 인구 성장 5단계

제 1단계(고위정지기)	고출생, 고사망률, 인구정지형
제 2단계(초기확장기)	고출생, 저사망률, 인구증가형
제 3단계(후기확장기)	저출생, 저사망률, 성장둔화형
제 4단계(저위정지기)	출생률, 사망률 최저, 인구성장정지형
제 5단계(감퇴기)	출생률이 사망률보다 낮아짐, 인구감소형

인구증가 = 자연증가 + 사회증가　　　　　 인구증가율 = 자연+사회/인구 *1000

　　　　　 (출생 – 사망)　(유입인구 – 유출인구)

조자연증가율 = 조출생률 – 조사망률　　　 동태지수(증가지수) = 출생수 / 사망수 *100

합계생산율	한여성이 일생동안 낳은 아기의 수
재생산율	한여성이 다음 세대에 남긴 어머니의 수 또는 여아의 평균수
총재생산율	일생동안 낳은 여아의 총수(어머니가 될 때까지의 사망 무시)
순재생산율	총재생산율에서 모성까지 생존을 곱한 율 1.0 – 인구정지 , 1.0 이상 – 인구증가 , 1.0 이하 – 인구감소 순재생산율 1.0 ⇒ 1세대와 2세대의 여자수가 같다

피라미드형	출생률↑, 사망률↓, 인구증가형		
종형	출생률, 사망률 모두 낮음, 인구감소형		
항아리형	출생률이 사망률보다 더 낮음, 인구 감퇴형		
별형	도시형, 생산층↑	호로형	농촌형, 생산층↓

🍄 인구의 성별구성

🍄 보건행정 = 기술행정, 보건과 행정의 통합운영

🍄 한국의 보건행정사 : 내의원(왕실의료), 전의감(일반의료), 활인서(전염병환자와 구호)

　　　　　　　　　　　　고종 31년 : 서양 의학 도입

🍄 보건행정 수단 : 보건봉사, 보건교육, 보건법규

🍄 WHO : 국제 연합 경제사회 이사회, 본부는 스위스 제네바 1948년 4월 7일

🍄 우리나라 : 1949년 8월 17일, 65번째 회원국, 서태평양본부(필리핀– 마닐라)

🍄 주요기능 : 보건사업 지휘, 기술지원, 자료공급, 기술자문　　*약품, 경제적 지원 ×

🍄 주요사업 내용 : 모자보건, 환경개선, 전염병관리, 보건교육

🍄 기획 :　계획　→　사업　→　예산　→　체계
　　　　　Planning　Programming　Budgeting　System

🍄 운영연구(OR) : 제 2차 세계대전 당시 군사작전상 문제해결위해

🍄 조직 :　기획　→　조직　→　실행　→　관리
　　　　　Planning　Organization　Actuating　Controlling

🍄 7대 원칙 : 계층화, 목적, 분업, 조정, 명령통일, 일치, 통솔범위

🍄 1962 : 시군구에 보건소, 읍면에 보건지소, 리동에 보건진료소

🍄 국민건강증진, 보건교육, 구강보건, 전염병예방, 모자보건, 노인보건

🍄 사회보장제 창시자 : 독일의 Brismark　　　　　최초 사회보장법 : 1935년 미국

🍄 우리나라의 사회보장법 : 1963년

사회보험	보험료와 일반재정수입, 의료보장(의료, 산재), 소득(연금, 실업)		
공적부조	조세, 생활보호, 의료보호, 재해구호, 보훈사업		
공공복지서비스	노인, 아동, 부녀자, 장애자		
의료보험	1989년 전국민	의료보호	저소득층대상

🍄 의료보험 대상자가 아닌 것 : 의료보호, 자동차보험, 산재보험, 가해자가 있는 상해

🍄 진료비 지불체계 : 제 3자 지불제　　　　　진료비 지불제 : 행위별수가제, 서비스 증가

🍄 보건교육방법

개인접촉방법	노인층이나 저소득층, 가정방문, 진찰, 상담, 전화
집단접촉방법	심포지엄 : 여러전문가가 발표한 다음 청중과 질의 토론
	패널디스커션 : 몇 명의 전문가가 청중 앞에서 자유롭게 토론
	버스세션 : 참석자 많을 때 분단으로 나누어 토의
대중교육방법	TV, 신문, 라디오, 포스터

🍳 학교보건사업의 중요내용 : 보건봉사, 환경위생, 보건교육, 급식관리

　　• 절대정화구역 : 학교정문에서 50m / 상대정화구역 : 학교경계선에서 200m

　　*보건교육은 가장 능률적이며 간접효과가 큰 보건교육은 학교보건교육

🍳 지역사회 공중보건사업을 계획시 보건 입법 촉구하기 위한 자료 '보건 통계'

🍳 대표치 : 평균치(산술평균, 기하평균, 조화평균), 중앙치, 최빈치

🍳 산포도 : 표준편차 : 분산제곱근의 값　　　　/ 평균편차 : 절대값의 평균(편차=측정값-평균)

　　　　• 변이계수 : 표준편차 ÷ 산술평균

　　　　• 분산 : 산술평균 둘레에 분포되는 분포상태

🍳 정규분포 : 면적 '1', 좌우대칭, 산술평균=중앙값, 표준정규분포로 고침(표준편차 1 평균 0)

　　μ ± 1δ = 68%　　　μ ± 2δ = 95.4%　　　μ ± 3δ = 99.7%

🍳 상관관계 : 완전상관 r = 1, r = -1　　불완전상관 : r = 0.5, r = -0.5　　무상관 : r = 0

🍳 영아사망률 : 국가의 건강수준 평가

🍳 α-index : 1.0에 가까울수록 보건수준 ↑, 1을 넘을 수 ×, 영아사망지수/신생아 사망지수

🍳 국가간건강지표 : 조사망률, 평균수명, 비례사망지수, 신생아사망률, 영아사망률

　　　　　　　모성사망률, 질환이환율

　　* 영아사망률, 비례사망지수(50세 이상 사망수 / 총 사망수 * 100), 평균수명(0세의 평균여명)

Chapter 03_ 환경위생학

💡 공기의 성분 : N(78.9%), O_2(20.9), Ar(0.93), CO_2(0.03)

💡 군집독 : 다수인이 밀폐공간에 있을 때, 실내공기의 물리적 화학적 조성의 변화로 구토, 두통, 메스꺼움, 현기증 유발 ⇒ 실내온도증가, 습도 증가, CO_2 ↑, O_2 ↓

💡 N_2: 고압상태에서 잠함병

💡 O_2: 성인 1일 필요공기량 13kℓ, 필요산소량 : 600~700ℓ, 10% ↓ 호흡곤란, 7% ↓ 질식

💡 CO_2: 실내공기오염지표, 온실효과, 허용기준 : 100ppm, 10% ↑ 질식, 7% ↑ 호흡곤란

💡 CO : 불완전연소, 자동차배기가스 CO-Hb: 250배, 0.05~1% 중독 10ppm

💡 먼지 : 0.5~5μm

💡 온열환경 : 기온, 기류, 기습, 복사열

　① 기온 : 실외의 기온, 1.5m 백엽상에서의 건구온도, 실내온도 18 ± 2, 침실 15 ± 1

　　　　　일교차 : 일출 30분전(최저기온)과 오후 2시(최고기온)의 차이

　② 기습 : 절대습도 : 공기 $1m^3$ 中 함유된 수중기량

　　　　　포화습도 : 공기함유량이 한계 넘었을 때 공기 中 수중기량

　　　　　상대습도 : 절대/포화*100　　포차 = 포화 − 절대　　*최적습도 40~70%

　③ 기류 : 무풍 0.1m/sec　불감기류 0.5m/sec　쾌적기류 1m/sec

　　　　　실내기류 측적 : 카타온도계 100℉(최상눈금)에서 95℉(최하눈금) 강하

　④ 복사열 : 흑구온도계 (검게 칠한 동판 15~20분 방치)

💡 쾌감대 : 온도 18 ± 2, 습도 40~70%　　겨울 : 60~74℉, 여름 : 64~79℉

💡 감각온도 : 온도, 습도(100%), 기류(무풍)에 의해 이루어지는 체감

　　　　　　겨울 : 66℉, 여름 : 71℉

💡 최적온도 : 주관적 쾌적온도(감각적으로), 생산적(노동시), 생리적(최소의 에너지 소비)

💡 냉각력 : 카타온도계 $Cal/cm^2 \cdot sec$

💡 불쾌지수 : 75-50%, 80-100%, 85-못견뎌

　　　　　　(건구 + 습구)℃ * 0.72 + 40.6

💡 기후 : 기온 기습 기류 외 위도 해발고도 지형 토질

💡 조도(lux) : 광전지

자외선	2000~4000Å (200~400nm), 살균력(240~290nm)
	오존층에서 자외선 흡수 범위 : 200~290nm, Dorno선(280~320nm)
	홍반, 색소침착, 피부관리, 백내장 ↔ Vit D형성, 백혈구 생성, 살균작용
가시광선	4000~7000Å, 가장 강한 빛 550nm, 적당조도 : 100~1000lux
	안구진탕증, 안정피로, 시력저하
적외선	7800~30000Å 열선이므로 온실효과, 열사병, 백내장, 피부홍반

🍳 공기의 자정작용 : 스스로 정화, 희석, 세정, 산화, 탄소동화, 살균, 침강   *여과 ×

· 1차 오염물질 : CO, CO$_2$, HC, H$_2$S, Pb, Zn

· 2차 오염물질 : O$_3$, PAN, NOCl, H$_2$O$_2$ (1차오염 물질 + 다른 오염물질 반응)

🍳 가스상 물질 : 황산화물(SOX), 질소산화물(NOX), 탄화수소(HC), 암마니아, 염소, 오존

🍳 입자상 물질 : 매연, 검댕(유리탄소 연소시), 먼지(dust), mist(연무) : 액체

　　　　　　　fume(훈연) : 화학반응으로 생성, 고체상 물질

🍳 배출원 : Cd : 아연정련배수로, 동배수로　　　Pb : 페인트, 화장품, 장난감

　　　　　HF : 인산비료공업, 알루미늄공업　　3,4벤조피렌 : 자동차배기가스, 발암물질

뮤즈계곡, 도노라, 런던 : 아황산가스 / 로스앤젤레스 : HC, NOX

런던 smog	LA smog
0~5℃m, 겨울, 아침	24~30℃, 여름, 낮
복사역전	침강역전
안개 85% 이상	70% 이하

🍳 대기오염 피해 : 주로 호흡↑, 소화기, 피부

　　3·4벤조피렌 : 발암물질　　　　Cd : 이타이　　　　Hg : 미나마타

　　Pb, 벤젠 : 조혈계통　　　　　　석면 : 석면폐증

　　식물 : HF > SO$_2$ > NO$_2$ > CO > CO$_2$

　　SO$_2$: 자주개나리 – 철제부식　　O$_3$: 담배(연초) – 고무제품 부식　　　염소 : 장미

🍳 풍배도 : 16방향인 막대기

🍳 기온역전 : 복사역전 : 지면에 접하여 발생

　　　　　　　침강역전 : 고기압, 장기적

🍳 다운 드래프트 현상 : 굴뚝 높이를 주변건물의 2.5배

🍳 다운 워시 현상 : 배출속도 풍속의 2배

🍮 Ringelmann Smoke Chart : 매연농도 구분 0~5도(6종) 1도↑ 20% 태양 차단

🍮 산성비 : 5.6pH, CO_2가 강우에 포화   *pH 저하

🍮 오존층 파괴 : CO_2 , 탄산가스 ↑, 적외선 부근 복사열 흡수, 온실효과

🍮 열섬효과 : 열방출량 높아 시골보다 도시가 기온 ↑

🍮 열대야 : 밤기온 25℃↑   엘니뇨 : 온도↑, 빈번   라니냐 : 온도↓, 드물게

🍮 Cascade Impactor : 입자상 물질의 크기 측정

🍮 유속과 관계있는 압력 : 동압

🍮 제진장치 중 제진효율이 가장 좋은 집진장치 : 전기제진

🍮 수인성 전염병 : 장 파 세 콜 (치명률, 발병률↓, 폭발적 발생, 유행지역 한정)

🍮 물의 순환 : 강수 → 유출 → 증발

지하수	지표수
경도↑, 오염물↓, DO↓	연수, 용존산소량 ↑, 유기물↑

🍮 하루 물 필요량 : 2~2.5ℓ, 취수, 정수, 송수시설 설계기준 : 1일 최대 급수량

🍮 1급수 : 간이 처리 후 (용존산소 ↑, 오염 ×), 2급수 : 일반적 정수처리

🍮 상수의 조건 : 수량풍부, 수질 좋고, 위치 가깝고, 소비자 보다 높은 곳

　취수 → 도수 → 정수 → 송수 → 배수 → 급수

　참사 → 침전 → 여과 → 소독 → 급수

🍮 정수과정 : <u>폭기</u>, <u>응집</u>, 침전, 여과, 소독, 특수 정수법

　　　냄새 맛 제거　　황산반토, 염화 제 2철, 황산 제1철, 2철

　　　pH↑, Fe, Mn제거　무독성, 저렴, 무자극, 모든 수질 적합, pH폭 ↓, floc가볍다

완속여과	급속여과
영국	미국
3~5m, 중력침전	120~150m, 약품침전
98~99% 제거	95~98% 제거
사면대치, 건설비 ↑	역류세척, 유지비↑
부유물질 : 모래층 표면에서 제거	탁도, 색도 높은 물, 수면동결 쉬운 곳

🍮 여과지 표면적은 여과속도나 손실 수두에 영향 ×

🍮 소독 : 염소, O_3, 자외선, Br_2, I_2, 은, 표백분

　pH↓ : $Cl_2 + H_2O → HOCl + H + Cl$　　　pH↑ : $HOCl → OCl + H$

🌱 살균력 강한 순서 : HOCl > OCl > 클로라민

  살균력 ↑, 냄새나, 유리잔류염소, pH ↓   pH ↑   결합잔류염소, 잔류성 ↑, 살균력 ↓, 냄새 ✕

🌱 염소 주입량 = 염소 요구량 + 잔류 염소량 → 잔류염소 정색반응 : 오르도톨루딘

🌱 잔류염소량 기준 = 0.1ppm, 오염될 우려 있으면 0.4ppm   4.0ppm 넘으면✕

염소소독	오존소독
가격저렴, 잔류성 ↑	살균력 ↑, THM✕
냄새나, THM 생성	잔류성 ✕, 2차오염

🌱 특수정수 : 경수 : 석회소다법   Fe, Mn제거 : 폭기   조류, 냄새, 맛 제거 : 활성탄

🌱 불연속점 염소처리 : 잔류염소 최하강점 이상으로 염소처리

🌱 전염소 처리 : Fe, Mn 제거, 세균 제거, 유기물 제거, BOD 높을 때 사용

🌱 후염소 처리 : 소독 목적

🌱 포기 : CO_2 제거 → 물 pH↑, 가스류제거, 맛, 냄새 제거, Fe, Mn 제거, 휘발성 유기물 제거

🌱 먹는물 기준 : 과망간산칼륨 10ppm, 암모니아성 질소 0.5ppm, 질산성질소 10ppm

    일반세균수 1㎖ 당 100CFU   (청색아)

🦢 Mils-Reincke 현상 : 수인성 전염병 ↓, 일반사망률 ↓ (물의 여과, 소독 후 급수 시)

🌱 생물농축 : 먹이사슬 거치는 동안 농축되어 함량 많아지는 것

    농축계수 = 생물체 중의 농도 / 환경수 중의 농도

    PCB, DDT, Hg, Cd, Pb… 농축안되는 물질 : P,N 영양염류, ABS, Na

🌱 용존 산소량 (DO) : 수은 ↓, 기압 ↑, DO ↑, 20℃ DO 포화농도 9.17ppm

🌱 생물학적 산소요구량 (BOD) : 20℃ 5일 배양 호기성 미생물에 의해

    1단계 BOD : 탄소화합물   2단계 BOD : 질소화합물

🌱 화학적 산소요구량(COD)

🌱 일시경도 : OH, CO_3, HCO_3 영구경도 : Cl, SO_4, NO_3

🌱 부유물질 : 0.1~1000㎛, 여과에 의해 분리되는 물질

🌱 질소화합물 : 단백질 → $\underline{NH_3-N}$ → NO_2-N → NO_3-N(청색증)

    분변오염의 직접적인 지표, 가장 최근 오염

🌱 탈질소화(혐기성 상태) : 질산성 질소 → 아질산성 질소 → 질소가스

🌱 성층현상 : 겨울, 여름, 호수 깊이가 깊을수록 DO ↓, CO_2 ↑

    표수층 → 수온약층 → 심수층

  DO포화, 과포화   DO ↓, CO_2 ↑, pH ↓, 혐기성 상태, 황화수소 검출

- 전도현상 : 봄,가을, 혼합(수실악화)
- 부영양화 : 정체 수역, 플랑크톤 폭발적 증가, 탄산염, 질산염, 인산염, 수온 ↑

  색도 ↑, COD ↑, 산소소비, 투명도 저하 ⇒ 대책 : 황산동, 활성탄
- 해양오염 : DO ↓, 광합성 방해, 기름냄새
- 열오염 : 미생물 증식, DO ↓, 해양생태계 변화, 플랑크톤 이상 증식
- 적조 : 수온 ↑, 염분농도 적당, 탄소염, 질산염, 인산염, 정체수역
- 자정작용 시 : 세균(Bacteria) → 원생동물(Protozoa) → 고등동물(Rotifer)
- 세제 : ABS : 분해 ×, DO ↓   LAS : 부영양화, P발생, 쉽게 분해
- 물의 맛 부여, 광합성, 적조현상 : Algae

- 하수처리과정 3가지 : 예비처리 → 본처리 → 소독

  스크린 → 침사지 → 1차 침전   포기조 → 2차 침전
- 침사지 : 모래, 자갈, 금속 제거, 정류판 설치 이유 : 난류방지, 침전효율 증대
- 침전지 : 유출구에 톱니모양의 weir 설치 이유 : 유속을 균일한 분포로 분산

  최초 침전지를 흐르는 동안 DO의 감소 ↑ 이유 : 침전 슬러지 자주 제거 ×

- 부상분리 : 기름, 제지, 합성세제 제거
- 중화처리

산중화제	가성소다(NaOH) : 반응속도 ↑, 가격 ↑, 슬러지 ↓
	석회 : 반응속도 ↓, 저렴, 슬러지↑
알칼리 중화제	H_2SO_4, HCl, CO_2

- 화학적 응집 : 황산알루미늄, 염화 제2철, 황산 제1철, 2철
- 산화 & 환원 : 염소가스, 염소화합물, 오존 & 아황산염, 아황산가스, 황산 제1철
- 폐수특성별 처리법 : • 시안 : 알칼리 염소법, 전기분해, 오존산화, 폭기법

  • 크롬 : Cr6(독성 강하다) → Cr3(환원) : 환원제 사용
- 맛, 냄새, 색도, ABS → 활성탄 사용
- 산업폐수 처리법 : 활성탄, 이온교환, 역삼투, 포말분리, 산화환원

- 미생물 : 저온균(10℃), 중온균(25~35℃), 고온균(60~70℃)

  호기성균, 혐기성균, 임의균(통성혐기성)
- 유기물 분해 : 호기성 : 유기물 + O_2 → CO_2 + H_2O + E   & 혐기성 분해
- 박테리아 : 세포분열
- Fumgi : 사상균으로 활성슬러지 처리에서 슬러지 벌킹을 일으킴

👨‍🍳 유도기 → 대수기(대수성장기) → 정지기(감소성장) → 사멸기(내생성장, 내호흡)

충분영양, 최대번식, 최대분해   미생물무게보다 원형질 전체무게↑   전체무게↓, 침전효율 좋다

👨‍🍳 호기성 처리 : 활성슬러지법, 살수여상법, 산화지법, 회전원판법

👨‍🍳 계통도 : 스크린 → 침사지 → 1차 침전지 → 포기조 → 2차 침전지 → 소독 → 방류

도시하수의 2차처리는 주로 활성슬러지법

👨‍🍳 포기조 : 산소공급, 포기량 결정시 유기물 질량 중요

MLSS : 포기조의 미생물   SA : 포기조 내의 Sludge 체류시간

👨‍🍳 F/M비 : 미생물 먹이 공급, MLSS 무게당 가해지는 BOD부하량 0.3~0.6

KgBODs / KgMLSS·day

👨‍🍳 SVI(슬러지용적지수) : 침강농축성지표, 슬러지팽화 지표(200↑ 슬러지 팽화)

50~150 범위 좋으며, BOD나 수온에 영향↓, 슬러지 농축↑

👨‍🍳 슬러지 팽화 : Fungi ⇒ 유출수의 SS농도 높아진다(양조장 폐수, 펄프 제지, 제당)

👨‍🍳 대책 : 유입수 감소, BOD부하 감소, 반송슬러지 재포기, 염소주입

👨‍🍳 활성오니 변법 : 산화구법, 장기포기법, Kaus법, 접촉안정, 심층폭기…

활성오니법 미생물의 알맞은 조건 BOD : N : P = 100 : 5 : 1

👨‍🍳 DO : 2ppm (0.5ppm↓, fungi→슬러지팽화), 온도 25~35℃, pH6~8

👨‍🍳 살수여상법 : 호기성세균에 의해 유기물 제거, Bulking × ↔ 악취, 효율 ↓, 수두손실 ↑

👨‍🍳 산화지법 : 호기성 산화지의 수심 : 1.5m 이하

오수 정화 시 조류는 햇빛과 CO_2 이용하여 산화지에 산소 조달

👨‍🍳 혐기성처리 : 메탄발효법(혐기성 소화), 부패조, 임호프탱크

👨‍🍳 메탄발효법 : 중온소화법의 온도와 처리일수 : 30~35℃, 30일 정도 소화

메탄가스 발생하는 기간 : 알칼리 발효기

👨‍🍳 메탄가스 : 유기물질 부패될 때 발생, 무색, 무취, 폭발성

👨‍🍳 메탄발효의 최적 조건 : 휘발산 농도(2000mg/ℓ↓), pH(6~8), 가스비율(65~70%)

👨‍🍳 혐기성 처리 영향 인자 : pH, 온도, 독성물질

👨‍🍳 혐기성 소화의 운영 파괴되면 ① 메탄가스 ↓, pH ↓ ② CO_2↑, 휘발성산 ↑

호기성	혐기성 * 병원균, 기생충란 사멸
냄새 ×, 반응기간 ↓, BOD ↓, SS ↓	냄새 심해, BOD ↑, 반응시간 ↑
비료가치 ↑, 시설비 ↓	비료가치 ↓, 시설비 ↑
산소공급, 동력비, 수분 ↑, 슬러지 ↑	산소 ×, 동력 ×, 수분 ↓, 슬러지 ↓

👨‍🍳 슬러지 처리 목적 : 안정화(소화), 안전화(살균), 감량화(부피 ↓, 탈수, 고액분리), 처분확실

🍄 계통도 : 슬러지 → 농축 → 안정화 → 개량 → 탈수 → 처분

🍄 응집제 : 염화제 2철, 석회

🍄 방류수 수질 기준 中 BOD 허용기준 : 10ppm

🍄 하수의 수질 오염 농도 측정 지표 : BOD, COD, SS, N

🍄 분뇨처리 : 부패조 → 예비 여과조 → 산화조 → 소독조

        분 : 뇨 = 1 : 10 , 분뇨는 수인성전염병, 소화기 전염병, 기생출 질환유발

🍄 습식산화법(Zimpro) : 고온(200~250℃), 고압(70~80)

        냄새나, 질소제거율 ↓, 건설비 ↑, 고도기술, 위생적 처리

🍄 분뇨의 악취 : H_2S, NH_3 → 퇴비화시 악취 ↑

🍄 분뇨처리장 위치 선정 : 여유부지 확보, 도로, 전기사용, 운반효율성, 장래도시계획

🍄 분뇨의 부숙기간 : 여름 1개월, 겨울 3개월

🍄 분뇨의 정화조에 물을 채운 다음 가온하는 이유는 미생물 발효를 빠르게 하기 위해

🍄 가정용 정화제에서 분해작용을 하는 곳은 부패조

🍄 임호프조 : 침전, 부패가 함께 일어남   UF : 혐기성 처리

🍄 환경 보전법상 분뇨처리장 BOD 방류수 수질 기준 : 30mg/ℓ

🍄 하수도 처리

합류식	분류식
건설비 ↓, 자연청소 용이	건설비 ↑, 청소하기 힘듬
강우시 하수량 ↑, 수처리 어려움	일정한 유량 유지

🍄 맨홀 설치 이유 : 환기, 청소, 검사편리, 접합편리   * 메탄가스 분해 촉진 ×

🍄 폐기물 : 생활폐기물, 사업장폐기물, 지정폐기물(폐산 pH 2.0 ↓, 폐유 5% ↑, 폐석면)

🍄 계통도 : 발생원 → 저장용기 → 수거차 → 적환장 → 처리장

🍄 생활 폐기물 처리 방법 : 재활용 45%, 매립 40%

🍄 음식물 쓰레기 : 매립, 퇴비화(조건 : C/N(30 내외), 최적온도(65~75℃), 수분 등)

🍄 소각 : 안전, 안정, 감량화 모두 만족, 대기오염의 문제, 850℃(출구온도)

🍄 위생적 매립 : 도랑식, 경사식, 지역식   복토재료 : Silt(흙)

        토지 요구량↑, 20년후 집 건축가능 (폐기물 매립시)

🍄 우리나라 산업안전 보건법 : 1981, 근로기준법 : 1953

🍄 중노동자 : 탄, 단, Vit B1   고온작업 : 식염, Vit A, B1, C

🍄 저온작업 : 지방질 , Vit A, B, C   일산화 중독 : Vit B1

🍄 노동시간 : 8신간 / 1일, 40(44)시간/ 1주일

🍄 여성근로자 : 젊은 미숙련자, 결혼과 동시에 퇴직자, 생리현상 영향

                   중량제한(20kg), RMR 2.0 이하(근로강도)

🍄 연소근로자 : 발육지장, 감수성크다, 보호연령 15〜18세

                   위험작업, 근로시간 제한, 중량제한, 야간작업 금지

🍄 불량한 작업환경 : 고온, 저온, 조명, 진동

🍄 신체적 인자 : 수면부족, 영양상태 악화, 체력손실

🍄 심리적 인자 : 과중한 책임량, 흥미상실, 구속감

               ⇒ 충분한 수면, 적당한 영양섭취, 적재적소 배치, 적당한 휴식

🍄 건수율 : 재해건수 / 평균실근로자수 *1000

🍄 도수율 : 재해발생 상황 파악, 표준적 지표   재해건수/ 연근로일수 *1000

🍄 강도율 : 손실작업일수 / 연근로 시간수 *1000

🍄 Heinrich의 산업재해 대책 : 현성재해(1) : 불현성재해(29) : 잠재재해(300)

🍄 방사선 장애 : 골수·생식기·임파계 〉 피부 〉 근육 〉 뼈

🍄 잠함병 : 급격히 감압, N2   고산병 : 저압상태, 산소부족

🍄 직업성난청 : 가청음역 : 20〜20000 Hz, 난청 조기 발견 : 4000Hz(C5—dip)

               소음 허용한계(90dB), dB : 음의 강도 , Hz : 진동수 단위

🍄 진폐증 : 0.5〜5㎛, 규폐증, 석면폐증   Cd : 폐기종, 신경장애, 단백뇨

🍄 중독 발생시 영향 인자 : 폭로시간·유해물농도·인체 침입경로

🍄 국소적인 진동장애 : 레이노드병

🍄 자연수영장 : 영안배수, 하수, 폐수, 분뇨, 기름 유출, 수영자들에 의한 오염

🍄 인공수영장 : 입욕한계 : 2.5㎡/인

   과망간산칼륨 : 12mg/ℓ↓, 유리 잔류 염소

   일반세균 1ml 당 200↓, 대장균 : 10ml 3개 이상 음성, pH 5.8〜8.6, 탁도 2.8NTU

🍄 주택 : •모래지, 남향, 지하수위 3m↑, 공해X, 폐기물 매립후 20년 경과, 언덕중간

        •1인당 침실면적 : 4㎡, 소요체적 : 10㎥

🍄 자연환기 : 실내외 공기의 밀도차, 중성대 천장가까이, 창문 바닥면적의 1/20

         •중력환기 : 실내외 온도차   •풍력환기 : 압력차

♠ 주택자연조명 : 남향, 세로로 높은 창, 바닥면적 1/5~1/7, 개각 4~5, 입사각 27~28

♠ 인공조명 : 세면장 : 60~150, 식당, 강당 : 150~300 교실 : 300 이상

　　　　　　 야간에는 눈의 명암순응, 주간조명은 야간의 1.5~2배, 좌측상방, 후방

♠ 의복위생 : 체온조절, 보호, 청결, 장식, 방한력 단위 CLO, 8.8℃↓, 1CLO

♠ 냉방 : 실내외온도차는 5~7℃, 10℃ 이상 차이나면 냉방병

♠ 소독 : 병원성 미생물 대상　　　　　　 멸균 : 모든 미생물 사멸

♠ 물리적 소독법 : · 무가열 : 자외선 살균 : 2400~2800Å, 방사선살균 : γ〉β〉α

　　　　　 · 열처리 : · 건열 – 화염 : 직접 불에, 백금이, 유리소독

　　　　　　　　　　 건열 : 160~170℃, 1~2시간

　　　　　　　　 · 습열 – 자비소독 : 100℃, 15~20분, 완전멸균×

　　　　　　　　　　 고압증기 : 121℃, 15Lb, 20분

　　　　　　　　　　 저온소독 : 63~65℃, 30분

♠ 화학적 소독법

　　 석탄산계수 ↑, 침투력 ↑, 표백성 ×, 인체무해, 안정성, 용해

　　 소독약 희석배수/ 석탄산희석배수 ⇒ 장티푸스, 포도상구균, 5분내 아니고, 10분내 하도록

3% 석탄산(Phenol) : 객담, 토물, 배설물	3% H_2O_2 : 상처소독, 구내염, 인두염
70~75% alcohol : 건강피부	3% 크레졸 : 배설물
0.1% 역성비누, 승홍 : 손소독	생석회 : 변소
고엽제 주성분 : 다이옥신	사건건수당 손실노동일수 : 중독률
방열복용 방열재료 : 알루미늄	식수에 염소 주입 : 병균 죽이기 위해
저온살균법 : 파스퇴르	환자퇴원, 격리수용, 전염원 제거 → 종말소독
석탄산이용, 무균수술법 : J.Lister	

Chapter 04_ 식품위생학

- 식품위생이란, 식품, 식품첨가물, 기구 또는 용기, 포장에 대한 위생
- 냉장의 목적 ① 자기소화 지연 ② 미생물 증식 저지 ③ 변질억제 ④ 신선도 단기간 유지
- 건조·탈수 : 수분함량 15%(14%) 이하
- 식염 : 10% 이상 염장법　　　설탕 : 50% 이상 담장법　　　산저장법 pH4.7(5) 이하
- NaCl 미생물 억제이유 ① Aw↓ ② 삼투압에 의한 원형질분리 ③ Cl독작용 ④ 산소분압 ↓

- 우유 : 침전물 ×, 유당, 유지방, 유단백(3%), 산도(pH 6.6~6.8), 비중 1.032
- 어류 : 눈광택, 아가미선홍, 입다뭄, 육질탄력, 비중 ↑
  중성(pH 7.3) → 사후강직 산성(pH 5.5~5.6) → 부패 알칼리성(pH 11)
  사후강직 → 강직해제 → 자기소화 → 부패

- 식품의 변질 : 미생물, 햇빛, 산소, 효소, 수분 → 영양파괴, 맛 손상

- 수분활성치 : 밀폐용기내 수증기압과 최대 수증기압의 비
- 일반세균 : 0.96　 효모 0.88　 곰팡이 0.81
- Microflora : 염장식품엔 호염균, 당류 산성식품엔 유산균, 수분 ↑−세균, 수분 ↓− 곰팡이
- 총균수 : 현미경　　　　　생균수 : 표준한천배지에서 35℃ 48±3 배양 후 집락수
- 부패판정 : 기온, 습도, pH　　생성물 : methan, H₂S, mercaptan, 함질소화합물
- 초기 부패 판정

관능검사	제일기본, 냄새, 맛, 외관, 색깔, 조직상태
물리학적 판정	경도, 점성, 탄성, 색도, 탁도, 저기저항
화학적 판정	트리메틸아민, 휘발성 염기 질소, amine
미생물학적 판정	식품 1g당 10⁸ → 초기부패판정, 10⁵면 안정 생균수 측정하는 목적은 신선도 여부 알기 위해

- 대장균군 : Gram 음성, 단간균, 유당분해 → 가스와 산발생, 호기성, 통성혐기성
  　　　　LB발효관 배지 : 추정시험 → 확정시험 → 완전시험
  *우유의 살균법 : 우유의 살균지표 : Phosphatase

- 세균이 토양에 90%, pH 6~8(중성), 곰팡이는 산성
- 토양 세균 속 : Bacillus, Clostridium, Micrococcus, Pseudomonas

Bacillus	내열성, 호기성, 전분부해력, 식품오염의 주역, natto(청국장)
Clostridium	아포형성간균, 혐기성, 악취
Pseudomonas	어류, 육류, 우유, 달걀의 부패세균, 어류의 우점종, 방부제 저항성↑
	Pseudomonas fluorescens : 고미유 원인, 우유 녹색
	Pseudomonas aeruginosa : 우유 청색
Vibrio	비브리오 패혈증(Vibrio vulinifus)
Proteus	Histamine축적, 알러지, 동물성식품 부패균, 호기성
	Proteus Morganii : histamine, 알러지성 식중독 유발

🍴 곰팡이 : 호기성, pH4.0, 당, 고농도의 식염, 항생제 효과×, 수분 10%

🍴 효모 : Saccharomyces cerevisiae : 맥주, 포도주

🍴 우유 및 유제품 : Lacobacillus   과일, 주스 : Saccharomyces

🍴 어육류 : Pseudomonas   빵, 과일, 곡류 : Rhizopus

🍴 오염지표 미생물 : 일반세균수, 대장균, 장구균

🍴 세균성 식중독 : • 감염형 : 살모넬라, 장염비브리오, 병원성 대장균, 프로테우스, 아리조나

　　　　　　　• 독소형 : 포도상구균, 보툴리늄

살모넬라	37℃, pH7~8, 심한 고열, 샐러드, 마요네즈, 잠복기 길다		
	60℃ 20분 가열, Selenite 배지		
장염 Vibrio	Vibrio parahaemolyticus(호염균) 3~4% 식염농도		
	담수로 씻거나 가열후 섭취, TCBS agar		
병원성 대장균	E.Coli	아리조나	파충류 장내 세균
포도상구균	gram 양성, 무아포성, Staphylococcus aureus		
	장독소인 enterotoxin : 열에 강함 화농성환자×, 잠복기 3시간 짧다		
보툴리늄	gram 양성, 아포형성, 혐기성, 내열성, 주모성 편모		
	Clostridium botulinum : neurotoxin(체외독소), 통조림, 신경마비, 치명률↑, 발열×		

⇒ 많은 양의 세균이나 독소, 면역, 2차감염 ×, 잠복기 짧다

유해감미료	Ducinm : 250배(설탕), 혈액독, 중추신경장애
유해착색료	auramine : 황색 염기성 타르색소, 단무지
	rhodamine B : 핑크색 염기성 타르 색소, 과자, 어묵
유해보존료	포름 알데히드 : 두부 방부 목적, 간장에 불허용 보존제
	플라스틱 : 요소수지
유해표백제	boric acid : 햄, 베이컨, rongalite : 물엿, 연근
방사능물질	90Sr, 137Cs, 131I, 60Co

benzopyrene	암유발
메틸알코올	두통, 현기증, 설사, 실명
비소	두부에 가해지는 소석회 등에 불순물, 밀가루로 오인, 농약
농약	유기인제 : 맹독성, Cholinestrase / 유기염소제 : 만성중독, 지방축적
PCB	미강유 중독

🍳 화학성 식중독

유해감미료	Ducinm : 250배(설탕), 혈액독, 중추신경장애
유해착색료	auramine : 황색 염기성 타르색소, 단무지
	rhodamine B : 핑크색 염기성 타르 색소, 과자, 어묵
유해보존료	포름 알데히드 : 두부 방부 목적 , 간장에 불허용 보존제
	플라스틱 : 요소수지
유해표백제	boric acid : 햄, 베이컨, rongalite : 물엿, 연근
방사능물질	90Sr, 137Cs, 131I, 60Co
benzopyrene	암유발
메틸알코올	두통, 현기증, 설사, 실명
비소	두부에 가해지는 소석회 등에 불순물, 밀가루로 오인, 농약
농약	유기인제 : 맹독성, Cholinestrase / 유기염소제 : 만성중독, 지방축적
PCB	미강유 중독

🍳 자연독 식중독 : 청산배당체, 기타 배당체, 알칼로이드, 성분불명

🍳 식물성 식중독

🍳 동물성 식중독

복어중독	5~7월, tetrodotoxin, 난소(알), 치사율↑
	청색증, 운동마비, 언어장애, 지각이상, 호흡마비
모시조개, 바지락, 굴	Venerupin, 황달, 피하출혈
대합조개, 섭조개, 홍합	Saxitoxin, Plankton

🍳 경구전염병

세균	장티푸스, 파라티푸스, 콜레라, 세균성이질, 파상열
바이러스	폴리오, A형간염

장티푸스	Salmonella typhi, 분변오염, 발열, 두통
파라티푸스	Salmonella paratyphi
콜레라	Vibrio cholera, 잠복기 짧다(2~5일), 쌀뜨물 같은 수양변
	청색증(Cyanosis), 체온하강, 검역철저히!

세균성이질	Shigella dyseteriae, 아포와 협막 만들지 않는다
폴리오	Ⅰ Ⅱ Ⅲ형, H2O2에 파괴, 유리염소 10분내 불활성 중추신경과 운동세포 침입, 예방접종(생균백신, 사균백신)
유행성간염	황달,복통, 분변오염
아메바성이질	아메바, 원충, 12시간이내 죽음. 물속에서 1개월 생존

⇒ 예방대책 : 보균자 조리 ×, 조기발견, 격리 치료, 환경위생 철저히, 날음식 ×

경구 전염병	세균성 식중독
숙주와 infection cycle 성립	세균에서 사람으로 최종감염
잠복기 길다, 2차감염 있다	다량균이 필요

🖐 인축공통전염병

결핵	우유, 인형결핵균 : Mycobacterium tuberculosis 우형: 우유
탄저	Bacillus anthracis, 패혈증, 비말감염, 피혁통해
파상열(Brucellosis)	소, 양, 염소에게 유산, 사람에겐 열발생 Brucella abortus : 소, Brucella suis : 돼지, Brucella melitensis : 염소
야토병	산토끼, 오한, 전율, 발열, 농포, 결막염, 응집, 피내반응으로 진단
돼지단독, 리스테리아증	패혈증

🖐 회충 : 경구침입, 장내 군거생활, 충란 70℃ 가열 사멸, 2주후 감염력, 일광에 약함

🖐 요충 : 경구침입, 집단생활, 항문주위, 스카치테이프법

🖐 구충 : 십이지장충, 피부감염, 풀독, 채독증

🖐 편충 : 동양모양 선충

🖐 간디스토마, 폐디스토마 : 피낭유충

간디스토마 : 왜우렁 → 민물고기	아니사키스 : 갑각류(크릴새우) → 바다생선
폐디스타마 : 다슬기 → 가재, 게	요코가와흡충 : 다슬기 → 담수어
광절열두조충 : 물벼룩 → 민물고기	유구악구충

🖐 유구조충 : 돼지, 갈고리모양   무구조충 : 소   선모충 : 돼지

FOOD
HYGIENE

FOOD
HYGIENE

부록 3 국민영양관리법,
시행령, 시행규칙

국민영양관리법

보건복지부(건강증진과) 044-202-2831

제1장 총칙

제1조(목적) 이 법은 국민의 식생활에 대한 과학적인 조사·연구를 바탕으로 체계적인 국가영양정책을 수립·시행함으로써 국민의 영양 및 건강 증진을 도모하고 삶의 질 향상에 이바지하는 것을 목적으로 한다.

제2조(정의) 이 법에서 사용하는 용어의 정의는 다음과 같다.

1. "식생활"이란 식문화, 식습관, 식품의 선택 및 소비 등 식품의 섭취와 관련된 모든 양식화된 행위를 말한다.

2. "영양관리"란 적절한 영양의 공급과 올바른 식생활 개선을 통하여 국민이 질병을 예방하고 건강한 상태를 유지하도록 하는 것을 말한다.

3. "영양관리사업"이란 국민의 영양관리를 위하여 생애주기 등 영양관리 특성을 고려하여 실시하는 교육·상담 등의 사업을 말한다.

제3조(국가 및 지방자치단체의 의무) ① 국가 및 지방자치단체는 올바른 식생활 및 영양관리에 관한 정보를 국민에게 제공하여야 한다.

② 국가 및 지방자치단체는 국민의 영양관리를 위하여 필요한 대책을 수립하고 시행하여야 한다.

③ 지방자치단체는 영양관리사업을 시행하기 위한 공무원을 둘 수 있다.

제4조(영양사 등의 책임) ① 영양사는 지속적으로 영양지식과 기술의 습득으로 전문능력을 향상시켜 국민영양개선 및 건강증진을 위하여 노력하여야 한다.

② 식품·영양 및 식생활 관련 단체와 그 종사자, 영양관리사업 참여자는 자발적 참여와 연대를 통하여 국민의 건강증진을 위하여 노력하여야 한다.

제5조(국민의 권리 등) ① 누구든지 영양관리사업을 통하여 건강을 증진할 권리를 가지며 성별, 연령, 종교, 사회적 신분 또는 경제적 사정 등을 이유로 이에 대한 권리를 침해받지 아니한다.

② 모든 국민은 올바른 영양관리를 통하여 자신과 가족의 건강을 보호·증진하기 위하여 노력하여야 한다.

제6조(다른 법률과의 관계) 국민의 영양관리에 대하여 다른 법률에 특별한 규정이 있는 경우를 제외하고는 이 법에서 정하는 바에 따른다.

제2장 국민영양관리기본계획 등

제7조(국민영양관리기본계획) ① 보건복지부장관은 관계 중앙행정기관의 장과 협의하고 「국민건강증진법」 제5조에 따른 국민건강증진정책심의위원회(이하 "위원회"라 한다)의 심의를 거쳐 국민영양관리기본계획(이하 "기본계획"이라 한다)을 5년마다 수립하여야 한다.

② 기본계획에는 다음 각 호의 사항이 포함되어야 한다.

1. 기본계획의 중장기적 목표와 추진방향

2. 다음 각 목의 영양관리사업 추진계획

　가. 제10조에 따른 영양·식생활 교육사업

　나. 제11조에 따른 영양취약계층 등의 영양관리사업

　다. 제13조에 따른 영양관리를 위한 영양 및 식생활 조사

　라. 그 밖에 대통령령으로 정하는 영양관리사업

3. 연도별 주요 추진과제와 그 추진방법

4. 필요한 재원의 규모와 조달 및 관리 방안

5. 그 밖에 영양관리정책수립에 필요한 사항

③ 보건복지부장관은 제1항에 따라 기본계획을 수립한 경우에는 관계 중앙행정기관의 장, 특별시장·광역시장·도지사·특별자치도지사(이하 "시·도지사"라 한다) 및 시장·군수·구청장(자치구의 구청장을 말한다. 이하 같다)에게 통보하여야 한다.

④ 제1항의 기본계획 수립에 따른 협의절차, 제3항의 통보방법 등에 관하여 필요한 사항은 보건복지부령으로 정한다.

제8조(국민영양관리시행계획) ① 시장·군수·구청장은 기본계획에 따라 매년 국민영양관리시행계획(이하 "시행계획"이라 한다)을 수립·시행하여야 하며 그 시행계획 및 추진실적을 시·도지사를 거쳐 보건복지부장관에게 제출하여야 한다.

② 보건복지부장관은 시·도지사로부터 제출된 시행계획 및 추진실적에 관하여 보건복지부령으로 정하는 방법에 따라 평가하여야 한다.

③ 시행계획의 수립 및 추진 등에 필요한 사항은 보건복지부령으로 정하는 기준에 따라 해당 지방자치단체의 조례로 정한다.

제9조(국민영양정책 등의 심의) 위원회는 국민의 영양관리를 위하여 다음 각 호의 사항을 심의한다.

1. 국민영양정책의 목표와 추진방향에 관한 사항

2. 기본계획의 수립에 관한 사항

3. 그 밖에 영양관리를 위하여 위원장이 필요하다고 인정한 사항

제3장 영양관리사업

제10조(영양·식생활 교육사업) ① 국가 및 지방자치단체는 국민의 건강을 위하여 영양·식생활 교육을 실시하여야 하며 영양·식생활 교육에 필요한 프로그램 및 자료를 개발하여 보급하여야 한다.

② 제1항에 따른 영양·식생활 교육의 대상·내용·방법 등에 필요한 사항은 보건복지부령으로 정한다.

제11조(영양취약계층 등의 영양관리사업) 국가 및 지방자치단체는 다음 각 호의 영양관리사업을 실시할 수 있다.

1. 영유아, 임산부, 아동, 노인, 노숙인 및 사회복지시설 수용자 등 영양취약계층을 위한 영양관리사업

2. 어린이집, 유치원, 학교, 집단급식소, 의료기관 및 사회복지시설 등 시설 및 단체에 대한 영양관리사업

3. 생활습관질병 등 질병예방을 위한 영양관리사업

제12조(통계·정보) ① 보건복지부장관은 영양정책 및 영양관리사업 등에 활용할 수 있도록 식품 및 영양에 관한 통계 및 정보를 수집·관리하여야 한다.

② 보건복지부장관은 제1항에 따른 통계 및 정보를 수집·관리하기 위하여 필요한 경우 관련 기관 또는 단체에 자료를 요청할 수 있다.

③ 제2항에 따라 자료를 요청받은 기관 또는 단체는 이에 성실히 응하여야 한다.

제13조(영양관리를 위한 영양 및 식생활 조사) ① 국가 및 지방자치단체는 지역사회의 영양문제에 관한 연구를 위하여 다음 각 호의 조사를 실시할 수 있다.

1. 식품 및 영양소 섭취조사

2. 식생활 행태 조사

3. 영양상태 조사

4. 그 밖에 영양문제에 필요한 조사로서 대통령령으로 정하는 사항

② 보건복지부장관은 국민의 식품섭취·식생활 등에 관한 국민 영양 및 식생활 조사를 정기적으로

실시하여야 한다.

③ 제1항 및 제2항에 따른 조사 시기와 방법, 그 밖에 필요한 사항은 대통령령으로 정한다.

제14조(영양소 섭취기준 및 식생활 지침의 제정 및 보급) ① 보건복지부장관은 국민건강증진에 필요한 영양소 섭취기준을 제정하고 정기적으로 개정하여 학계·산업계 및 관련 기관 등에 체계적으로 보급하여야 한다.

② 보건복지부장관은 국민건강증진과 삶의 질 향상을 위하여 질병별·생애주기별 특성 등을 고려한 식생활 지침을 제정하고 정기적으로 개정·보급하여야 한다.

③ 제1항에 따른 영양소 섭취기준 및 제2항에 따른 식생활 지침의 주요 내용 및 발간 주기 등 세부적인 사항은 보건복지부령으로 정한다.

제4장 영양사의 면허 및 교육 등

제15조(영양사의 면허) ① 영양사가 되고자 하는 사람은 다음 각 호의 어느 하나에 해당하는 사람으로서 영양사 국가시험에 합격한 후 보건복지부장관의 면허를 받아야 한다.

1. 「고등교육법」에 따른 학교에서 식품학 또는 영양학을 전공한 자로서 교과목 및 학점이수 등에 관하여 보건복지부령으로 정하는 요건을 갖춘 사람

2. 외국에서 영양사면허를 받은 사람

3. 외국의 영양사 양성학교 중 보건복지부장관이 인정하는 학교를 졸업한 사람

② 보건복지부장관은 제1항에 따른 국가시험의 관리를 보건복지부령으로 정하는 바에 따라 시험 관리능력이 있다고 인정되는 관계 전문기관에 위탁할 수 있다.

③ 영양사 면허와 국가시험 등에 필요한 사항은 보건복지부령으로 정한다.

제16조(결격사유) 다음 각 호의 어느 하나에 해당하는 사람은 영양사의 면허를 받을 수 없다.

1. 「정신보건법」 제3조제1호에 따른 정신질환자. 다만, 전문의가 영양사로서 적합하다고 인정하는 사람은 그러하지 아니하다.

2. 「감염병의 예방 및 관리에 관한 법률」 제2조제13호에 따른 감염병환자 중 보건복지부령으로 정하는 사람

3. 마약·대마 또는 향정신성의약품 중독자

4. 영양사 면허의 취소처분을 받고 그 취소된 날부터 1년이 지나지 아니한 사람

제17조(영양사의 업무) 영양사는 다음 각 호의 업무를 수행한다.

1. 건강증진 및 환자를 위한 영양·식생활 교육 및 상담

2. 식품영양정보의 제공

3. 식단작성, 검식(檢食) 및 배식관리

4. 구매식품의 검수 및 관리

5. 급식시설의 위생적 관리

6. 집단급식소의 운영일지 작성

7. 종업원에 대한 영양지도 및 위생교육

제18조(면허의 등록) ① 보건복지부장관은 영양사의 면허를 부여할 때에는 영양사 면허대장에 그 면허에 관한 사항을 등록하고 면허증을 교부하여야 한다.

② 영양사는 면허증을 다른 사람에게 대여하지 못한다.

③ 제1항에 따른 면허의 등록 및 면허증의 교부 등에 관하여 필요한 사항은 보건복지부령으로 정한다.

제19조(명칭사용의 금지) 제15조에 따라 영양사 면허를 받지 아니한 사람은 영양사 명칭을 사용할 수 없다.

제20조(보수교육) ① 보건기관·의료기관·집단급식소 등에서 각각 그 업무에 종사하는 영양사는 영양관리수준 및 자질 향상을 위하여 보수교육을 받아야 한다.

② 제1항에 따른 보수교육의 시기·대상·비용 및 방법 등에 관하여 필요한 사항은 보건복지부령으로 정한다.

제20조의2(실태 등의 신고) ① 영양사는 대통령령으로 정하는 바에 따라 최초로 면허를 받은 후부터 3년마다 그 실태와 취업상황 등을 보건복지부장관에게 신고하여야 한다.

② 보건복지부장관은 제20조제1항의 보수교육을 이수하지 아니한 영양사에 대하여 제1항에 따른 신고를 반려할 수 있다.

③ 보건복지부장관은 제1항에 따른 신고 수리 업무를 대통령령으로 정하는 바에 따라 관련 단체 등에 위탁할 수 있다.

제21조(면허취소 등) ① 보건복지부장관은 영양사가 다음 각 호의 어느 하나에 해당하는 경우 그 면허를 취소할 수 있다. 다만, 제1호에 해당하는 경우 면허를 취소하여야 한다.

1. 제16조제1호부터 제3호까지의 어느 하나에 해당하는 경우

2. 제2항에 따른 면허정지처분 기간 중에 영양사의 업무를 하는 경우

3. 제2항에 따라 3회 이상 면허정지처분을 받은 경우

② 보건복지부장관은 영양사가 다음 각 호의 어느 하나에 해당하는 경우 6개월 이내의 기간을 정

하여 그 면허의 정지를 명할 수 있다.

1. 영양사가 그 업무를 행함에 있어서 식중독이나 그 밖에 위생과 관련한 중대한 사고 발생에 직무
   상의 책임이 있는 경우

2. 면허를 타인에게 대여하여 이를 사용하게 한 경우

③ 제1항, 제2항 및 제5항에 따른 행정처분의 세부적인 기준은 그 위반행위의 유형과 위반의 정도
등을 참작하여 대통령령으로 정한다.

④ 보건복지부장관은 제1항의 면허취소처분 또는 제2항의 면허정지처분을 하고자 하는 경우에는
청문을 실시하여야 한다.

⑤ 보건복지부장관은 영양사가 제20조의2에 따른 신고를 하지 아니한 경우에는 신고할 때까지 면
허의 효력을 정지할 수 있다.

제22조(영양사협회) ① 영양사는 영양에 관한 연구, 영양사의 윤리 확립 및 영양사의 권익증진 및 자질
향상을 위하여 대통령령으로 정하는 바에 따라 영양사협회(이하 "협회"라 한다)를 설립할 수 있다.

② 협회는 법인으로 한다.

③ 협회에 관하여 이 법에 규정되지 아니한 사항은 「민법」 중 사단법인에 관한 규정을 준용한다.

제5장 보칙

제23조(임상영양사) ① 보건복지부장관은 건강관리를 위하여 영양판정, 영양상담, 영양소 모니터링
및 평가 등의 업무를 수행하는 영양사에게 영양사 면허 외에 임상영양사 자격을 인정할 수 있다.

② 제1항에 따른 임상영양사의 업무, 자격기준, 자격증 교부 등에 관하여 필요한 사항은 보건복지
부령으로 정한다.

제24조(비용의 보조) 국가나 지방자치단체는 회계연도마다 예산의 범위에서 영양관리사업의 수행에
필요한 비용의 일부를 부담하거나 사업을 수행하는 법인 또는 단체에 보조할 수 있다.

제25조(권한의 위임·위탁) ① 이 법에 따른 보건복지부장관의 권한은 대통령령으로 정하는 바에 따라
그 일부를 시·도지사에게 위임할 수 있다.

② 이 법에 따른 보건복지부장관의 업무는 대통령령으로 정하는 바에 따라 그 일부를 관계 전문기
관에 위탁할 수 있다.

제26조(수수료) ① 지방자치단체의 장은 영양관리사업에 드는 경비 중 일부에 대하여 그 이용자로부
터 조례로 정하는 바에 따라 수수료를 징수할 수 있다.

② 제1항에 따라 수수료를 징수하는 경우 지방자치단체의 장은 노인, 장애인, 「국민기초생활 보

장법」에 따른 수급권자 등의 수수료를 감면하여야 한다.

③ 영양사의 면허를 받거나 면허증을 재교부받으려는 사람 또는 국가시험에 응시하려는 사람은 보건복지부령으로 정하는 바에 따라 수수료를 내야 한다.

④ 제15조제2항에 따라 영양사 국가시험 관리를 위탁받은 전문기관은 국가시험의 응시수수료를 보건복지부장관의 승인을 받아 시험관리에 필요한 경비에 직접 충당할 수 있다.

제26조(수수료) ① 지방자치단체의 장은 영양관리사업에 드는 경비 중 일부에 대하여 그 이용자로부터 조례로 정하는 바에 따라 수수료를 징수할 수 있다.

② 제1항에 따라 수수료를 징수하는 경우 지방자치단체의 장은 노인, 장애인, 「국민기초생활 보장법」에 따른 수급권자 등의 수수료를 감면하여야 한다.

③ 영양사의 면허를 받거나 면허증을 재교부받으려는 사람 또는 국가시험에 응시하려는 사람은 보건복지부령으로 정하는 바에 따라 수수료를 내야 한다.

④ 제15조제2항에 따라 영양사 국가시험 관리를 위탁받은 「한국보건의료인국가시험원법」에 따른 한국보건의료인국가시험원은 국가시험의 응시수수료를 보건복지부장관의 승인을 받아 시험관리에 필요한 경비에 직접 충당할 수 있다.

제27조(벌칙 적용에서의 공무원 의제) 제15조제2항에 따라 위탁받은 업무에 종사하는 전문기관의 임직원은 「형법」 제129조부터 제132조까지의 규정에 따른 벌칙의 적용에서는 공무원으로 본다.

제6장 벌칙

제28조(벌칙) ① 제18조제2항을 위반하여 다른 사람에게 영양사 면허증을 대여한 사람은 1년 이하의 징역 또는 1천만원 이하의 벌금에 처한다.

② 제19조를 위반하여 영양사라는 명칭을 사용한 사람은 300만원 이하의 벌금에 처한다.

부칙

제1조(시행일) 이 법은 공포 후 3년이 경과한 날부터 시행한다.

제2조(영양사 신고에 관한 경과조치) ① 이 법 시행 당시 종전의 규정에 따라 영양사 면허를 취득한 사람은 이 법 시행 후 1년 이내에 보건복지부령으로 정하는 바에 따라 그 실태와 취업상황 등을 신고하여야 한다.

② 보건복지부장관은 영양사 면허를 취득한 사람이 제1항에 따른 신고를 하지 아니한 경우 신고기간이 종료하는 시점부터 신고할 때까지 면허의 효력을 정지할 수 있다.

국민영양관리법 시행령

보건복지부(건강증진과) 044-202-2832

제1조(목적) 이 영은 「국민영양관리법」에서 위임된 사항과 그 시행에 필요한 사항을 규정함을 목적으로 한다.

제2조(영양관리사업의 유형) 「국민영양관리법」 (이하 "법"이라 한다) 제7조제2항제2호라목에 따른 영양관리사업은 다음 각 호와 같다.

1. 법 제14조에 따른 영양소 섭취기준 및 식생활 지침의 제정·개정·보급 사업

2. 영양취약계층을 조기에 발견하여 관리할 수 있는 국가영양관리감시체계 구축 사업

3. 국민의 영양 및 식생활 관리를 위한 홍보 사업

4. 고위험군·만성질환자 등에게 영양관리식 등을 제공하는 영양관리서비스산업의 육성을 위한 사업

5. 그 밖에 국민의 영양관리를 위하여 보건복지부장관이 필요하다고 인정하는 사업

제3조(영양 및 식생활 조사의 유형) 법 제13조제1항제4호에 따른 영양문제에 필요한 조사는 다음 각 호와 같다.

1. 식품의 영양성분 실태조사

2. 당·나트륨·트랜스지방 등 건강 위해가능 영양성분의 실태조사

3. 음식별 식품재료량 조사

4. 그 밖에 국민의 영양관리와 관련하여 보건복지부장관 또는 지방자치단체의 장이 필요하다고 인정하는 조사

제4조(영양 및 식생활 조사의 시기와 방법 등) ① 보건복지부장관은 법 제13조제1항제1호부터 제3호까지 및 같은 조 제2항에 따른 조사를 「국민건강증진법」 제16조에 따른 국민영양조사에 포함하여 실시한다.

② 보건복지부장관은 제3조제1호 및 제2호에 따른 실태조사를 가공식품과 식품접객업소·집단급식소 등에서 조리·판매·제공하는 식품 등에 대하여 보건복지부장관이 정한 기준에 따라 매년 실시한다.

③ 보건복지부장관은 제3조제3호에 따른 조사를 식품접객업소 및 집단급식소 등의 음식별 식품재료에 대하여 보건복지부장관이 정한 기준에 따라 매년 실시한다.

제4조의2(영양사의 실태 등의 신고) ① 영양사는 법 제20조의2제1항에 따라 그 실태와 취업상황 등을 법 제18조제1항에 따른 면허증의 교부일(법률 제11440호 국민영양관리법 일부개정법률 부칙 제2조 제1항에 따라 신고를 한 경우에는 그 신고를 한 날을 말한다)부터 매 3년이 되는 해의 12월 31일까지 보건복지부장관에게 신고하여야 한다.

② 보건복지부장관은 법 제20조의2제3항에 따라 신고 수리 업무를 법 제22조에 따른 영양사협회(이하 "협회"라 한다)에 위탁한다.

③ 제1항에 따른 신고의 방법 및 절차 등에 관하여 필요한 사항은 보건복지부령으로 정한다.

제5조(행정처분의 세부기준) 법 제21조제3항에 따른 행정처분의 세부적인 기준은 별표와 같다.

제6조(협회의 설립허가) 법 제22조에 따라 협회를 설립하려는 자는 다음 각 호의 서류를 보건복지부장관에게 제출하여 설립허가를 받아야 한다.

1. 정관
2. 사업계획서
3. 자산명세서
4. 설립결의서
5. 설립대표자의 선출 경위에 관한 서류
6. 임원의 취임승낙서와 이력서

제7조(정관의 기재사항) 협회의 정관에는 다음 각 호의 사항이 포함되어야 한다.

1. 목적
2. 명칭
3. 소재지
4. 재산 또는 회계와 그 밖에 관리·운영에 관한 사항
5. 임원의 선임에 관한 사항
6. 회원의 자격 및 징계에 관한 사항
7. 정관 변경에 관한 사항
8. 공고 방법에 관한 사항

제8조(정관의 변경 허가) 협회가 정관을 변경하려면 다음 각 호의 서류를 보건복지부장관에게 제출하고 허가를 받아야 한다.

1. 정관 변경의 내용과 그 이유를 적은 서류
2. 정관 변경에 관한 회의록

3. 신구 정관 대조표와 그 밖의 참고서류

제9조(협회의 지부 및 분회) 협회는 특별시·광역시·도와 특별자치도에 지부를 설치할 수 있으며, 시·군·구(자치구를 말한다)에 분회를 설치할 수 있다.

제10조(업무의 위탁) ① 보건복지부장관은 법 제25조제2항에 따라 법 제20조에 따른 보수교육업무를 협회에 위탁한다.

② 보건복지부장관은 법 제25조제2항에 따라 다음 각 호의 업무를 관계 전문기관에 위탁한다.

1. 법 제10조에 따른 영양·식생활 교육사업

2. 법 제11조에 따른 영양취약계층 등의 영양관리사업

3. 법 제12조에 따른 통계·정보의 수집·관리

4. 법 제13조에 따른 영양 및 식생활 조사

5. 법 제14조에 따른 영양소 섭취기준 및 식생활 지침의 제정·개정·보급

6. 법 제23조에 따른 임상영양사의 자격시험 관리

③ 제2항에서 "관계 전문기관"이란 다음 각 호의 어느 하나에 해당하는 기관 중에서 보건복지부장관이 지정하는 기관을 말한다.

1. 「고등교육법」에 따른 학교로서 식품학 또는 영양학 전공이 개설된 전문대학 이상의 학교

2. 협회

3. 정부가 설립하거나 정부가 운영비용의 전부 또는 일부를 지원하는 영양관리업무 관련 비영리법인

4. 그 밖에 영양관리업무에 관한 전문 인력과 능력을 갖춘 비영리법인

제10조의2(민감정보 및 고유식별정보의 처리) 보건복지부장관(법 제15조제2항, 이 영 제4조의2제2항 및 제10조에 따라 보건복지부장관의 권한을 위탁받은 자를 포함한다)은 다음 각 호의 사무를 수행하기 위하여 불가피한 경우 「개인정보 보호법」 제23조에 따른 건강에 관한 정보, 같은 법 시행령 제19조제1호, 제2호 또는 제4호에 따른 주민등록번호, 여권번호 또는 외국인등록번호가 포함된 자료를 처리할 수 있다.

1. 법 제10조에 따른 영양·식생활 교육사업에 관한 사무

2. 법 제11조에 따른 영양취약계층 등의 영양관리사업에 관한 사무

3. 법 제12조에 따른 통계·정보에 관한 사무

4. 법 제13조에 따른 영양관리를 위한 영양 및 식생활 조사에 관한 사무

5. 법 제15조에 따른 영양사 면허 및 국가시험 등에 관한 사무

6. 법 제16조에 따른 영양사 면허의 결격사유 확인에 관한 사무

7. 법 제18조에 따른 영양사 면허의 등록에 관한 사무

8. 법 제20조에 따른 영양사 보수교육에 관한 사무

8의2. 법 제20조의2에 따른 영양사의 실태와 취업상황 등의 신고에 관한 사무

9. 법 제21조에 따른 영양사 면허취소처분 및 면허정지처분에 관한 사무

10. 법 제23조에 따른 임상영양사의 자격기준 및 국가시험에 관한 사무

제11조 삭제

부칙

이 영은 2015년 5월 24일부터 시행한다.

국민영양관리법 시행규칙

보건복지부(건강증진과) 044-202-2831

제1조(목적) 이 규칙은 「국민영양관리법」 및 「국민영양관리법 시행령」에서 위임된 사항과 그 시행에 필요한 사항을 규정함을 목적으로 한다.

제2조(국민영양관리기본계획 협의절차 등) ① 보건복지부장관은 「국민영양관리법」(이하 "법"이라 한다) 제7조에 따른 국민영양관리기본계획(이하 "기본계획"이라 한다) 수립 시 기본계획안을 작성하여 관계 중앙행정기관의 장에게 통보하여야 한다.

② 보건복지부장관은 제1항에 따른 기본계획안에 관계 중앙행정기관의 장으로부터 수렴한 의견을 반영하여 「국민건강증진법」 제5조에 따른 국민건강증진정책심의위원회의 심의를 거쳐 기본계획을 확정한다.

제3조(시행계획의 수립시기 및 추진절차 등) ① 법 제7조제3항에 따라 기본계획을 통보받은 시장·군수·구청장(자치구의 구청장을 말한다. 이하 같다)은 법 제8조에 따른 국민영양관리시행계획(이하 "시행계획"이라 한다)을 수립하여 매년 1월 말까지 특별시장·광역시장·도지사·특별자치도지사(이하 "시·도지사"라 한다)에게 보고하여야 하며, 이를 보고받은 시·도지사는 관할 시·군·구(자치구를 말한다. 이하 같다)의 시행계획을 종합하여 매년 2월 말까지 보건복지부장관에게 제출하여야 한다.

② 시장·군수·구청장은 제1항에 따른 시행계획을 「지역보건법」 제7조제2항에 따른 지역보건의료계획의 연차별 시행계획에 포함하여 수립할 수 있다.

③ 시장·군수·구청장은 해당 연도의 시행계획에 대한 추진실적을 다음 해 2월 말까지 시·도지사에게 보고하여야 하며, 이를 보고받은 시·도지사는 관할 시·군·구의 추진실적을 종합하여 다음 해 3월 말까지 보건복지부장관에게 제출하여야 한다.

④ 시장·군수·구청장은 지역 내 인구의 급격한 변화 등 예측하지 못한 지역 환경의 변화에 따라 필요한 경우에는 관련 단체 및 전문가 등의 의견을 들어 시행계획을 변경할 수 있다.

⑤ 시장·군수·구청장은 제4항에 따라 시행계획을 변경한 때에는 지체 없이 이를 시·도지사에게 보고하여야 하며, 이를 보고받은 시·도지사는 지체없이 이를 보건복지부장관에게 제출하여야 한다.

제4조(국민영양관리 시행계획 및 추진실적의 평가) ① 보건복지부장관은 시행계획의 내용이 국가의 영양관리시책에 부합되지 아니하는 경우에는 조정을 권고할 수 있다.

② 보건복지부장관은 제3조에 따라 제출받은 추진실적을 현황분석·목표·활동전략의 적절성 등 보건복지부장관이 정하는 평가기준에 따라 평가하여야 한다.

③ 보건복지부장관은 제2항에 따라 추진실적을 평가하였을 때에는 그 결과를 공표할 수 있다.

제5조(영양·식생활 교육의 대상·내용·방법 등) ① 보건복지부장관, 시·도지사 및 시장·군수·구청장은 국민 또는 지역 주민에게 영양·식생활 교육을 실시하여야 하며, 이 경우 생애주기 등 영양관리 특성을 고려하여야 한다.

② 영양·식생활 교육의 내용은 다음 각 호와 같다.

1. 생애주기별 올바른 식습관 형성·실천에 관한 사항

2. 식생활 지침 및 영양소 섭취기준

3. 질병 예방 및 관리

4. 비만 및 저체중 예방·관리

5. 바람직한 식생활문화 정립

6. 식품의 영양과 안전

7. 영양 및 건강을 고려한 음식만들기

8. 그 밖에 보건복지부장관, 시·도지사 및 시장·군수·구청장이 국민 또는 지역 주민의 영양관리 및 영양개선을 위하여 필요하다고 인정하는 사항

제6조(영양소 섭취기준과 식생활 지침의 주요 내용 및 발간 주기 등) ① 법 제14조제1항에 따른 영양소 섭취기준에는 다음 각 호의 내용이 포함되어야 한다.

1. 국민의 생애주기별 영양소 요구량(평균 필요량, 권장 섭취량, 충분 섭취량 등) 및 상한 섭취량

2. 영양소 섭취기준 활용을 위한 식사 모형

3. 국민의 생애주기별 1일 식사 구성안

4. 그 밖에 보건복지부장관이 영양소 섭취기준에 포함되어야 한다고 인정하는 내용

② 법 제14조제2항에 따른 식생활 지침에는 다음 각 호의 내용이 포함되어야 한다.

1. 건강증진을 위한 올바른 식생활 및 영양관리의 실천

2. 생애주기별 특성에 따른 식생활 및 영양관리

3. 질병의 예방·관리를 위한 식생활 및 영양관리

4. 비만과 저체중의 예방·관리

5. 영양취약계층, 시설 및 단체에 대한 식생활 및 영양관리

6. 바람직한 식생활문화 정립

7. 식품의 영양과 안전

8. 영양 및 건강을 고려한 음식 만들기

9. 그 밖에 올바른 식생활 및 영양관리에 필요한 사항

③ 영양소 섭취기준 및 식생활 지침의 발간 주기는 5년으로 하되, 필요한 경우 그 주기를 조정할 수 있다.

제7조(영양사 면허 자격 요건) ① 법 제15조제1항제1호에서 "교과목 및 학점이수 등에 관하여 보건복지부령으로 정하는 요건을 갖춘 사람"이란 별표 1에 따른 교과목 및 학점을 이수하고 졸업한 사람 및 제8조에 따른 영양사 국가시험의 응시일로부터 3개월 이내에 졸업이 예정된 사람을 말한다. 이 경우 졸업이 예정된 사람은 그 졸업예정시기에 별표 1에 따른 교과목 및 학점을 이수하고 졸업하여야 한다.

② 법 제15조제1항제2호 및 제3호에서 "외국"이란 다음 각 호의 어느 하나에 해당하는 국가를 말한다.

1. 대한민국과 국교(國交)를 맺은 국가

2. 대한민국과 국교를 맺지 아니한 국가 중 보건복지부장관이 외교부장관과 협의하여 정하는 국가

제7조(영양사 면허 자격 요건) ① 법 제15조제1항제1호에서 "보건복지부령으로 정하는 요건을 갖춘 사람"이란 별표 1에 따른 교과목 및 학점을 이수하고 별표 1의2에 따른 학과 또는 학부(전공)를 졸업한 사람 및 제8조에 따른 영양사 국가시험의 응시일로부터 3개월 이내에 졸업이 예정된 사람을 말한다. 이 경우 졸업이 예정된 사람은 그 졸업예정시기에 별표 1에 따른 교과목 및 학점을 이수하고 별표 1의2에 따른 학과 또는 학부(전공)를 졸업하여야 한다.

② 법 제15조제1항제2호 및 제3호에서 "외국"이란 다음 각 호의 어느 하나에 해당하는 국가를 말한다.

1. 대한민국과 국교(國交)를 맺은 국가

2. 대한민국과 국교를 맺지 아니한 국가 중 보건복지부장관이 외교부장관과 협의하여 정하는 국가

제8조(영양사 국가시험의 시행과 공고) ① 보건복지부장관은 매년 1회 이상 영양사 국가시험을 시행하여야 한다.

② 보건복지부장관은 영양사 국가시험의 관리를 시험관리능력이 있다고 인정하여 지정·고시하는 다음 각 호의 요건을 갖춘 관계전문기관(이하 "영양사 국가시험관리기관"이라 한다)으로 하여금

하도록 한다.

1. 정부가 설립·운영비용의 일부를 출연(出捐)한 비영리법인

2. 국가시험에 관한 조사·연구 등을 통하여 국가시험에 관한 전문적인 능력을 갖춘 비영리법인

③ 영양사 국가시험관리기관의 장이 영양사 국가시험을 실시하려면 미리 보건복지부장관의 승인을 받아 시험일시, 시험장소, 응시원서 제출기간, 응시 수수료의 금액 및 납부방법, 그 밖에 영양사 국가시험의 실시에 관하여 필요한 사항을 시험 실시 30일 전까지 공고하여야 한다.

제9조(영양사 국가시험 과목 등) ① 영양사 국가시험의 과목은 다음 각 호와 같다.

1. 영양학(기초영양학·고급영양학·생애주기영양학 등을 포함한다)

2. 식사요법

3. 생화학

4. 생리학

5. 영양교육

6. 식품학 및 조리원리(식품화학·식품미생물학을 포함한다)

7. 단체급식관리(급식경영학을 포함한다)

8. 식품위생학

9. 식품위생 관계 법규

② 영양사 국가시험은 필기시험으로 한다.

③ 영양사 국가시험의 합격자는 전 과목 총점의 60퍼센트 이상, 매 과목 만점의 40퍼센트 이상을 득점하여야 한다.

④ 영양사 국가시험의 출제방법, 배점비율, 그 밖에 시험 시행에 필요한 사항은 영양사 국가시험관리기관의 장이 정한다.

제9조(영양사 국가시험 과목 등) ① 영양사 국가시험의 과목은 다음 각 호와 같다.

1. 영양학 및 생화학(기초영양학·고급영양학·생애주기영양학 등을 포함한다)

2. 영양교육, 식사요법 및 생리학(임상영양학·영양상담·영양판정 및 지역사회영양학을 포함한다)

3. 식품학 및 조리원리(식품화학·식품미생물학·실험조리·식품가공 및 저장학을 포함한다)

4. 급식, 위생 및 관계 법규(단체급식관리·급식경영학·식생활관리·식품위생학·공중보건학과 영양·보건의료·식품위생 관계 법규를 포함한다)

② 영양사 국가시험은 필기시험으로 한다.

③ 영양사 국가시험의 합격자는 전 과목 총점의 60퍼센트 이상, 매 과목 만점의 40퍼센트 이상을

득점하여야 한다.

④ 영양사 국가시험의 출제방법, 배점비율, 그 밖에 시험 시행에 필요한 사항은 영양사 국가시험관리기관의 장이 정한다.

제10조(부정행위에 대한 제재) 부정한 방법으로 영양사 국가시험에 응시한 사람이나, 영양사 국가시험에서 부정행위를 한 사람에 대해서는 그 수험(受驗)을 정지시키거나 합격을 무효로 한다.

제11조(시험위원) 영양사 국가시험관리기관의 장은 영양사 국가시험을 실시할 때마다 시험과목별로 전문지식을 갖춘 사람 중에서 시험위원을 위촉한다.

제12조(영양사 국가시험의 응시 및 합격자 발표 등) ① 영양사 국가시험에 응시하려는 사람은 영양사 국가시험관리기관의 장이 정하는 응시원서를 영양사 국가시험관리기관의 장에게 제출하여야 한다.

② 영양사 국가시험관리기관의 장은 영양사 국가시험을 실시한 후 합격자를 결정하여 발표한다.

③ 영양사 국가시험관리기관의 장은 합격자 발표 후 합격자에 대한 다음 각 호의 사항을 보건복지부장관에게 보고하여야 한다.

1. 성명, 성별 및 주민등록번호(외국인은 국적, 성명, 성별 및 생년월일)

2. 출신학교 및 졸업 연월일

3. 합격번호 및 합격 연월일

제13조(관계 기관 등에의 협조 요청) 영양사 국가시험관리기관의 장은 영양사 국가시험의 관리업무를 원활하게 수행하기 위하여 필요한 경우에는 국가·지방자치단체 또는 관계 기관·단체에 시험장소 및 시험감독의 지원 등 필요한 협조를 요청할 수 있다.

제14조(감염병환자) 법 제16조제2호에서 "감염병환자"란 「감염병의 예방 및 관리에 관한 법률」 제2조제3호아목에 따른 B형간염 환자를 제외한 감염병환자를 말한다.

제15조(영양사 면허증의 교부) ① 영양사 국가시험에 합격한 사람은 합격자 발표 후 별지 제1호서식의 영양사 면허증 교부신청서에 다음 각 호의 서류를 첨부하여 보건복지부장관에게 영양사 면허증의 교부를 신청하여야 한다.

1. 다음 각 목의 구분에 따른 자격을 증명할 수 있는 서류

   가. 법 제15조제1항제1호: 졸업증명서 및 별표 1에 따른 교과목 및 학점이수 확인에 필요한 증명서

   나. 법 제15조제1항제2호: 면허증 사본

   다. 법 제15조제1항제3호: 졸업증명서

2. 법 제16조제1호 본문에 해당되지 아니함을 증명하는 의사의 진단서 또는 같은 호 단서에 해당하는 경우에는 이를 증명할 수 있는 전문의의 진단서

3. 법 제16조제2호 및 제3호에 해당되지 아니함을 증명하는 의사의 진단서

4. 사진(면허증 발급신청 전 6개월 이내에 촬영한 것으로서 응시원서와 동일한 원판(原版)의 탈모 정면 상반신 컬러사진으로 하되, 규격은 가로 3센티미터, 세로 4센티미터로 한다) 2장

② 보건복지부장관은 영양사 국가시험에 합격한 사람이 제1항에 따른 영양사 면허증의 교부를 신청한 날부터 14일 이내에 별지 제2호서식의 영양사 면허대장에 그 면허에 관한 사항을 등록하고 별지 제3호서식의 영양사 면허증을 교부하여야 한다. 다만, 법 제15조제1항제2호 및 제3호에 해당하는 사람의 경우에는 외국에서 영양사 면허를 받은 사실 등에 대한 조회가 끝난 날부터 14일 이내에 영양사 면허증을 교부한다.

제16조(면허증의 재교부) ① 영양사가 면허증을 잃어버리거나 면허증이 헐어 못 쓰게 된 경우, 성명 또는 주민등록번호의 변경 등 영양사 면허증의 기재사항이 변경된 경우에는 별지 제4호서식의 면허증(자격증) 재교부신청서에 다음 각 호의 서류를 첨부하여 보건복지부장관에게 제출하여야 한다. 이 경우 보건복지부장관은 「전자정부법」 제36조제1항에 따른 행정정보의 공동이용을 통하여 주민등록표 등(초)본을 확인(주민등록번호가 변경된 경우만 해당한다)하여야 하며, 신청인이 확인에 동의하지 않는 경우에는 해당 서류를 첨부하도록 하여야 한다.

1. 영양사 면허증이 헐어 못 쓰게 된 경우: 영양사 면허증

2. 성명 또는 주민등록번호 등이 변경된 경우: 영양사 면허증 및 변경 사실을 증명할 수 있는 다음 각 목의 구분에 따른 서류

   가. 성명 변경 시: 가족관계등록부 등의 증명서 중 기본증명서

   나. 주민등록번호 변경 시: 주민등록표 등(초)본(「전자정부법」 제36조제1항에 따른 행정정보의 공동이용을 통한 확인에 동의하지 않는 경우에만 제출한다)

3. 사진(신청 전 6개월 이내에 촬영한 탈모 정면 상반신 컬러사진으로 하되, 규격은 가로 3센티미터, 세로 4센티미터로 한다. 이하 같다) 2장

② 보건복지부장관은 제1항에 따라 영양사 면허증의 재교부 신청을 받은 경우에는 해당 영양사 면허대장에 그 사유를 적고 영양사 면허증을 재교부하여야 한다.

제17조(면허증의 반환) 영양사가 제16조에 따라 영양사 면허증을 재교부받은 후 분실하였던 영양사 면허증을 발견하였거나, 법 제21조에 따라 영양사 면허의 취소처분을 받았을 때에는 그 영양사 면허증을 지체 없이 보건복지부장관에게 반환하여야 한다.

제18조(보수교육의 시기·대상·비용·방법 등) ① 법 제20조에 따른 보수교육은 법 제22조에 따른 영양사협회(이하 "협회"라 한다)에 위탁한다.

② 협회의 장은 보수교육을 2년마다 실시하여야 하며, 교육시간은 6시간 이상으로 한다. 다만, 해당 연도에 「식품위생법」 제56조제1항 단서에 따른 교육을 받은 경우에는 법 제20조에 따른 보수교육을 받은 것으로 보며, 이 경우 이를 증명할 수 있는 서류를 협회의 장에게 제출하여야 한다.

③ 보수교육의 대상자는 다음 각 호와 같다.

1. 「지역보건법」 제10조 및 제13조에 따른 보건소·보건지소(이하 "보건소·보건지소"라 한다), 「의료법」 제3조에 따른 의료기관(이하 "의료기관"이라 한다) 및 「식품위생법」 제2조제12호에 따른 집단급식소(이하 "집단급식소"라 한다)에 종사하는 영양사

2. 「영유아보육법」 제7조에 따른 보육정보센터에 종사하는 영양사

3. 「어린이 식생활안전관리 특별법」 제21조에 따른 어린이급식관리지원센터에 종사하는 영양사

4. 「건강기능식품에 관한 법률」 제4조제1항제3호에 따른 건강기능식품판매업소에 종사하는 영양사

④ 제3항에 따른 보수교육 대상자 중 다음 각 호의 어느 하나에 해당하는 사람은 해당 연도의 보수교육을 면제한다. 이 경우 보수교육이 면제되는 사람은 해당 보수교육이 실시되기 전에 별지 제5호서식의 보수교육 면제신청서에 면제 대상자임을 인정할 수 있는 서류를 첨부하여 협회의 장에게 제출하여야 한다.

1. 군복무 중인 사람

2. 본인의 질병 또는 그 밖의 불가피한 사유로 보수교육을 받기 어렵다고 보건복지부장관이 인정하는 사람

⑤ 보수교육은 집합교육, 온라인 교육 등 다양한 방법으로 실시하여야 한다.

⑥ 보수교육의 교과과정, 비용과 그 밖에 보수교육을 실시하는데 필요한 사항은 보건복지부장관의 승인을 받아 협회의 장이 정한다.

제19조(보수교육계획 및 실적 보고 등) ① 협회의 장은 별지 제6호서식의 해당 연도 보수교육계획서를 해당 연도 1월 말까지, 별지 제7호서식의 해당 연도 보수교육 실적보고서를 다음 연도 2월 말까지 각각 보건복지부장관에게 제출하여야 한다.

② 협회의 장은 보수교육을 받은 사람에게 별지 제8호서식의 보수교육 이수증을 발급하여야 한다.

제20조(보수교육 관계 서류의 보존) 협회의 장은 다음 각 호의 서류를 3년간 보존하여야 한다.

1. 보수교육 대상자 명단(대상자의 교육 이수 여부가 명시되어야 한다)

2. 보수교육 면제자 명단

3. 그 밖에 이수자의 교육 이수를 확인할 수 있는 서류

제20조의2(영양사의 실태 등의 신고 및 보고) ① 법 제20조의2제1항 및 영 제4조의2제1항에 따라 영양사의 실태와 취업상황 등을 신고하려는 사람은 별지 제8호의2 서식의 영양사의 실태 등 신고서에 다음 각 호의 서류를 첨부하여 협회의 장에게 제출하여야 한다.

1. 제19조제2항에 따른 보수교육 이수증(이수한 사람만 해당한다)

2. 제18조제4항에 따른 보수교육 면제 확인서(면제된 사람만 해당한다)

② 제1항에 따른 신고를 받은 협회의 장은 신고를 한 자가 제18조에 따른 보수교육을 이수하였는지 여부를 확인하여야 한다.

③ 협회의 장은 제1항에 따른 신고 내용과 그 처리 결과를 반기별로 보건복지부장관에게 보고하여야 한다. 다만, 법 제21조제5항에 따라 면허의 효력이 정지된 영양사가 제1항에 따른 신고를 한 경우에는 신고 내용과 그 처리 결과를 지체 없이 보건복지부장관에게 보고하여야 한다.

제21조(행정처분 및 청문 대장 등) 보건복지부장관은 법 제21조에 따라 행정처분 및 청문을 한 경우에는 별지 제9호서식의 행정처분 및 청문 대장에 그 내용을 기록하고 이를 갖춰 두어야 한다.

제22조(임상영양사의 업무) 법 제23조에 따른 임상영양사(이하 "임상영양사"라 한다)는 질병의 예방과 관리를 위하여 질병별로 전문화된 다음 각 호의 업무를 수행한다.

1. 영양문제 수집·분석 및 영양요구량 산정 등의 영양판정

2. 영양상담 및 교육

3. 영양관리상태 점검을 위한 영양모니터링 및 평가

4. 영양불량상태 개선을 위한 영양관리

5. 임상영양 자문 및 연구

6. 그 밖에 임상영양과 관련된 업무

제23조(임상영양사의 자격기준) 임상영양사가 되려는 사람은 다음 각 호의 어느 하나에 해당하는 사람으로서 보건복지부장관이 실시하는 임상영양사 자격시험에 합격하여야 한다.

1. 제24조에 따른 임상영양사 교육과정 수료와 보건소·보건지소, 의료기관, 집단급식소 등 보건복지부장관이 정하는 기관에서 1년 이상 영양사로서의 실무경력을 충족한 사람

2. 외국의 임상영양사 자격이 있는 사람 중 보건복지부장관이 인정하는 사람

제24조(임상영양사의 교육과정) ① 임상영양사의 교육은 보건복지부장관이 지정하는 임상영양사 교육기관이 실시하고 그 교육기간은 2년 이상으로 한다.

② 임상영양사 교육을 신청할 수 있는 사람은 영양사 면허를 가진 사람으로 한다.

제25조(임상영양사 교육기관의 지정 기준 및 절차) ① 제24조제1항에 따른 임상영양사 교육기관으로

지정받을 수 있는 기관은 다음 각 호의 어느 하나의 기관으로서 별표 2의 임상영양사 교육기관 지정기준에 맞아야 한다.

1. 영양학, 식품영양학 또는 임상영양학 전공이 있는 「고등교육법」 제29조의2에 따른 일반대학원, 특수대학원 또는 전문대학원

2. 임상영양사 교육과 관련하여 전문 인력과 능력을 갖춘 비영리법인

② 제1항에 따른 임상영양사 교육기관으로 지정받으려는 자는 별지 제10호서식의 임상영양사 교육기관 지정신청서에 다음 각 호의 서류를 첨부하여 보건복지부장관에게 제출하여야 한다.

1. 교수요원의 성명과 이력이 적혀 있는 서류

2. 실습협약기관 현황 및 협약 약정서

3. 교육계획서 및 교과과정표

4. 해당 임상영양사 교육과정에 사용되는 시설 및 장비 현황

③ 보건복지부장관은 제2항에 따른 신청이 제1항의 지정기준에 맞다고 인정하면 임상영양사 교육기관으로 지정하고, 별지 제11호서식의 임상영양사 교육기관 지정서를 발급하여야 한다.

제26조(임상영양사 교육생 정원) ① 보건복지부장관은 제25조제3항에 따라 임상영양사 교육기관을 지정하는 경우에는 교육생 정원을 포함하여 지정하여야 한다.

② 임상영양사 교육기관의 장은 제1항에 따라 정해진 교육생 정원을 변경하려는 경우에는 별지 제12호서식의 임상영양사과정 교육생 정원 변경신청서에 제25조제2항 각 호의 서류를 첨부하여 보건복지부장관에게 제출하여야 한다.

③ 보건복지부장관은 제2항에 따른 정원 변경신청이 제25조제1항의 지정기준에 맞으면 정원 변경을 승인하고 지정서를 재발급하여야 한다.

제27조(임상영양사 교육과정의 과목 및 수료증 발급) ① 임상영양사 교육과정의 과목은 이론과목과 실습과목으로 구분하고, 과목별 이수학점 기준은 별표 3과 같다.

② 임상영양사 교육기관의 장은 임상영양사 교육과정을 마친 사람에게 별지 제13호서식의 임상영양사 교육과정 수료증을 발급하여야 한다.

제28조(임상영양사 자격시험의 시행과 공고) ① 보건복지부장관은 매년 1회 이상 임상영양사 자격시험을 시행하여야 한다. 다만, 영양사 인력 수급(需給) 등을 고려하여 시험을 시행하는 것이 적절하지 않다고 인정하는 경우에는 임상영양사 자격시험을 시행하지 않을 수 있다.

② 보건복지부장관은 임상영양사 자격시험의 관리를 다음 각 호의 요건을 갖춘 관계 전문기관(이하 "임상영양사 자격시험관리기관"이라 한다)으로 하여금 하도록 한다.

1. 정부가 설립·운영비용의 일부를 출연한 비영리법인

2. 자격시험에 관한 전문적인 능력을 갖춘 비영리법인

③ 제2항에 따라 임상영양사 자격시험을 실시하는 임상영양사 자격시험관리기관의 장은 보건복지부장관의 승인을 받아 임상영양사 자격시험의 일시, 시험장소, 시험과목, 시험방법, 응시원서 및 서류 접수, 응시 수수료의 금액 및 납부방법, 그 밖에 시험 시행에 필요한 사항을 정하여 시험 실시 30일 전까지 공고하여야 한다.

제29조(임상영양사 자격시험의 응시자격 및 응시절차) ① 임상영양사 자격시험에 응시할 수 있는 사람은 제23조 각 호의 어느 하나에 해당하는 사람으로 한다.

② 임상영양사 자격시험에 응시하려는 사람은 별지 제14호서식의 임상영양사 자격시험 응시원서를 임상영양사 자격시험관리기관의 장에게 제출하여야 한다.

제30조(임상영양사 자격시험의 시험방법 등) ① 임상영양사 자격시험은 필기시험으로 한다.

② 임상영양사 자격시험의 합격자는 총점의 60퍼센트 이상을 득점한 사람으로 한다.

③ 임상영양사 자격시험의 시험과목, 출제방법, 배점비율, 그 밖에 시험 시행에 필요한 사항은 임상영양사 자격시험관리기관의 장이 정한다.

제31조(임상영양사 합격자 발표 등) ① 임상영양사 자격시험관리기관의 장은 임상영양사 자격시험을 실시한 후 합격자를 결정하여 발표한다.

② 제1항의 합격자는 다음 각 호의 서류를 합격자 발표일로부터 10일 이내에 임상영양사 자격시험관리기관의 장에게 제출하여야 한다.

1. 제27조제2항에 따른 수료증 사본 또는 외국의 임상영양사 자격증 사본

2. 영양사 면허증 사본

3. 사진 3장

③ 임상영양사 자격시험관리기관의 장은 합격자 발표 후 15일 이내에 다음 각 호의 서류를 보건복지부장관에게 제출하여야 한다.

1. 합격자의 성명, 주민등록번호, 영양사 면허번호 및 면허 연월일, 수험번호 등이 적혀 있는 합격자대장

2. 제27조제2항에 따른 수료증 사본 또는 외국의 임상영양사 자격증 사본

3. 사진 1장

제32조(임상영양사 자격증 교부) ① 보건복지부장관은 제31조제3항에 따라 임상영양사 자격시험관리기관의 장으로부터 서류를 제출받은 경우에는 임상영양사 자격인정대장에 다음 각 호의 사항을

적고, 합격자에게 별지 제15호서식의 임상영양사 자격증을 교부하여야 한다.

1. 성명 및 생년월일

2. 임상영양사 자격인정번호 및 자격인정 연월일

3. 임상영양사 자격시험 합격 연월일

4. 영양사 면허번호 및 면허 연월일

② 임상영양사의 자격증의 재교부에 관하여는 제16조를 준용한다. 이 경우 "영양사"는 "임상영양사"로, "면허증"은 "자격증"으로 본다.

제33조(수수료) ① 영양사 국가시험에 응시하려는 사람은 법 제26조제3항에 따라 영양사 국가시험관리기관의 장이 보건복지부장관의 승인을 받아 결정한 수수료를 내야 한다.

② 제16조(제32조제2항에서 준용하는 경우를 포함한다)에 따라 면허증 또는 자격증의 재교부를 신청하거나 면허 또는 자격사항에 관한 증명을 신청하는 사람은 다음 각 호의 구분에 따른 수수료를 수입인지로 내거나 정보통신망을 이용하여 전자화폐·전자결제 등의 방법으로 내야 한다.

1. 면허증 또는 자격증의 재교부수수료: 2천원

2. 면허 또는 자격사항에 관한 증명수수료: 500원(정보통신망을 이용하여 발급받는 경우 무료)

③ 임상영양사 자격시험에 응시하려는 사람은 임상영양사 자격시험관리기관의 장이 보건복지부장관의 승인을 받아 결정한 수수료를 내야 한다.

제34조(규제의 재검토) 보건복지부장관은 다음 각 호의 사항에 대하여 다음 각 호의 기준일을 기준으로 2년마다(매 2년이 되는 해의 기준일과 같은 날 전까지를 말한다) 그 타당성을 검토하여 개선 등의 조치를 하여야 한다.

1. 제23조에 따른 임상영양사의 자격기준: 2015년 1월 1일

2. 제25조제1항 및 별표 2에 따른 임상영양사 교육기관 지정기준: 2015년 1월 1일

부칙 (지역보건법 시행규칙)

제1조(시행일) 이 규칙은 2015년 11월 19일부터 시행한다.

제2조(다른 법령의 개정) ① 및 ② 생략

③ 국민영양관리법 시행규칙 일부를 다음과 같이 개정한다.

제3조제2항 중 "「지역보건법 시행령」 제5조"를 "「지역보건법」 제7조제2항"으로 한다.

제18조제3항제1호 중 "「지역보건법」 제7조 및 제10조"를 "「지역보건법」 제10조 및 제13조"로 한다.

④부터 ⑥까지 생략

제3조 생략

찾아보기 Index

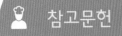

FOOD HYGIENE

참고문헌　　　　　　　　　　　　　　　　　　　　Reference

공중보건학, 김종오 외, 2002, 청구문화사.

구성자, HACCP 이론 및 실무(급식관리자를 위한), 교문사.

금종화 저, 「21세기 식품위생학」, 효일출판사, 2004.

김동한(2006), 위생과 식중독, 광문각.

김숙희 저, 「조리산업기사 이론편」, 백산출판사, 2001.

김종규, 국내 급식 위생관리의 현황 고찰 및 발전 방안, 2000.

꼭 알아야할 식품위생, 박종세, 김동술공저, 유림문화사, 1988.

남은정, 대구, 경북지역 사업체 급식소의 HACCP에 근거한 위생실태조사, 대한영양사회 학술지, 2001.

남재봉(1999), 식품위생법 위반 범죄에 관한 연구, 충북대학교사회과학연구소.

노민정, 식품안전관리를 위한 HACCP의 적용, 식품안전의날 기념 심포지움 발표 자료.

류경, 건강과 식이 : 국내 급식.외식산업의 HACCP 제도 적용 현황, 대한산업보건협회, 2004.

문상덕(2007), 식품위생법상 유통기한제도의 법정책적 고찰, 한국비교공법학회.

문재승, HACCP과 식품안전경영체제(FSMS)추진실무지침서, EQA 국제인증센타, 2003.

박인원, 국내 식품안전관리체계의 효율적 운영 방안, 중앙대 의약식품대학원 석사학위논문, 2002.

박종명, 식품안전의 중요성, 북미주한연구, 2005.

박창석(2007), 식품안전을 위한 식품위생법상 규제, 한양대학교.

백민경(2007), 식품위생법상 식품리콜제도의 개선방안 연구, 동광문화사.

법화학, 김기헌 외 3인, 동화기술, 1994.

식품기능과 건강의 이해, 조영수외 3인, 동아대학교 출판부, 2000.

식품오염, 최석영, 울산대학교 출판부, 1994.

식품위생학, 문범수, 신광출판사, 1998.

식품위생학, 윤혜경 외 6인 공저, 효일문화사, 1998.

신광순, 세계 각국의 HACCP 제도와 규정, 한국 HACCP연구회, 1997.

신광순, 우리나라 HACCP 제도 및 인프라 현황과 문제점, 한국보건사회연구소.

양재승, 식품의 안전성 검사기기, 한국식품영양학회, 1997.

우건조 외(2002), 식중독 예방과 식품안전관리 방안, 한국식품영양과학회.

윤혜경(1996), 식품위생학, 효일문화사.

이성갑, 식품위생과 HACCP, 광문각, 2003.

이성갑·백병학·유영준·오원택·박승남 , 식품위생과 HACCP.

이승용, 일반식품의 HACCP제도 도입현황 및 방향, 한국HACCP연구회 심포지움, 1999.

이용구, 우리나라 식품위생관리의 현황과 개선방안, 대한보건협회지, 1988.

이종경, 수산물에서 V.parahaemolyticus의 검출방법과 저감방안, 한국식품연구원.

이종영(2005), 개정 식품위생법상 식품안전성 확보제도, 중앙법학회.

이흠숙 외(2002), 식품위생학, 형설출판사.

자세히쓴 식품위생학, 장동석 외 4인 공저, 정문각, 1999.

장동석 저, 자세히 쓴 식품위생학.

제2판 식품위생학, 금종회외 7인공저, 문운당, 2001.

종합식품안전사전, 식품안전사전 편찬위원회, 한국사전연구사.

지역사회간호학 2006 수문사.

집단식중독 발생현황(2006), 한국식품의약안정청.

한국식품공업협회(2005), 식품위생법 중 개정법률.

한국식품안전협회 알기 쉽게 풀이한 세균성 식중독.

현대식품위생학, 송형익외 4인공저, 지구문화사, 2001.

홍기운 공저, 「식품위생학」, 대왕사, 1999.

국립농산물품질관리원, http://www.naqs.go.kr/

국제PL센타, http://www.interpl.org

농림부, http://www.maf.go.kr/

식품의약품안전청, http://www.kfda.go.kr/

한국농촌경제연구원, http://www.krei.re.kr/

한국식품공업협회, http://www.kfia.or.kr/

한국식품연구원, http://haccp.kfri.re.kr/

한국식품연구원, http://www.kfri.re.kr/

http://100.naver.com/100.nhn?docid=101239

http://100.naver.com/100.nhn?docid=703486

http://blog.daum.net/mengse/2013872

http://blog.daum.net/wook2818/4390165

http://blog.daum.net/wook2818/4431387

http://blog.daum.net/wook2818/4431387

http://blog.daum.net/wook2818/5696135

http://blog.naver.com/terryx/100026644304

http://bric.postech.ac.kr/trend/retrend/2002/0205/020514-4.html

http://cafe.daum.net/hofsidedish

http://cafe.daum.net/sohovendor

http://cafe.naver.com/haccpguide/39

http://k.daum.net/qna/kin/home/qdetail_view.html?boardid=FK&qid=2dfRs&q=codex

http://kdaq.empas.com/qna/3733027?l=e

http://km.naver.com/list/view_detail.php?dir_id=90201&docid=31894549

http://standard.go.kr/KSCI/crtfcPotIntro/crtfcMarkIntro.do?menuId=541&topMenuId=536

http://terms.naver.com/search.naver?query=%C7%D1%B1%B9%B0%F8%BE%F7%B1%D4%B0%DD

http://www.budaeco.org/bbs/board.php?bo_table=archive&wr_id=70

http://www.cjfoodsafety.co.kr/contents/library/microcontrol/sterilization1.htm

http://www.denmarkmilk.net/QC/qc_sterilized.asp

http://www.foodinfo.pe.kr/databank/sub/irradiation1.htm

http://www.foodinfo.pe.kr/databank/sub/righthandle2.htm

http://www.hyojw.es.kr/data_bank/data/%28208553%29%BF%EC%C0%AF2.hwp

http://www.kfia.or.kr/pds/list.asp?pdsmod=1&lrg_code=1&pageno=1&startpage=1

http://www.kordic.re.kr/%7Etrend/Content285/agriculture04.html

http://www.kordic.re.kr/%7Etrend/Content390/agriculture04.html

http://www.meatscience.com/study/storage/ch04.pdf

http://www.meatscience.com/study/storage/ch04-2003.pdf

http://www.standard.go.kr/CODE02/USER/0B/03/SerKS_List.asp

저자소개

♣ 우 이 식

동아대학교 교육대학원 관광교육학 석사
경성대학교 대학원 외식경영학 박사
중등학교 정교사2급
(前) 김해대학교 호텔조리 · 식품영양과 겸임교수
(現) 경성대학교 호텔관광외식경영학과 외래교수
(現) 경주대학교 호텔외식 · 조리학부 교수
(現) 한국커피학회 편집위원장
(現) ㈔ 한국조리학회 논문심사위원
· 베이커리카페의 물리적 환경, 브랜드이미지와 재방문의도의 영향관계
· 베이커리 종사원의 직무특성, 직무만족, 이직의도간의 영향관계: 윈도우베이커리를 중심으로
· 관광지역특산물의 메뉴품질, 가치지각, 행동의도와의 영향관계: 경주특산물 빵을 중심으로
· 외식전공 대학생의 진로선택유형, 수업참여도, 진로준비행동과의 영향관계연구 외 다수

♣ 하헌수

가천대학교 대학원 경영학 박사
대한민국 조리기능장
(前) 중국 제남대학교 호텔관리과 석좌교수
(前) 청강문화산업대학교 식품과학과 외래교수
(現) ㈔ 한국조리학회 수석 이사
(現) 경주대학교 외식조리학부 교수
· 식품재료학(백산출판사)
· 식생활 라이프스타일이 레스토랑 MSG사용 선호도에 미치는 영향
· 발효조미료 대체제로서 자연조미료 구매경험에 영향을 미치는 결정요인에 관한 연구
· MSG 안전지식 교육에 따른 식품안전태도와 MSG이용의도에 미치는 영향
· 외국산 식품포장에서 인지된 맛과 위험이 구매의도에 미치는 영향
· 플라세보 효과 교육에 따른 변화가 힐링음식의 이용의도에 미치는 영향연구 외 다수

♣ 김건휘

한양대학교 대학원 관광호텔경영학 석사
가천대학교 대학원 경영학 박사
(前) 동우대학교 호텔경영과 겸임교수
(前) 안동과학대학교 항공호텔과 겸임교수
(前) 백석문화대학교 외식산업학부 외래교수
(現) ㈔ 한국조리학회 학술 이사
(現) 상지영서대학교 호텔경영과 교수
· 농림축산식품부 장관상 수상
· 숙박서비스분야에서 국가직무능력표준(NCS)개발 및 적용소개
· 호텔식음료종사원의 와인교육에 관한 연구
· 호텔종사자의 친환경 사명감에 미치는 결정요인 연구
· 호텔레스토랑의 로하스 레스토랑 브랜드 자산이 레스토랑 이미지, 고객만족과 고객충성도에 미치는 영향
· 프랜차이즈 패밀리 레스토랑의 멤버십 혜택이 전환장벽에 미치는 영향 외 다수

식품위생학

2016년 1월 15일 초판 1쇄 인쇄
2016년 1월 20일 초판 1쇄 발행

저　자　우이식·하헌수·김건휘
펴낸이　임 순 재
펴낸곳　**한올출판사**
　　　　등록 제11-403호
　　　　□1□2□1-□8□4□9
　　　　주　　소　서울시 마포구 모래내로 83 (성산동 한올빌딩 3층)
　　　　전　　화　(02) 376-4298 (대표)
　　　　팩　　스　(02) 302-8073
　　　　홈페이지　www.hanol.co.kr
　　　　e-메 일　hanol@hanol.co.kr
　　　　정　　가　**23,000원**

■ ISBN 979-11-5685-358-9